2024年版 2級第1次検定

電気通信工事施工管理技士 突破攻略

高橋英樹 著

技術評論社

目次：CONTENTS

目　次 …… 2
はじめに－本書の特徴 …… 4
出題傾向の分析と重みづけについて …… 7
検定問題攻略のポイント …… 8
学習戦略と裏ワザ …… 9
検定制度の変更について …… 10
この本の使い方 …… 12
日程＆注意事項 …… 14

1章（着手すべき優先度❶ ★★★★★★）

施工管理法（基礎的な能力）について …… 16
1-1 労働安全衛生法令①［飛来・落下防止］…… 18
労働安全衛生法令②［酸素欠乏危険作業］… 20
労働安全衛生法令③［墜落防止］ …… 22
労働安全衛生法令④［足場］ …… 24
労働安全衛生法令⑤［移動式クレーン］ … 26
労働安全衛生法令⑥［高所作業車］ …… 28
労働安全衛生法令⑦［教育］ …… 30
1-2 施工計画①［全般］ …… 32
施工計画②［事前調査］ …… 34
施工計画③［留意事項］ …… 36
施工計画④［計画書］ …… 38
1-3 線路施工①［低圧配線］ …… 40
線路施工②［光ファイバケーブル］ …… 42
線路施工③［メタル系］ …… 44
線路施工④［各種配線材］ …… 48
1-4 架空配線①［離隔］ …… 50
架空配線②［たるみ］ …… 53
1-5 地中埋設管路①［施工］ …… 56
地中埋設管路②［通線］ …… 58
1-6 工程管理①［全般］ …… 60
工程管理②［各種工程表］ …… 62
1-7 ネットワーク工程表①［所要日数］ …… 68
ネットワーク工程表②［理論］ …… 70
1-8 届出①［書類と申請先］ …… 72
届出②［消防設備］ …… 74
1-9 品質管理①［定義］ …… 76
品質管理②［QC7つ道具］ …… 78
品質管理③［測定］ …… 86

2章（着手すべき優先度❷ ★★★★★）

2-1 公共工事標準請負契約約款①［設計図書］ …… 92
公共工事標準請負契約約款②［受注者の責務］ …… 94
公共工事標準請負契約約款③［確認の請求］ …… 96
公共工事標準請負契約約款④［約款全般］ …… 98

3章（着手すべき優先度❸ ★★★★）

3-1 論理回路［真理値］ …… 102
3-2 電気の基礎①［電磁気学］ …… 104
電気の基礎②［抵抗の性質］ …… 106
3-3 直流回路①［合成抵抗］ …… 108
直流回路②［電位］ …… 110
3-4 交流回路①［直列つなぎ］ …… 112
交流回路②［並列つなぎ］ …… 114
3-5 電波伝播①［VHF帯］ …… 116
電波伝播②［他周波数帯］ …… 118
3-6 受信特性［影像周波数］ …… 120
3-7 情報源符号化①［PCM方式］ …… 122
情報源符号化②［標本化定理］ …… 124
3-8 通信方式［ISDN］ …… 126
3-9 計算機①［ハードウェア］ …… 128
計算機②［ソフトウェア］ …… 131
3-10 進数変換①［10進基軸変換］ …… 134
進数変換②［2進16進変換］ …… 136
3-11 半導体①［原理］ …… 138
半導体②［各種の半導体］ …… 140

4章（着手すべき優先度❹ ★★★）

4-1 労働安全衛生法令①［作業主任者］…… 146
労働安全衛生法令②［安全衛生］……… 150
4-2 建設業法令①［建設業許可］…………… 154
建設業法令②［配置すべき技術者］…… 158
建設業法令③［主任技術者］…………… 162
建設業法令④［建設業者の責務］……… 164
4-3 労働基準法①［労働契約］…………… 168
労働基準法②［年少者］………………… 172
労働基準法③［労働時間・休日］………… 174
労働基準法④［賃金］…………………… 176
労働基準法⑤［補償］…………………… 178
4-4 道路法令［道路関係諸法］…………… 180
4-5 河川法［河川法］……………………… 182
4-6 電気通信事業法①［用語］…………… 184
電気通信事業法②［責務］……………… 186
4-7 有線電気通信法令①［用語］………… 188
有線電気通信法令②［諸規定］………… 190
4-8 電波法令①［許認可］………………… 192
電波法令②［運用］……………………… 194
4-9 廃棄物処理法［処理及び清掃］……… 196
4-10 建設リサイクル法［再資源化］……… 198

5章（着手すべき優先度❺ ★★）

5-1 放送［地上デジタルTV］……………… 202
5-2 無線LAN①［暗号化］………………… 206
無線LAN②［規格］……………………… 210
5-3 無線特性①［フェージング］………… 212
無線特性②［ダイバーシチ］…………… 214
5-4 デジタル変調①［各種方式］………… 216
デジタル変調②［伝送効率］…………… 219
5-5 多元接続［各種方式］………………… 221
5-6 衛星通信①［衛星仕様］……………… 224
衛星通信②［通信特性］………………… 226
5-7 無線アンテナ①［半波長ダイポール］… 228
無線アンテナ②［派生形の空中線］…… 230
無線アンテナ③［立体アンテナ］……… 232
無線アンテナ④［パラボラアンテナ］… 234
無線アンテナ⑤［パラボラ派生形］…… 236
5-8 光ケーブル①［特徴・特性］………… 238
光ケーブル②［構造］…………………… 242
5-9 通信規格［イーサネット］…………… 244
5-10 伝送線路［各種線路］………………… 246
5-11 OSI参照モデル［各層の役割］……… 250
5-12 インターネット技術［接続］………… 252
5-13 IPアドレス①［IPv4］………………… 254
IPアドレス②［IPv6］…………………… 256
5-14 情報保護①［脅威］…………………… 258
情報保護②［対策］……………………… 260
5-15 レーダ［レーダの機能］……………… 262
5-16 テレビジョン放送［受信］…………… 264
5-17 交通通信システム①［鉄道保安］…… 266
交通通信システム②［ITS］…………… 269

6章（着手すべき優先度❻ ★）

6-1 電気設備の技術基準［工事種］……… 272
6-2 電源設備①［UPS］…………………… 274
電源設備②［二次電池］………………… 276
電源設備③［予備電源］………………… 278
6-3 保安設備［防護デバイス］…………… 280
6-4 消火設備［各種消火設備］…………… 282
6-5 空気調和設備①［ヒートポンプ］…… 288
空気調和設備②［換気方式］…………… 291
6-6 建築構造［構造形式］………………… 292
6-7 土木技術概要①［土工］……………… 296
土木技術概要②［建設機械］…………… 298

索引・INDEX ………………………………… 301

● COLUMN ●

各種配線材の支持点間距離…………………… 90
フレミングの法則……………………………… 144
年少者の就業制限の業務範囲………………… 200
電気設備の技術基準の解釈…………………… 270
電気工事士でなければ従事できない作業…… 300

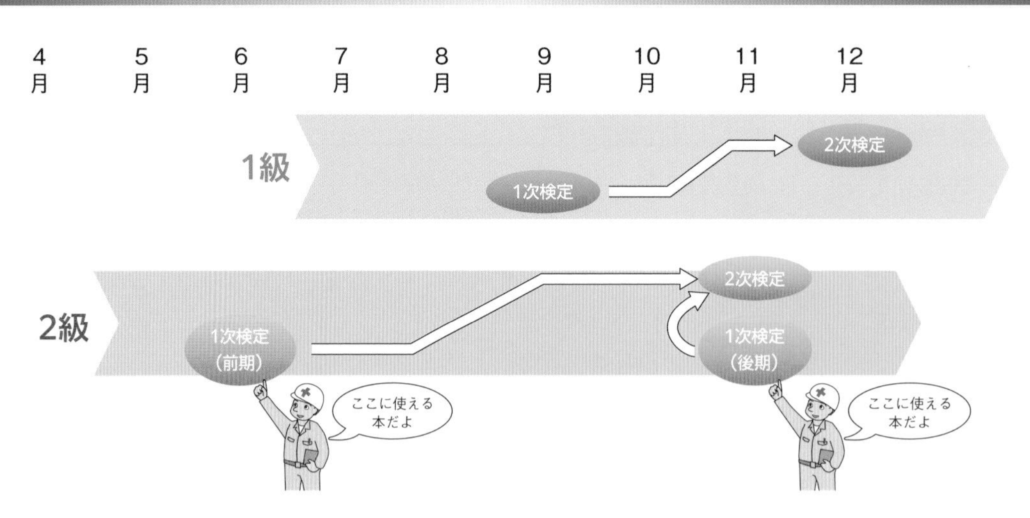

●設問重要度に応じた独自の編集方針

この本は、勉強すべき順番に編集されています。

非常に大事なことなのでもう一度書きます。この本は「勉強すべき順番」に記述されています。決して、出題分野ごとに並んでいるわけではありません。

いま書店の技術資格コーナーで「みんな似てるけど、どれにしようかな～」と、パラパラ眺めている方、是非他の本と構成を比較してみてください。他の本は「勉強すべき順番」に編集されていますか？　それとも出題分野別の構成でしょうか？　ここは大変大事な部分ですので、しっかりと吟味してください。

2級1次検定では、施工管理法、法規、電気通信工学等の幅広い分野から、65問が出題されます。しかし設問は、「必ず解答すべき」問題と、「設問から指定数を選んで解答すればよい」問題の、2つのグループに分かれています。選択問題は、各受験者が経験してきた専門ジャンルで挑戦できるようにする配慮です。

さらに、選択問題に関しては、設定された「枠」に対して選択すべき問題数に差があるため、出題された全ての問題の重要度は一律ではありません。つまり、各問題群ごとに「重みづけ」があると解釈でき、受験者にとって学習にあたっての「優先度」があると考察できます。

このことは、講習会でも一番最初に説明しています。

本書は、この受験者にとっての「学習優先度」を出題実績から整理して、優先度の高い順で構成しています。「優先度」とは単に時間的に早く着手すべきという意味だけでなく、より深く内容に入り込む必要があるという意味でもあります。逆にいえば、優先度上位の問題群にしっかり対応しておけば、優先度下位の問題群は、軽く読み飛ばす程度でも十分です。

■2級1次検定における
「総出題数」と「解答すべき問題数」「合格ライン」の関係

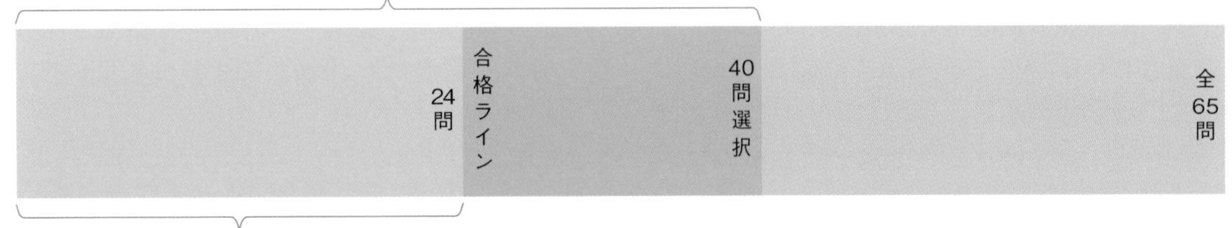

合格のみを目的に

講習会で教えていると、受講生さんから、このような声をよく聞きます。「試験の勉強を進めることで、現場で通用する技術スキルを合わせて高めたい。」

志も高く、一見もっともらしいご決意のようにも聞こえます。しかし志とは裏腹に、これは実態から大幅にズレた考え方なのです。残念ながら、資格試験のための勉強は、技術スキルと同じ方向の軸上にはありません。この両者は、ほとんど相関性がないほどに離れています。

もちろん、理想としてはこの両者を同時に高められれば、それに超したことはありません。ところが現実に目を戻してみますと、みなさんより現場経験の長い先輩方が、いつまでも合格できないのはなぜでしょうか？　それは、これら両者には相関性がないからなのです。

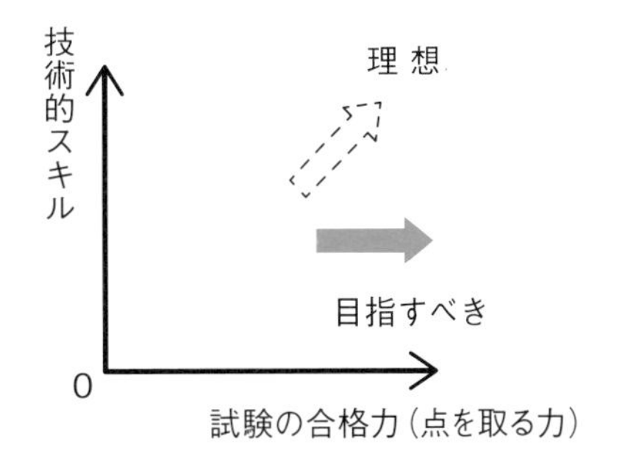

結論だけを端的に申し上げますが、資格の勉強を進めても、現場で通用する技術スキルはあまり高まりません。逆に技術スキルを高めても、試験の合格には近づきません。

ですから試験日までのカウントダウンが始まった現在は、技術スキルを高める活動はいったん休止しましょう。今やるべきは、「合格のための勉強」に集中することです。合格のみを目的とした勉強とは、つまり「点を取るテクニック」を習得することに他なりません。

講習会では、この考え方を特に強調して説明しています。そして、この点はテキストを選ぶ際にもとても重要な要素になってきます。

もう一度、本書の横に並ぶ他の出版社さんの本を眺めてください。それらは「点を取ること」を主眼としてますか？ まるで学校教育のような、分野ごとに、知識スキルを高める書き方ですよね。残念ですが、それでは点は取れません。つまり合格もできません。

それに対して手前味噌ですが、この本は点を取ることだけを目的に執筆しています。本書を活用すれば試験には楽に合格できますが、現場で通用する技術スキルはあまり高まりません。それは、合格後に他の本でゆっくり行ってください。

●演習問題で自分の弱みを発見、フォロー

本書の全体の構成は、「演習問題にあたる」→「自分の理解度を把握」→「弱みを補強する」の流れが効率的にできるように編集しました。電気通信工事をはじめ他の施工管理技術検定、あるいは関連性の高い通信系の資格試験問題から、演習問題としてセレクト掲載。

みなさんが実際に解いてみて、解説を読み、解答例を確認する過程で、自分の強みや弱みを自身で把握できるように意図して構成しました。さらに深く学びたい方には、関連知識や根拠となる条文を示す等の、フォロー情報も付加しています。

●講習会併用でさらなる補強を狙う

この本をキッチリ勉強すれば85点は見えてきます。この検定の合格ラインは60点ですから、合格だけが目的なら十分といえます。しかし、それでは物足りない部分があるのも事実です。

本書は過去の出題問題から「重みづけ」を分析して構成していますので（P7参照）、とくに後期試験の場合には本書の刊行から約半年以上が経過します。その間に前期試験も行われ、構成上ある程度の軌道修正が必要となってくると想定されます。そのためにも、試験日の約2か月前に行われる講習会を受講し、最終的な学習方針を確認することは非常に有意義といえるでしょう。

これまで多岐にわたる講習会を展開してきた著者のさまざまなノウハウ…得点の取り方、やってはいけない勉強法、勉強時間の減らし方、本には書けない裏ワザ等は講習会でしか聞けません。是非「のぞみテクノロジー」のサイト（下記）で概要をご確認ください。

https://www.nozomi.pw/

最後に、本書で皆様の学習が大きく進むこと、そして見事1次検定に合格されることを心よりお祈り申し上げます。

令和6年3月

のぞみテクノロジー　高橋英樹

●出題傾向の分析と重みづけについて●

ここで本書の基本方針である「学習する優先度」の考え方を記しておきます。令和５年度２級１次検定（後期）で出題された問題が下記の表です。

それぞれは「必ず解答しなければならない」必須問題と、「指定数を選択して回答すればよい」選択問題のグループに分けられています。選択問題の中でも候補問題に対する選択数の比率も異なっており、設問には「温度差」のようなものがあるようです。いってみれば合格するという目的から見ると「絶対避けては通れない重要な問題」と「比較的後回しでもダメージが小さい問題」とが混在している、ともいえるでしょう。

多くの方は、職場に、家庭にと多忙な日々を送っていることでしょう。思うように学習時間を割けないのが実態だと思います。そうした意味からも、どの分野（ジャンル）から優先的にマスターすべきか、後回しにできる分野はどれか、このポジショニングをしっかり見極めてから学習に着手することが、限られた時間をムダにせず、合格への早道となります。

令和５年度２級１次検定（後期）の出題実績

12問中、9問を選択
苦手とする3問は捨ててよい
着手すべき優先度③★★★★

ジャンル 1

No.1 磁界の強さ
No.2 コンデンサの電圧
No.3 交流回路の電流値
No.4 データ伝送速度
No.5 アナログ・デジタル変換
No.6 AM受信機のブロック図
No.7 コンピュータの基本機能
No.8 機械語
No.9 進数変換（16進→2進）
No.10 論理回路の真理値表
No.11 反転増幅回路
No.12 波形整形回路

20問中、7問を選択
苦手とする13問は捨ててよい
着手すべき優先度⑤★★

ジャンル 2

No.13 平衡対ケーブルデータ伝送
No.14 光ファイバ通信の多重化
No.15 電気通信回線の漏話
No.16 同軸ケーブル
No.17 携帯電話の多元接続
No.18 フェージングの軽減策
No.19 パラボラアンテナ
No.20 無線送信機の性能
No.21 LANのアクセス制御方式
No.22 ARPの機能
No.23 OSI参照モデル
No.24 LANのホストアドレス
No.25 AIの機械学習
No.26 揮発性記憶装置
No.27 HDMI
No.28 マルウェア
No.29 地上デジタルテレビ放送
No.30 コンデンサマイクロホン
No.31 液晶ディスプレイ
No.32 超音波式水位計

12問中、7問を選択
苦手とする5問は捨ててよい
着手すべき優先度④★★★

ジャンル 3

No.33 建設業法（建設業許可）
No.34 建設業法（請負契約）
No.35 建設業法（主任技術者の職務）
No.36 労働基準法（就業規則）
No.37 労働基準法（休業手当）
No.38 労働安全衛生法（作業主任者）
No.39 労働安全衛生法（新規入場者教育）
No.40 河川法
No.41 電気通信事業法
No.42 有線電気通信設備令（足場金具）
No.43 電波法（申請書添付書類）
No.44 廃棄物処理法（廃棄物の種類）

必須問題
着手すべき優先度② ★★★★★

ジャンル 4

No.45 公共工事標準請負契約約款

7問中、3問を選択
苦手とする4問は捨ててよい
着手すべき優先度⑥★

ジャンル 5

No.46 電気設備の技術基準の解釈
No.47 直流電動機
No.48 接地工事
No.49 換気方式
No.50 屋内消火栓設備
No.51 土工機械
No.52 生コンクリート

13問必須
着手すべき優先度①★★★★★★
まずはココから着手せよ！！

ジャンル 6

No.53 UTPケーブルの施工
No.54 メタルケーブルの屋内配線
No.55 施工計画
No.56 法定申請書と提出先
No.57 各種工程表
No.58 工程管理
No.59 送信機の電力測定
No.60 散布図
No.61 労働安全衛生規則（活線作業）
No.62 施工管理法：光ファイバの成端
No.63 施工管理法：事前調査
No.64 施工管理法：各種工程表
No.65 施工管理法：クレーン等安全規則

●検定問題攻略のポイント●

●合格ラインは60パーセント

2級の本検定は全部で65問出題されますが、選択問題が多く含まれており、実際に回答するのはトータルで40問です（P5上部のバーを参照）。残りの25問は回答しなくてよい、極端にいえばそのジャンルは勉強しなくてよいことにもなります。逆に、指定された問題数を超えて（41か所以上）マークすると、減点となるので注意してください。

そして選択した40問のうち60％にあたる24問以上を正答すれば合格です。よく勘違いされがちですが、出題された全65問の60％（39問）の正答が要求されるわけではありません。あくまで合格ラインは「24問以上」なのです。

●心構えは、“広く浅く”

全問とも4択式のマークシート形式です。難易度としては「やや中堅」程度、出題対象となる各専門分野では常識レベルといえるでしょう。無線従事者に例えるならば「一陸特」よりやや下。工事担任者と比較するなら「旧DD第2種」と肩を並べる程度です。

レベル的にはこれらの資格に近いものの、扱う分野がやや広い範囲に点在しています。心構えとしては「広く浅く」という戦略にならざるを得ません。

●戦略1：必須問題を最優先に取り組む

P7の表でわかる通り、必須問題は「ジャンル4」の1問、「ジャンル6」の13問の全14問です。全ての受験者が一律に、必ず解答すべき設問です。ここに苦手意識があれば、早い段階から取り組み克服しておく必要があります。

本書では、この分野から掲載していますので、最初から順に学習していけばよい構成になっています。

●戦略2：選択問題をどう料理するか

本書を手にした大部分の方は、勤務に家庭に忙しく勉強に割ける時間には制約があることと思います。ここでとるべき戦略は、より短時間で、より少ない勉強量で、合格ラインの24問以上に確実に正答することです。決して100点をとることではありません。ここをはき違えると泥沼にはまってしまうことになりかねません。

選択問題の領域では、苦手な問題への対応に多くの時間を割くよりも、業務経験がある等、得意な分野の問題のほうに磨きをかけたほうがずっと効率的なのです。

というように、本書は各章ごとに選択すべき設問群の枠組みを構成しています。勉強すべき問題と、捨ててもよい問題を選びやすく配置してあります。ここが本書の最大の特徴なのです。

●学習戦略と裏ワザ●

●「出ない問題」という戦略がとれない

マークシート形式で行われる、これらの技術系の資格試験は、いわゆる「出ない問題」を排除する裏ワザが広く知られています。

出ないことがわかっている問題を最初に排除することで、30％程度の勉強量をバッサリ省略できますから、とても有難い学習戦略ですね。

無線従事者、工事担任者、電気通信主任技術者等は、この「出ない問題」の典型例です。施工管理でも、電気工事はこのパターンです。

しかし悲しいことに、今から取り組む「電気通信工事施工管理」は、この美味しい戦略が使えません。「出ない問題」を事前に特定できないため、結果として広い範囲を学習せざるを得ません。

やはりこの検定は、「問題の重要度」に沿って進めていくのが、最も効率よく点を獲得できます。

●得点化しやすい5問

巻頭から繰返し、「問題の重要度」に焦点をあてて説明しています。ところが近年になって、もう1つの得点化のテクニックが見えてきました。

これが、「得点化しやすい5問」です。本書では3章以降に、これらの問題が点在しています。

1級ではここは11問ですが、2級は5問だけです。合格に必要な24問のうち、高い確率で5問が取れるとなれば、これは大きな成果です。

さらには、避けて通れない必須の14問と合わせれば、何と19問もの集中特化問題を囲い込みできます。まさに戦略的ですね！

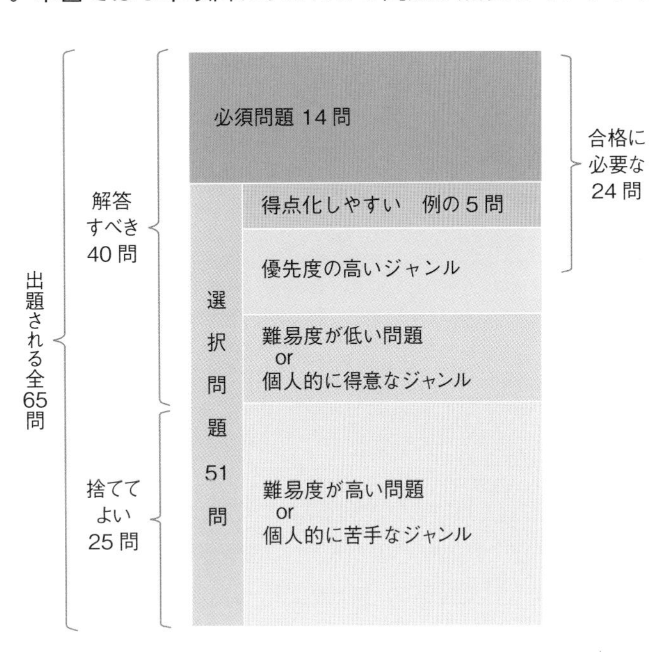

今年はどの問題が該当するのかのリアルタイムな情報は、前述の「のぞみテクノロジー」のWebサイトを、チェックしてみてください。

●検定制度の変更について●

令和３年に検定制度が変わりましたが、令和６年より再び変更がなされます。特に今回は、実務経験等の受検資格に関して大きく変更が加えられます。

まず制度の急な変更は混乱を招きかねないとの配慮からか、令和１０年までの５年間は、新制度と並行して、旧制度でも受検可能な期間が設けられます。

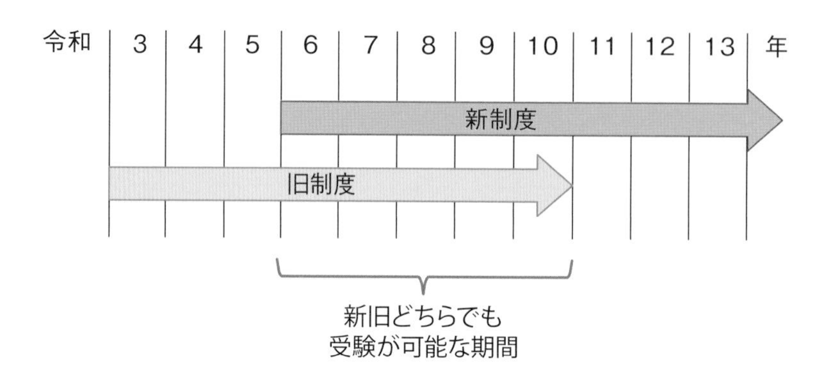

さて、制度変更の大きな着目点は、２つです。

・実務経験は１次検定の合格後しかカウントされない
・実務経験は工事ごとに証明を要する

この２点は、受検者にとって厳しい方向への改正といえます。１級と２級とで流れが若干異なるので、まずは２級の流れを追ってみましょう。

●２級の制度変更の概要（主な形）

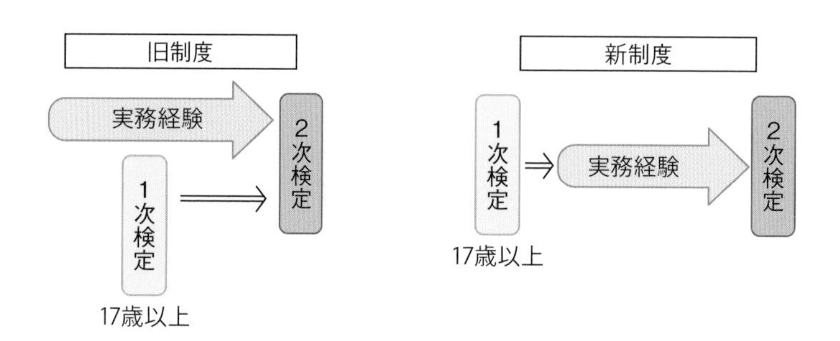

２級の場合は、まず１次検定は、１７歳以上であれば誰でも申請可能でした。そして２次検定の申請までに、１次検定の合格と、実務経験を満たせばよい形でした。

変更後は、１次検定の合格後に行った実務経験だけが実績としてカウントできる形となります。つまり、１次検定の合格前に積み上げてきた経験が、全て水の泡となってしまいます。

したがって、既に実務経験を持っている受検者は、令和10年までに2次検定に合格しないと、大損することになります。

●1級の制度変更の概要（主な形）

次に1級です。こちらは、実務経験を満たしてから1次検定の申請を行う形でした。つまり実務経験が不足している人は、そもそも1次検定の受検が不可能な仕組みでした。

変更後は、1次検定は19歳以上の誰でもが申請可能になります。そして1次検定、または2級に合格後に行った実務経験だけを、実績としてカウントできる形となります。

つまり、これらの合格前に積み上げてきた経験は、全てなかったことになってしまいます。

したがって、既に実務経験を有している受検者は、令和10年までに2次検定に合格しないと、悔み切れない涙を流すことになります。

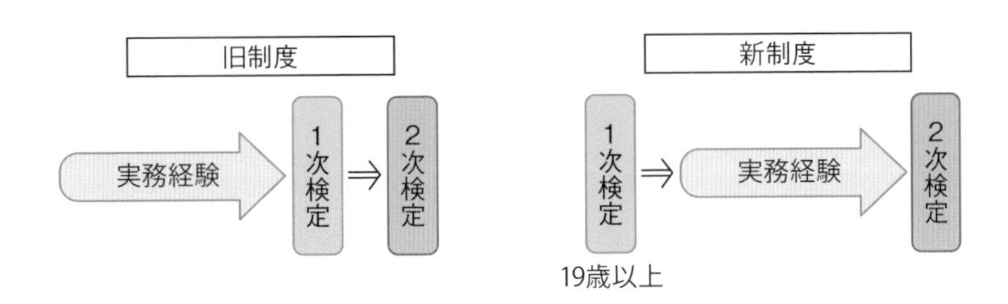

●両級ともに共通する試練

そして、さらに追い打ちをかける新条件が、「工事ごとの証明」です。これは1級も2級も、どちらも同様です。旧制度では過去の実務経験も含めて、「現在の代表者等」が証明する方式を採用していました。

おそらくは、転職者等に配慮したものなのでしょう。

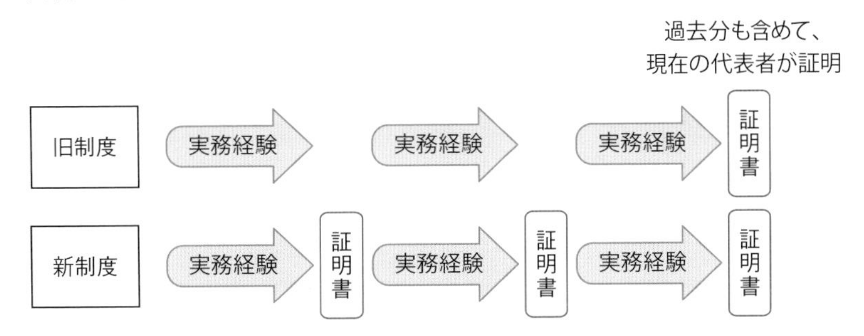

制度変更後は、これが「工事ごとに、その代表者や監理技術者等の証明が必要」になります。すなわち、ひとつの現場が終わるタイミングで証明をもらい、これを積み上げていく方式になります。

これは現実論で見ると、転職前や古い案件を実績としてカウントできなくなる可能性が高いことを意味します。厳しい制度変更といわざるを得ません。

総じていえることは、既に実務経験を持っている受検者は、令和10年までに旧制度で2次検定を確実に合格しておきましょう。

●この本の使い方●

●ここでは、実際のページを例にとって、本書の読み方、使い方を説明していきます。

B　A　C

3章　［着手すべき優先度 ★★★★］

3-3 直流回路① ［合成抵抗］

電気通信工学に足を踏み入れる上での登竜門として、直流回路は第一歩である。その中でも特に合成抵抗の計算は、入門編として避けて通れない基礎的な学習項目である。確実にマスターするようにしたい。

D

演習問題 下図に示す、抵抗R〔Ω〕が配置された回路において、AB間の合成抵抗R_0〔Ω〕の値として、適当なものはどれか。

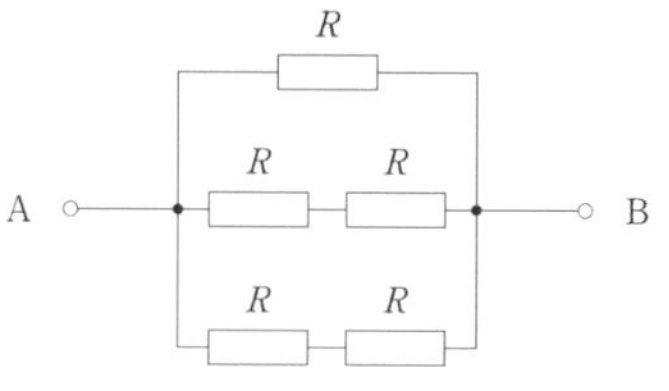

①$\frac{1}{4}R$〔Ω〕　②$\frac{1}{2}R$〔Ω〕
③$2R$〔Ω〕　④$5R$〔Ω〕

E

ポイント▶ 合成抵抗の計算は、直列接続と並列接続の2種類がある。この問題はその両者の複合版である。複合的に入り組んでいる抵抗群のどの部分から先に手を付けるべきか、そのためには何を軸に見ていくべきか。

F

解　説

合成抵抗を考える際には、最初に複数の抵抗について、電位が等しい部分に着目します。掲題の問題では、縦に並んだ3つのルートが集合する、2か所の黒い点の位置が同電位と考えられます。

同電位となる箇所を軸として、その内側の閉じた空間を優先的に計算する形となります。

中央ルートは、R〔Ω〕の抵抗が2個直列に接続されています。直列接続は、単純な足し算で表わせます。つまり、中央ルートの合成抵抗R_2は、

$R_2 = R + R = 2R$〔Ω〕

です。下ルートのR_3も同様です。これで、同電位の閉じた空間内の3つのルートが、それぞれ1個の抵抗の形に換算できました。

次にR〔Ω〕、$2R$〔Ω〕、$2R$〔Ω〕の3つの抵抗の、並列接続を考えていきます。並列合成抵抗の公式は、

$$\frac{1}{R_0} = \frac{1}{R_1} + \frac{1}{R_2} + \frac{1}{R_3} = \frac{1}{R} + \frac{1}{2R} + \frac{1}{2R} = \frac{2}{R}$$

$$\therefore R_0 = \frac{1}{2}R\text{〔Ω〕}$$

（2級電気通信工事　令和1年後期　No.2）

〔解 答〕 ②適当

G

さらに詳しく

並列接続は2個の場合に限り、通称「和分の積」という簡単な公式で代用できる。

【2個の並列接続の合成抵抗】

$$R = \frac{積}{和} = \frac{R_1 \times R_2}{R_1 + R_2}$$

108

●A【着手すべき優先度】

本書最大の特徴である、学習の際に着手する優先度を６段階の★で示しています。

★★★★★★	1章	優先度 ①（必須問題分野）
★★★★★	2章	優先度 ②（同上）
★★★★	3章	優先度 ③（選択問題分野）
★★★	4章	優先度 ④（同上）
★★	5章	優先度 ⑤（同上）
★	6章	優先度 ⑥（同上）

●B【設問分野】

既に実施された試験期の出題傾向を分析して、着目すべきジャンルを分類しました。まずはここで設問の方向性を把握します。

●C【設問テーマ】

上記で分類した設問分野の中で、次回の試験期に向けて具体的に勉強すべきターゲットとして掘り下げたテーマです。

●D【演習問題】

出題テーマに関して、出題範囲となっているさまざまな分野の過去試験問題から、近いと思われる演習問題をピックアップしています。まず演習問題にあたることで自身の得手不得手をつかんでください。

●E【ポイント】

出題傾向やよく出るテーマ等、出題のポイントをひとこと解説しています。

●F【解説＆解答】

設問の解き方、関連して覚えておくべき情報等を解説しています。一番下に正解が掲載されているので、まずは自力で解いてみて、あえて「間違える」ところから学習を始めるのも効果的な学習法です。演習問題に出典元がある場合には、解説の末尾に試験名を略語で表記しています（下記）ので参考にしてください。

- 電気通信工事 …電気通信工事施工管理技術検定
- 一陸特 …………第一級陸上特殊無線技士
- 土木 ……………土木施工管理技術検定

●G【フォロー情報】

さらにおさえておきたい重要な情報や、解答を導く根拠となる法令条文等がある場合には 学習のヒント さらに詳しく 根拠法令等 【重要】▶ のフォロー情報として記載しています。

●日程＆注意事項●

●試験日程の確認

2024（令和6）年度
2級電気通信工事施工管理技術検定の試験日程

	前期 1次検定	2次検定	後期 1次検定
2月			
3月	申請受付 3/6（水）→ 3/21（木）		
4月			
5月			
6月	6/2（日）試験日		
7月	7/2（火）合否発表 →	申請受付 7/9（火）→ 7/23（火）	申請受付 7/9（火）→ 7/23（火）
8月			
9月			
10月			
11月		11/17（日）午後 試験日 ←	11月17（日）午前 試験日
12月			
1月			1/6（月）合否発表 1次検定のみの場合
2月			
3月		3/5（水）合否発表 → 合格証明書 申請	

◆検定の動向◆

1次検定は、17歳以上の誰もが受験できます。実務経験は不要なので、初心者や、今後この業界を目指す人も、参加しやすい環境です。あるいは異業種の人が、自己啓発での受験も可能です。将来の職の幅を広げるためにも、どんどん参加しましょう。

一方で、2次検定の受験には、一定の実務経験が必要となります。建設現場での実務経験を持たない人は、申請することができません。

また不正行為に関しては、実施機関による厳しい監視がなされています。特に2次検定の対策として、経験記述の添削サービスが広く横行していますが、これを不正行為として取り締まる傾向が強まっています。

添削サービスでの文脈の表現がみな同じパターンになるために、採点側ですぐに判別できるようです。十分にご注意ください。

※受験制度やスケジュール等は変更になる可能性もあります。詳細については必ず、一般社団法人全国建設研修センターのWebサイトを確認してください。

■ https://www.jctc.jp/ ■

1章

着手すべき優先度❶

★★★★★★

必須問題の領域

1章は必須問題の領域である。13問が出題されて、全てに解答しなければならない。当然ながら、1問たりとも避けて通れない。
解答すべき全40問のうち、この13問は33％もの大きなボリュームを占めている。

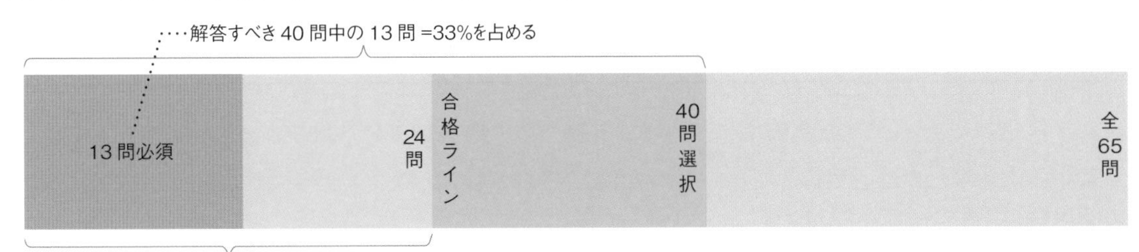

そして合格に必要な24問に対して13問は、実に54％をも占める大きな存在である。いかに重要なポジションかが理解できよう。
早い段階で苦手意識を克服しておくためにも、全6章の中で最も先に着手しなければならない分野である。繰り返すが、1章は合格にあたって最も重要な範囲である。

なお、令和3年度より新設された施工管理法（基礎的な能力）は、この第1章にて扱う範囲から出題される。

●施工管理法（基礎的な能力）について●

令和３年に行われた検定制度の方針変更によって、１次検定の中に、施工管理法（基礎的な能力）というカテゴリの設問が４問追加されました。この４問は必須問題となります。

追加といっても既存の問題が置き換わっただけで、設問の総数は６５問のまま変わっていません。受験者が回答すべき数も、全体として計４０問のままで同じです。

１級の場合はこの施工管理法の部分で、４０％獲得義務の厳しい足切りが設けられました。しかし２級ではそのような足切り制度はありませんので、ひとまずは安心です。

さて制度が変更となって以来、この施工管理法（基礎的な能力）は、昨年度まで３年間実施されました。この間の前期・後期合わせて計６回分の出題実績は、以下のようになります。

◆昨年度までの出題実績

	No.62 （線路等施工）	No.63 （施工計画）	No.64 （工程管理）	No.65 （労働安全衛生法令）
令和３年 前期	FEPの地中埋設管路	施工計画の事前調査	バーチャート	酸素欠乏危険作業
令和３年 後期	架空電線の高さ	施工計画の留意事項	ガントチャート	飛来・落下等による危険防止
令和４年 前期	架空配線	施工計画	斜線式工程表	飛来・落下災害防止のための安全管理
令和４年 後期	メタルの地中管路配線	施工計画の作成	タクト工程表	クレーン等安全規則
令和５年 前期	メカニカルクロージャ	施工計画の立案	各種工程表	安全衛生責任者
令和５年 後期	光ファイバの成端	施工計画の事前調査	各種工程表	クレーン等安全規則

⇩

令和６年 前・後期	？	？	？	？

全体像としていえることは、設問のテーマとしては各検定期とも４つの項目に固定されていることがわかります。①線路等施工、②施工計画、③工程管理、④労働安全衛生法令の４つの柱です。この４本柱から、それぞれ１問ずつが出題されました（※クレーン等安全規則は、労働安全衛生法の下位法令）。

今年度以降は、多少のテーマの変更も可能性としてはないとは言い切れませんが、受験対策としては、この４本柱を中心に進めていけば、ほぼ間違いないと考えられます。

次に、各問題の内容と難易度についてです。これら追加となった計４問の施工管理法（基礎的な能力）ですが、実態としては、既存の問題に沿ったイメージの内容となっています。

具体的には、令和2年度以前のNo.53～65に配置されていた設問の中から引用される形で、若干の色付けを変えて出題されているものがほとんどです。

この旧来のNo.53～65の問題群は、ジャンル６で示した必須問題の１３問に該当し、本書では第１章として取り扱っている範囲になります。つまり制度変更前と同様に、第１章に関する学習を十分に行っていれば対処できることとなります。あわてる必要はありません。
具体的なページ数で示しますと、P18～P67までの範囲が該当します。他のジャンルに先駆けて、これらを優先的に、かつ、より深く学習することを強くお勧めします。

例として、一昨年度に実際に出題された設問を以下に掲示します。

◆実際の設問例

> 飛来又は落下災害防止の為の安全管理に関する記述として，次の①～④のうち「労働安全衛生法令」上，**正しいもののみを全て挙げているものはどれか。**
>
> ①　上方において他の労働者が作業を行っているところで作業を行うときは，物体の飛来又は落下による労働者の危険を防止するため，合図者を置く。
> ②　作業のため物体が落下することにより労働者に危険を及ぼすおそれがあるため，防網の設備を設け立入区域を設定する。
> ③　３ｍの高所から物体を投下するときは，投下設備の設置や監視人の配置等の措置を講じなくてよい。
> ④　作業のため物体が飛来することにより労働者に危険を及ぼすおそれがあるため，飛来防止の設備を設け労働者に保護具を使用させる。

このように、第１章の必須問題として取り扱う範囲の設問が出題されています。難易度を見ても、一般的な２級レベルの問題と大差ありません。

ただし、作問の形式として、「４つの文の中で、正しいものはいくつあるか」のように、一般問題よりも一歩踏み込んだ回答法が求められるケースがあります。
このような形式ですと、「選択肢の１つが判断できないが、残りの３つから消去法で選ぶ」といったテクニックが使えません。掲示された選択肢の全てを理解していないと、正答できないことになります。この部分は、ややハードルが高く感じられるでしょう。

繰り返しますが、第１章の学習は最優先に！なおかつ、より深くです！

飛来・落下災害の防止対策の例

1-1 労働安全衛生法令① ［飛来・落下防止］

電気通信に限らず、施工管理技術検定において避けて通れない分野が、労働安全衛生法とその関連諸法令である。必須問題の範囲に含まれる施工管理法（基礎的な能力）にも出題されるため、極めて重要な学習ジャンルといえる。

演習問題

飛来・落下等による危険の防止に関する記述として、次の①～④のうち、「労働安全衛生法令」上、正しいものを全て選べ。

①作業のため物体が落下することにより労働者に危険を及ぼすおそれがあるため、防網を設置し、立入区域を設定する

②他の労働者がその上方で作業を行っているところで作業を行うときは、物体の飛来または落下による労働者の危険を防止するため、労働者に保護帽を着用させる

③作業のため物体が落下することにより労働者に危険を及ぼすおそれがあるため、高さ2m以上のわく組足場の作業床に高さ15cmの幅木を設置する

④投下設備の設置および監視人の配置を行わずに高さ3mの高所から物体を投下する

ポイント▶ 作業に伴う物体の飛来および落下による災害防止は、2期連続で出題されたこともある高頻度の設問のため、優先的に着手しておきたい。特に、飛来・落下災害と墜落災害とを混同しないように注意されたい。

解　説

簡単に表現すると「飛来」とは、より上部の位置から物品が落ちてくる現象のこと。一方で「落下」とは、下方に対して物品が落ちてしまう現象のことです。

工具や材料等の落下事故を防ぐための対策として、作業床への幅木の設置が義務付けられています。紛らわしい違いですが、この幅木の高さには以下の2種類があります、

わく組足場の場合は高さ15cm以上、その他の足場であれば高さ10cm以上と定められていています。両者を混同しないようにしましょう。③は正しいです。

■飛来と落下の概念

■幅木の高さの考え方

高所から物品を投下する際に、投下設備も監視人も不要となるのは3m未満のケースです。3m以上となる場合にはこれらの措置が必要となります。④は誤りです。

（2級電気通信工事　令和3年後期　No.65）

〔解 答〕 ①正しい　②正しい　③正しい

根拠法令等

労働安全衛生規則
第二編　安全基準　第十章　通路、足場等
（作業床）
第563条　事業者は、足場における高さ2m以上の作業場所には、次に定めるところにより、作業床を設けなければならない。
〔中略〕
3　墜落により労働者に危険を及ぼすおそれのある箇所には、次に掲げる足場の種類に応じて、それぞれ次に掲げる設備を設けること。
イ わく組足場
(1) 交さ筋かい及び高さ15cm以上40cm以下の桟若しくは高さ15cm以上の幅木又はこれらと同等以上の機能を有する設備
〔中略〕
6　作業のため物体が落下することにより、労働者に危険を及ぼすおそれのあるときは、高さ10cm以上の幅木、メッシュシート若しくは防網又はこれらと同等以上の機能を有する設備を設けること。〔以下略〕

演習問題

飛来または落下災害防止のための安全管理に関する記述として、次の①～④のうち「労働安全衛生法令」上、正しいものを全て選べ。

①上方において他の労働者が作業を行っているところで作業を行うときは、物体の飛来または落下による労働者の危険を防止するため、合図者を置く
②作業のため物体が落下することにより労働者に危険を及ぼすおそれがあるため、防網の設備を設け立入区域を設定する
③3mの高所から物体を投下するときは、投下設備の設置や監視人の配置等の措置を講じなくてよい
④作業のため物体が飛来することにより労働者に危険を及ぼすおそれがあるため、飛来防止の設備を設け労働者に保護具を使用させる

ポイント▶ 実際に物品が落下した場合、高さが仮に10mとするとわずか1.4秒で地面まで到達する。落下に気付いて声かけをしても、既に手遅れである。

解　説

飛来・落下災害を防ぐためには、幅木の設置等によって落下そのものを防止。あるいは防網の設置による、落下しても飛来させない工夫。立入禁止区域の設定や保護具（ヘルメット）の着用等による、飛来しても被害を最小化する施策が有効となります。①は誤りです。

高所から物品を投下する場合には、高さが3m以上となる環境では投下設備の設置や監視人の配置が必要となります。したがって、これらを省略できるのは3m未満のケースだけです。③は誤りです。

（2級電気通信工事　令和4年前期　No.65）

3m以上では投下設備や監視人が必須

〔解 答〕 ②正しい　④正しい

1-1 労働安全衛生法令② ［酸素欠乏危険作業］

演習問題 酸素欠乏危険作業に関する記述として、「労働安全衛生法令」上、正しいものを全て選べ。

①地下に設置されたマンホール内での通信ケーブルの敷設作業では、作業主任者の選任が必要である
②酸素欠乏危険作業を行う場所において酸素欠乏のおそれが生じたときは、直ちに作業を中止し、労働者をその場所から退避させなければならない
③空気中の酸素濃度が21％の状態は、酸素欠乏の状態である
④酸素欠乏危険場所における空気中の酸素濃度測定は、その日の作業終了後に1回だけ測定すればよい

ポイント▶ 酸素欠乏危険作業は、空気中の酸素の濃度が通常の環境より低くなっている場所において、立ち入った者が酸欠の症状を引き起こす可能性のある作業のこと。こういった事故は未然に防がなければならない。

解　説

■酸素欠乏危険場所の例

ピット内作業　G.L

マンホール内作業　G.L

電気通信工事では、主に地面よりも低い場所で作業するケースがこの危険作業に該当します。ピット内に潜っての作業や、マンホールの中に降りる場合等です。こういった場所では空気が循環していないことが多いため、酸素が下のほうに滞留してしまい、酸欠事故を起こす危険性が高くなります。

■背の高い倉庫や工場等の天井付近

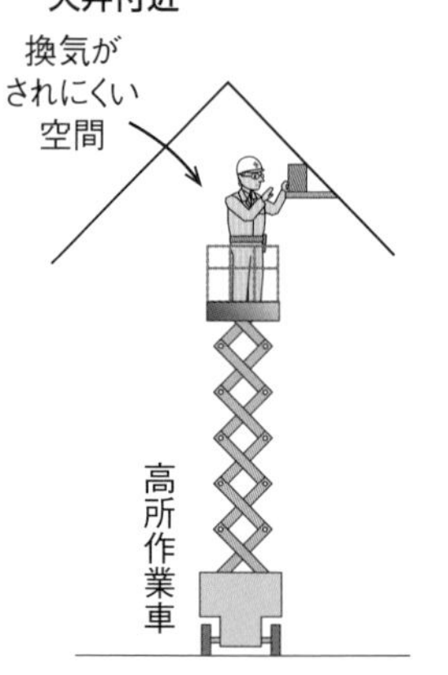

他には背の高い倉庫や工場のような建造物で、日常的に換気が行われていない天井付近等も、酸素濃度が薄くなっている危険性があります。監督者として、こういった事例も知っておかなければなりません。

定義より、酸素欠乏の状態とは、空気中の酸素濃度が18％未満となる環境のことを指します。したがって、③は誤りです。

酸素欠乏危険場所において作業を実施する際には、空気中の酸素濃度を測定しなければなりません。測定する時期にも定めがあり、少なくともその日の作業を開始する前に行わなくてはなりません。それ以外のタイミングで念のために測定することも有用ですが、これは義務ではありません。④は誤り。

（2級電気通信工事　令和3年前期　No.65）

〔解 答〕 ①正しい　②正しい

【重要】

設問にはありませんが、下記も大切な要素になります。

「事業者は、酸素欠乏危険作業に労働者を従事させるときは、労働者を当該作業を行なう場所に入場させ、及び退場させる時に、人員を点検しなければならない。」

（酸素欠乏症等防止規則　第８条）

根拠法令等

労働安全衛生規則
第二章　安全衛生管理体制
第五節　作業主任者
（作業主任者の選任）
第16条　法第14条の規定による作業主任者の選任は、別表第1の上欄に掲げる作業の区分に応じて、同表の中欄に掲げる資格を有する者のうちから行なうものとし、その作業主任者の名称は、同表の下欄に掲げるとおりとする。

第四章　安全衛生教育
（特別教育を必要とする業務）
第36条　法第59条第3項の厚生労働省令で定める危険又は有害な業務は、次のとおりとする。
〔中略〕
26　令別表第6に掲げる酸素欠乏危険場所における作業に係る業務

酸素欠乏症等防止規則
第一章　総則
（定義）
第2条　この省令において、次の各号に掲げる用語の意義は、それぞれ当該各号に定めるところによる。
1　酸素欠乏　空気中の酸素の濃度が18％未満である状態をいう。
〔以下略〕

第二章　一般的防止措置
（作業環境測定等）
第3条　事業者は、令第21条第9号に掲げる作業場について、その日の作業を開始する前に、当該作業場における空気中の酸素の濃度を測定しなければならない。

（作業主任者）
第11条　事業者は、酸素欠乏危険作業については、第一種酸素欠乏危険作業にあっては酸素欠乏危険作業主任者技能講習又は酸素欠乏・硫化水素危険作業主任者技能講習を修了した者のうちから、第二種酸素欠乏危険作業にあっては酸素欠乏・硫化水素危険作業主任者技能講習を修了した者のうちから、酸素欠乏危険作業主任者を選任しなければならない。

（特別の教育）
第12条　事業者は、第一種酸素欠乏危険作業に係る業務に労働者を就かせるときは、当該労働者に対し、次の科目について特別の教育を行わなければならない。
1　酸素欠乏の発生の原因
2　酸素欠乏症の症状
3　空気呼吸器等の使用の方法
4　事故の場合の退避及び救急そ生の方法
5　前各号に掲げるもののほか、酸素欠乏症の防止に関し必要な事項

（退避）
第14条　事業者は、酸素欠乏危険作業に労働者を従事させる場合で、当該作業を行う場所において酸素欠乏等のおそれが生じたときは、直ちに作業を中止し、労働者をその場所から退避させなければならない。

1-1 労働安全衛生法令③ ［墜落防止］

演習問題 高所作業における墜落防止に関する記述として、労働安全衛生法令上、誤っているものを全て選べ。

①折りたたみ式脚立には、脚と水平面との角度が75度で、その角度を保つための金具を備えたものを使用する
②踏み抜きの危険性のある屋根の上では、幅30cmの歩み板を設け、防網を張る
③移動はしごは、幅が25cmのものとし、すべり止め装置を取り付ける
④高さ2mにおける足場として、幅が40cmの作業床を設置する

ポイント▶ 電気通信工事に限らず、施工管理技術検定においては、高所からの墜落防止は特に留意すべき項目である。作業者の墜落事故を防止するために、労働安全衛生法令でどのような規制がとられているのかを把握しておきたい。

解　説

移動はしごは自立する構造ではありません。そのため4本脚で安定感のある脚立と異なり、常に不安定な要素が付きまといます。これら特有の基準について理解を深めましょう。移動はしごは労働安全衛生規則にて、床面との滑動を防止する措置や、構造物等に立て掛けた際に、転位を防止する措置が必要とされています。

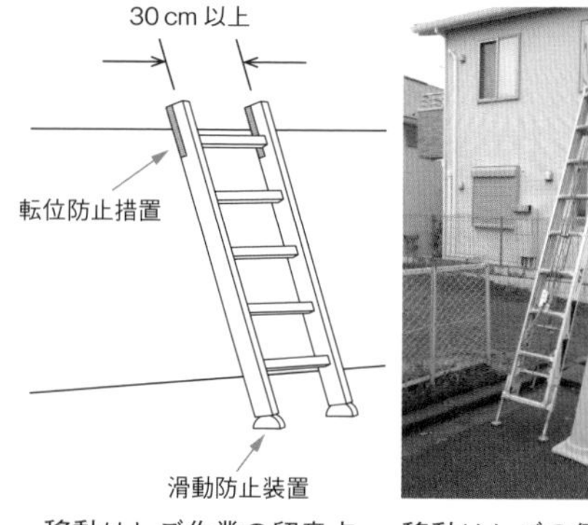

移動はしご作業の留意点　移動はしごの例

また、はしごの幅についても基準が設けられています。あまり狭いはしごを用いてしまうと、足を踏み外す懸念が出てきます。そして幅が狭ければ狭いほど、立てた際の安定性は悪くなります。そこで同規則では、移動はしごの幅は30cm以上とする規程があります。

（2級電気通信工事　令和1年後期　No.64）

〔解 答〕　③誤り → 30cm以上

根拠法令等

労働安全衛生規則　第二編　安全基準
第九章　墜落、飛来崩壊等による危険の防止　第一節　墜落等による危険の防止
（移動はしご）
第527条　事業者は、移動はしごについては、次に定めるところに適合したものでなければ使用してはならない。
　1　丈夫な構造とすること。
　2　材料は、著しい損傷、腐食等がないものとすること。
　3　幅は、30cm以上とすること。
　4　すべり止め装置の取付けその他転位を防止するために必要な措置を講ずること。

演習問題　高所作業における墜落防止に関する記述として、労働安全衛生法令上、誤っているものを全て選べ。

①折りたたみ式の脚立は、脚と水平面との角度を80度とし、その角度を保つ金具を備える
②踏み抜きの危険性のある屋根の上では、幅30cmの歩み板を設け、防網を張る
③高さが2mの作業床の開口部には囲いと覆いを設置する
④移動はしごは、幅が30cmのものとし、すべり止め装置を取り付ける

ポイント▶ 一般に床面から2m以上となる場合を高所作業と呼ぶが、脚立や移動はしご等の数値的な基準は、必ずしも2m以上の場合だけに適用されるとは限らない。2m以下の作業であっても、これらの規程は満足しておく必要がある。

解　説

脚立に関しては、労働安全衛生規則にて基準が定められています。詳細は以下の根拠法令に示す、4つの項目を参照してください。これを満たさない脚立は、使用中に崩壊して作業者が墜落する可能性があることから、作業に使用させてはいけません。丈夫な構造であるとか、損傷や腐食に関する規程は移動はしごと同様です。

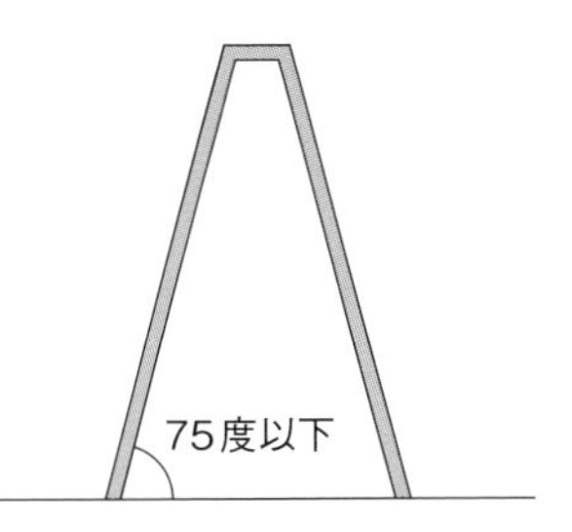

脚と水平面との角度関係

特に数字が絡むものとして、脚と水平面との角度の規程があります。これは図のように、75度以下となるものでなければなりません。

（2級電気通信工事　令和2年後期　No.64）

脚立の例

〔解 答〕　①誤り → 75度以下

根拠法令等

労働安全衛生規則　第二編　安全基準
第九章　墜落、飛来崩壊等による危険の防止　第一節　墜落等による危険の防止
（脚立）
第528条　事業者は、脚立については、次に定めるところに適合したものでなければ使用してはならない。
1　丈夫な構造とすること。
2　材料は、著しい損傷、腐食等がないものとすること。
3　脚と水平面との角度を75度以下とし、かつ、折りたたみ式のものにあっては、脚と水平面との角度を確実に保つための金具等を備えること。
4　踏み面は、作業を安全に行なうため必要な面積を有すること。

1-1 労働安全衛生法令④ ［足 場］

演習問題 事業者が足場を設ける場合の記述として、「労働安全衛生法令」上、誤っているものを全て選べ。

①つり足場を除き、作業床の幅は、30cm 以上とすること
②事業者は、足場の構造および材料に応じて、作業床の最大積載荷重を定め、かつ、これを超えて積載してはならない
③事業者は、足場（一側足場を除く）における高さ2m 以上の作業場所には、作業床を設けなければならない
④事業者は、足場については、丈夫な構造のものでなければ、使用してはならない

ポイント▶ 足場は、作業者の墜落や物品の落下の他、足場自体が崩落するような事故の懸念がある。そのため、事故を防止するためのルールが細かく定められている。特に数値で規定されている部分は、確実にマスターしたい。

解　説

高さが2m以上となる場合は、高所作業にあたります。この際には、しかるべき基準に沿った作業床を設けなければなりません。この作業床には具体的な数値の決め事があり、幅については40cm以上とする必要があります。

したがって、①は誤りです。

また作業床には、耐えうる重量の限界があります。これを超えてしまうと、崩落事故が発生してしまいます。このため、事業者は作業床の最大積載荷重を定めるとともに、それを関係者に周知しなければなりません。

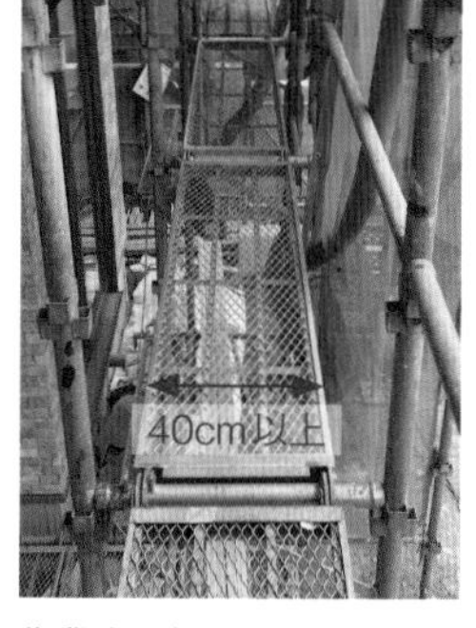

作業床の幅は40cm以上

（2級電気通信工事　令和1年前期　No.64）

〔解 答〕 ①誤り → 40cm以上

根拠法令等

労働安全衛生規則
第十章　通路、足場等
（構造）
第561条　事業者は、足場については、丈夫な構造のものでなければ、使用してはならない。
（最大積載荷重）
第562条　事業者は、足場の構造及び材料に応じて、作業床の最大積載荷重を定め、かつ、これを超えて積載してはならない。
（作業床）
第563条　事業者は、足場における高さ2m以上の作業場所には、次に定めるところにより、作業床を設けなければならない。
〔中略〕
2　つり足場の場合を除き、幅、床材間の隙間及び床材と建地との隙間は、次に定めるところによること。
イ　幅は、40cm以上とすること。

演習問題 高さ2m以上の足場（一側足場およびつり足場を除く。）の作業床に関する記述として、「労働安全衛生法令」上、誤っているものを全て選べ。

①作業床の幅を50cmとする
②床材間の隙間を4cmとする
③床材と建地との隙間を20cmとする
④床材が転位し脱落しないよう3つの支持物に取り付ける

ポイント▶ 作業足場を構築する際の、具体的な仕様に関する設問である。作業床の高さが床面から2m以上となる場合は高所作業に該当することから、各種の数値的な制約が課される。2m未満のケースではこの限りでない。

解　説

足場の**床材間の隙間は、3cm以下**でなければなりません。4cmでは靴の先端が挟まったり、工具や部品が落下したりする可能性が高くなります。②は誤りです。

「建地」とは、足場を組み立てる際の柱等のことです。この建地と床材との距離にも規定があり、**隙間を12cm未満**とする必要があります。③も誤り。

なお、法令では「12cm未満」が要求されているため、12cmちょうどではNGとなります。

（2級電気通信工事　令和4年後期 No.61改）

床材間の隙間は3cm以下

床材と建地との隙間は12cm未満

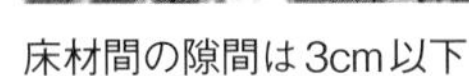

〔解 答〕 ②誤り → 3cm以下　③誤り → 12cm未満

根拠法令等

労働安全衛生規則
第十章　通路、足場等
（作業床）
第563条　事業者は、足場における高さ2m以上の作業場所には、次に定めるところにより、作業床を設けなければならない。
〔中略〕
2　つり足場の場合を除き、幅、床材間の隙間及び床材と建地との隙間は、次に定めるところによること。
イ　幅は、40cm以上とすること。
ロ　床材間の隙間は、3cm以下とすること。
ハ　床材と建地との隙間は、12cm未満とすること。
〔中略〕
5　つり足場の場合を除き、床材は、転位し、又は脱落しないように2以上の支持物に取り付けること。

1-1 労働安全衛生法令⑤ [移動式クレーン]

演習問題 移動式クレーンを用いて作業を行うときに、移動式クレーンの転倒等による労働者の危険を防止するため、あらかじめ定めなければならない事項として、「労働安全衛生法令」上、誤っているものを全て選べ。

①移動式クレーンによる作業の方法
②移動式クレーンの転倒を防止するための方法
③移動式クレーンによる作業に係る労働者の配置および指揮の系統
④移動式クレーンの定期自主検査の方法

ポイント▶ タワークレーン等の固定式と違い、移動式クレーンは迅速に移動することが可能である。そのため、短期間の需要場所にて活躍する場面が多く見られる。しかし移動できるメリットの反面、安定性の低さがリスクとなる。

解　説

移動式クレーンは、転倒の危険性が常に隣り合わせです。例えアウトリガを正しくセットしたとしても、現地の地盤が軟弱の場合には、地面にめり込んで転倒する可能性も出てきます。

また、クレーン作業を行う際には、事前に地上側の指揮者を1名定めます。この指揮者の合図によってクレーン作業を進めるのが基本です。

しかし実際には作業が進むにつれて、指揮者以外の作業者が、つい身振り手振りで合図を出してしまう場面が少なくありません。こうなると、クレーンの操作者には複数の人間が合図を出しているように見え、判断を誤る原因となります。

移動式クレーンの例

最悪の場合には、事故を発生させることにもなりかねません。したがって、指揮の系統は一本化するよう考慮しなければなりません。

定期自主検査についても定めがありますが、「転倒等による危険防止」とは直接的な関係はありません。したがって、④が対象から外れます。

（2級電気通信工事　令和2年後期　No.65改）

〔解 答〕 ④誤り → 対象外

根拠法令等

クレーン等安全規則
第三章　移動式クレーン
第二節　使用及び就業
（作業の方法等の決定等）
第66条の2　事業者は、移動式クレーンを用いて作業を行うときは、移動式クレーンの転倒等による労働者の危険を防止するため、あらかじめ、当該作業に係る場所の広さ、地形及び地質の状態、運搬しようとする荷の重量、使用する移動式クレーンの種類及び能力等を考慮して、次の事項を定めなければならない。
1　移動式クレーンによる作業の方法
2　移動式クレーンの転倒を防止するための方法
3　移動式クレーンによる作業に係る労働者の配置及び指揮の系統

演習問題 移動式クレーンを用いた作業に関する記述として、「クレーン等安全規則」上、誤っているものを全て選べ。

①小型移動式クレーン運転技能講習を修了した者を吊り上げ荷重が4tの移動式クレーンの運転（道路上を走行させる運転を除く。）の業務に就かせることができる
②移動式クレーン明細書に記載されているジブの傾斜角の範囲を超えて使用することができる
③移動式クレーンにより作業する場合は、移動式クレーンの運転者および玉掛けをする者が当該移動式クレーンの定格荷重を常時知ることができるように表示を行う
④移動式クレーンの運転者は、一時的であれば荷を吊ったまま運転位置から離れてもよい

ポイント▶ クレーンは便利な反面、危険性を常に孕んでいる。移動式に限らないが、吊り上げた荷が万が一にも落下してしまうと、大事故になる。さらに、その荷の下に人がいた場合には、取り返しのつかない人身事故に発展する。

解　説

移動式クレーンを操作するための、所要資格について整理します。下図のように、吊り上げ荷重によって要求される資格が3種類あります。

「荷重」とは、「いま何tの荷を吊っているか」ではありません。クレーンの能力として、最大何tまでの荷を吊り上げることが可能か、という意味です。

0t〜0.5t	0.5t〜1t	1t〜5t	5t〜
0.5t未満	0.5t以上 1t未満	1t以上 5t未満	5t以上
不要	特別教育	技能講習	免許

吊り上げ荷重が1t以上5t未満は、技能講習（小型移動式クレーン運転技能講習）の修了にて操作可能です。①は正しいです。

ジブの傾斜角の範囲を超過しての使用は、できません。②は明らかに誤りです。

移動式に限りませんが、荷を吊り上げているときは、短時間であっても運転席を離れてはなりません。④も誤りとなります。

（2級電気通信工事　令和4年後期　No.65改）

定格荷重等の表示例

〔解答〕　②誤り → 禁止　④誤り → 禁止

根拠法令等

クレーン等安全規則
第三章　移動式クレーン
第二節　使用及び就業
（傾斜角の制限）
第70条　事業者は、移動式クレーンについては、移動式クレーン明細書に記載されているジブの傾斜角の範囲をこえて使用してはならない。
（運転位置からの離脱の禁止）
第75条　事業者は、移動式クレーンの運転者を、荷をつったままで、運転位置から離れさせてはならない。
2　前項の運転者は、荷をつったままで、運転位置を離れてはならない。

1-1 労働安全衛生法令⑥ [高所作業車]

演習問題 高所作業車を6か月以上継続して使用している場合における記述として、誤っているものを全て選べ。

①作業に高所作業車を用いる際は、作業の指揮者を定めた上で、その者に作業の指揮を行わせなければならない
②作業に高所作業車を用いる際は、作業床および乗車席以外の箇所に労働者を乗せてはならない
③3か月以内ごとに1回、高所作業車の安全装置の異常の有無等について、自主検査を定期に行わなければならない
④高所作業車の自主検査を行った際は、その検査結果等を記録して、3年間保存しなければならない

ポイント▶ 高所作業車は架空線路や空中線の作業等でしばしば用いられることから、電気通信工事ではお馴染みの機材である。出題頻度は高いと想定されるため、しっかりとモノにしておこう。

解 説

高所作業車を1か月以上継続して使用する場合、安全装置の異常の有無等については、**1か月以内ごとに1回**、定期に自主検査を行わなければなりません。③は誤りです。

「自主」検査という表現から、あたかも強制力のない任意の検査のような印象がありますが、法令で義務付けられた強制検査です。アウトリガの故障で車両ごと転倒した場合等、事故の重大性を考えると理解しやすいでしょう。

検査すべき対象項目には「1か月以内ごとに1回」のものと、「1年以内ごとに1回」の2種類があります。検査の項目数は後者のほうが3倍も多いですが、内容がより重要なのは前者の毎月実施のほうです。試験対策としては、「安全装置の異常の有無」を含む前者を確実に覚えましょう。

なお自主検査を行った際の記録は、3年間保存する義務があります。

〔解 答〕 ③誤り → 1か月以内ごとに1回

根拠法令等

規則 第二節の三 高所作業車 (定期自主検査)

第194条の24 事業者は、高所作業車については、1月以内ごとに1回、定期に、次の事項について自主検査を行わなければならない。ただし、1月を超える期間使用しない高所作業車の当該使用しない期間においては、この限りでない。

1 制動装置、クラッチ及び操作装置の異常の有無
2 作業装置及び油圧装置の異常の有無
3 安全装置の異常の有無

演習問題 高所作業車に関する記述として、「労働安全衛生法令」上、誤っているものを全て選べ。

①事業者は、高所作業車を用いて作業を行うときは、高所作業車の転倒または転落による労働者の危険を防止するため、アウトリガーを張り出すこと等、必要な措置を講じなければならない

②事業者は、高所作業車を用いて作業を行ったときは、その日の作業が終了した後に、制動装置、操作装置および作業装置の機能について点検を行わなければならない

③事業者は、高所作業車については、積載荷重その他の能力を超えて使用してはならない

④事業者は、高所作業車を用いて作業を行うときは、乗車席および作業床以外の箇所に労働者を乗せてはならない

ポイント▶ 高所作業車の具体的な留意事項に関する設問である。ルールを逸脱すると大きな事故につながるため、監督者としては確実に把握しておきたい。

解　説

制動装置や操作装置、あるいは作業装置といった重要な機能の点検に関しては、特に留意しておかなければなりません。点検は作業後ではなく、作業前に実施することが必要です。②は誤りです。

高所作業車の作業床には、耐えられる重量の限界があります。これは車両ごとの仕様としてメーカが設定していますので、これを超過してはいけません。

積載荷重の表示の例

（2級電気通信工事　令和1年前期　No.65）

〔解 答〕 ②誤り → 作業前に実施

根拠法令等

労働安全衛生規則　第二章　建設機械等　第二節の三　高所作業車

（作業開始前点検）

第194条の27　事業者は、高所作業車を用いて作業を行うときは、その日の作業を開始する前に、制動装置、操作装置及び作業装置の機能について点検を行わなければならない。

【重要】▶高所作業車の操作には、高さに応じた資格が必要

高所作業車は、作業床を上昇することができる最大高によって2種類に分類される。10m未満のものと、10m以上の2種類である。

これらは最大高によって操作できる資格が異なり、10m未満であれば運転特別教育の修了のみで可能。10m以上のものは運転技能講習の修了が必要となる。この違いも出題されるので、注意しておこう。

1-1 労働安全衛生法令⑦ [教 育]

演習問題 安全衛生教育に関する次の記述の□内に当てはまる語句の組合わせとして、「労働安全衛生法」上、正しいものはどれか。

「事業者は、労働者を雇い入れたときは、(ア)に対し、厚生労働省令で定めるところにより、その従事する業務に関する(イ)のための教育を行わなければならない。」

	(ア)	(イ)
①	当該作業場の職長	能力向上
②	当該作業場の職長	安全又は衛生
③	当該労働者	能力向上
④	当該労働者	安全又は衛生

ポイント▶ 教育は、従業員や部下に対して、人物としての成長や能力を向上させることを目的とした取り組みが一般的である。これ以外にも、法令の定めによって、状況に応じて実施しなければならない教育も存在する。

解 説

法令に則った教育の1つに、安全衛生教育があります。これは別名として「新規入場者教育」とも呼ばれ、その職場や現場に新たに入ってきた人に対して、安全や衛生に関する教育を実施しなくてはなりません。より具体的には、以下の3つのケースに該当する場面で実施します。

- 入社時(あるいは現場に新規入場するとき)
- 作業内容を変更したとき
- 危険や有害な業務に就かせるとき

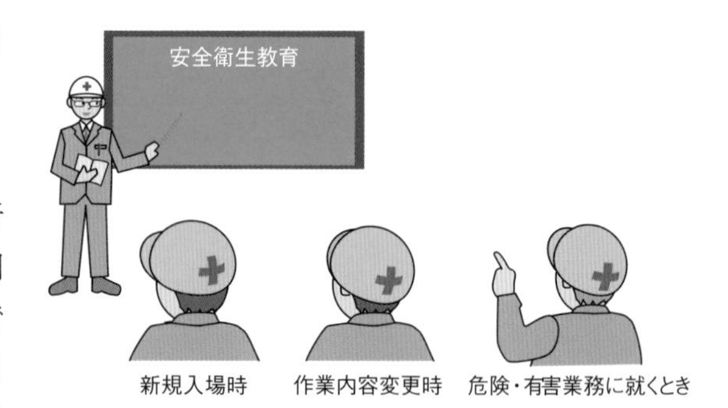

これらの教育を受講するべき人は、若い新人ばかりとは限りません。特に下の2つに関しては、長年在籍しているベテラン従業員でも該当する場合があることに留意しておきましょう。 (2級電気通信工事 令和3年前期 No.61)

〔解 答〕 ④正しい

 根拠法令等

労働安全衛生法
第六章 労働者の就業に当たっての措置 (安全衛生教育)
第59条 事業者は、労働者を雇い入れたときは、当該労働者に対し、厚生労働省令で定めるところにより、その従事する業務に関する安全又は衛生のための教育を行なわなければならない。
2 前項の規定は、労働者の作業内容を変更したときについて準用する。
3 事業者は、危険又は有害な業務で、厚生労働省令で定めるものに労働者をつかせるときは、厚生労働省令で定めるところにより、当該業務に関する安全又は衛生のための特別の教育を行なわなければならない。

演習問題 建設業を営む事業者が、新たに職長となった者に対して行う安全または衛生のための教育の内容に関して、「労働安全衛生法令」上、誤っているものを全て選べ。

①労働者に対する指導または監督の方法に関すること
②就業規則の作成に関すること
③異常時等における措置に関すること
④作業方法の決定および労働者の配置に関すること

ポイント▶ 職長とは、安全衛生に配慮した上で、建設現場に従事する作業者に直接指示を出す監督者のこと。組織によっては、班長や作業長、リーダー等、さまざまな名称で呼ばれることもあるが、法的な立ち位置と責任は同じである。

解　説

発注者、あるいは元請会社からの指示や指導を受けながら、安全衛生に配慮した上で適切な現場マネジメントを行う立場の監督者が職長です。ここでは特に、「安全衛生に配慮」することがキーワードとなってきます。

職長は本社や営業所での管理職とは異なります。あくまで現場に常駐して、作業者に対して直接の指揮を行う、第一線の現場監督者のことを指します。ただし法令上は、作業主任者は除かれます。

この職長に対しては、事業者（つまり経営側）は安全と衛生のための教育を行わなければならない旨が、労働安全衛生法にて定められています。教育の具体的な内容は、以下に示す11項目になります。

・作業手順の定め方
・労働者の適正な配置の方法
・指導および教育の方法
・作業中における監督および指示の方法
・危険性または有害性等の調査の方法
・危険性または有害性等の調査の結果に基づき講ずる措置
・設備、作業等の具体的な改善の方法
・異常時における措置
・災害発生時における措置
・作業に係る設備および作業場所の保守管理の方法
・労働災害防止についての関心の保持および労働者の創意工夫を引き出す方法

したがって選択肢の中では、就業規則の作成に関することは該当しません。

（1級電気通信工事　令和2年午後　No.30）

〔解 答〕 ②誤り → 対象外

1-2 施工計画① ［全 般］

施工計画は、工事を安全に確実に遂行する上で欠かせない概念である。この分野も施工管理法（基礎的な能力）に出題されるため、深掘りした学習が必要となる。避けて通れないものと考えておいたほうがよい。

演習問題 施工計画に関する記述として、次の①～④のうち適当なものを全て選べ。

①事前調査は、契約条件の確認と現場条件の調査が主な内容である
②工程計画は、工事が予定した期間内に完成するために工事全体がむだなく円滑に進むように計画することが主な内容である
③仮設備計画は、工事を実施するために最も適した機械の使用計画をたてることが主な内容である
④安全管理計画は、工事に伴って発生する公害問題や近隣環境への影響を最小限に抑えるための計画が主な内容である

ポイント▶ 施工計画とは工事に必要なさまざまな計画の総称であって、目的ごとに基本計画、事前調査、調達計画、管理計画、施工技術計画等のように分類できる。さらにこれらも、より具体的な実施区分に細分化される。

解　説

事業者ごとに多少の文化の違いはありますが、電気通信工事に関わる施工計画は、おおむね下表のように分類できます。

施工計画				
基本計画	事前調査	調達計画	管理計画	施工技術計画
		労務計画 機械計画 資材計画 輸送計画	安全衛生計画 品質管理計画 原価管理計画 環境保全計画 情報セキュリティ管理計画	作業計画 工程計画 搬入計画 仮設備計画

③の記述は、機械計画の説明になります。仮設備計画ではありません。③は誤りです。

④の記述は環境保全計画の説明であって、安全管理計画ではありません。④は誤り。

仮設備の例

さらに詳しく

仮設備計画の主な内容
「仮設備の設計や仮設備の配置計画」

（2級電気通信工事　令和4年前期　No.63）

〔解 答〕 ①適当　②適当

演習問題 施工計画に関する記述として、次の①～④のうち適当でないものを全て選べ。

①機械計画は、工事を実施するために最も適した機械の使用計画をたてることが主な内容である

②工程計画は、工事が予定した期間内に完成するために工事全体がむだなく円滑に進むように計画することが主な内容である

③仮設備計画は、仮設備の設計や仮設備の配置計画が主な内容である

④品質管理計画は、工事に伴って発生する公害問題や近隣環境への影響を最小限に抑えるための計画が主な内容である

ポイント▶ 前ページの類似問題である。施工計画の下位層としてブレイクダウンされたこれらの各種計画が、実際の工事の実施に関連してどういった内容を包含しているのか、把握しておきたい。

解　説

④の記述は環境保全計画の説明であって、品質管理計画ではありません。したがって、④は不適当です。

なお環境保全計画は、安全衛生計画等と合わせて、広義には管理計画に含まれます。

工事の規模に見合った機械の選定は、機械計画である

（2級電気通信工事　令和3年前期　No.55）

〔解 答〕 ④不適当

さらに詳しく

品質管理計画の主な内容
「設計図書に基づく規格値内に収まるよう計画すること」

1-2 施工計画② ［事前調査］

演習問題 施工計画策定段階で事前に行う現地調査に関するものとして、適当でないものを全て選べ。

①自然条件の調査
②近隣環境の調査
③現場搬入路の把握
④地下埋設物等の有無
⑤不可抗力による損害に対する取扱い方法

ポイント▶ 施工計画を策定していく中で、事前調査は不可欠である。これらは主に、机上検討と現地調査とに分けられる。実際に現場に赴いて情報を収集する現地調査では、どのような項目に着目すべきか把握しておきたい。

解　説

現場における事前調査で把握すべき事項は、自然条件や近隣環境、現場搬入路等多岐にわたります。具体的な調査項目は、下欄に示したのでご参照ください。

掲出の選択肢の中では、「不可抗力による損害に対する取扱い方法」は現地調査には該当しません。こういった事案は特に現場に赴かなくとも、事務所でも行えるものと考えられます。⑤のみが不適当です。

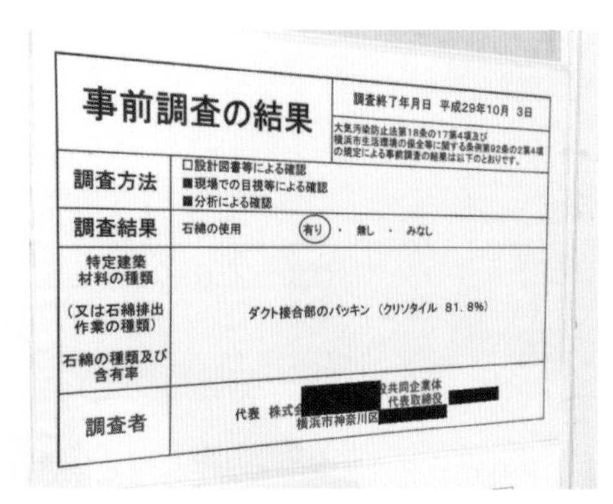

事前調査の結果	調査終了年月日 平成29年10月 3日 大気汚染防止法第18条の17第4項及び横浜市生活環境の保全等に関する条例第92条の2第4項の規定による事前調査の結果は以下のとおりです。
調査方法	□設計図書等による確認 ■現場での目視等による確認 ■分析による確認
調査結果	石綿の使用　（有り）・ 無し ・ みなし
特定建築材料の種類 （又は石綿排出作業の種類） 石綿の種類及び含有率	ダクト接合部のパッキン（クリソタイル 81.8%）
調査者	代表 株式会[illegible]設共同企業体 代表取締役[illegible] 横浜市神奈川区[illegible]

事前調査結果の掲示例

地下埋設物の調査の例。配管の位置、種類、管径等を表している

（2級電気通信工事　令和2年後期　No.57）

〔解 答〕 ⑤不適当 → 該当せず

さらに詳しく

主な調査項目は、以下のように幅広く存在する。

- ・施工法、仮設規模、施工機械の選択
- ・地形、地勢、地質、地下水、気象
- ・動力源、工事用水の入手
- ・材料の供給源と価格および運搬路
- ・労務の提供、労働環境、資金
- ・工事によって支障を生ずる問題点
- ・隣接工事や周辺の状況
- ・騒音、振動等に関する環境保全基準
- ・文化財および地下埋設物等の有無
- ・建設副産物の処理、処理条件等

演習問題 施工計画作成のために行う事前調査に関する次の記述の［　］に当てはまる語句の組合わせとして、適当なものはどれか。

・事前調査では［(ア)］の確認および［(イ)］の調査を行う。
・［(ア)］の確認は、工事内容を十分把握するため、契約書、設計図面、仕様書の内容を検討し、工事数量の確認を行う
・［(イ)］の調査は、地勢、地質や気象等の［(ウ)］および、現場周辺状況や近隣構造物等の近隣環境等について［(エ)］を行う

	(ア)	(イ)	(ウ)	(エ)
①	契約条件	労働条件	工事公害	机上検討
②	契約条件	現場条件	自然条件	現地調査
③	見積書	労働条件	工事公害	現地調査
④	見積書	現場条件	自然条件	机上検討

ポイント▶ 施工計画の立案にあたって、事前調査を行って必要な情報を集めていく。ここでは調査の具体的な内容に関して、一歩掘り下げた設問になっている。施工管理法（基礎的な能力）でも出題される分野でもある。

解　説

工事内容を十分把握するために、契約書や設計図面、仕様書等の内容を検討して、工事数量の確認を行うことは、**契約条件の確認**にあたります。

地勢や地質、気象等の**自然条件**あるいは、現場周辺状況や近隣構造物等の近隣環境等について**現地調査**を行うことは、**現場条件**の調査に該当します。

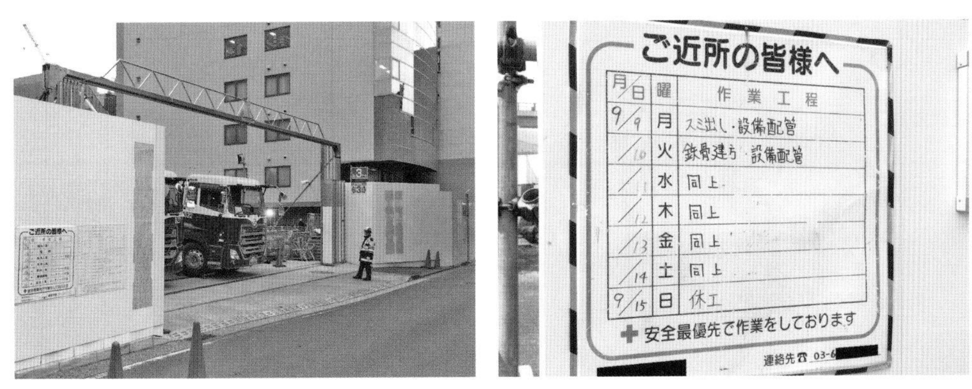

円滑に工事を進める上で、近隣環境との調和は欠かせない

（2級電気通信工事　令和3年前期　No.63）

〔解 答〕 ②適当

1-2 施工計画③ [留意事項]

演習問題 施工計画の作成にあたっての留意事項に関する記述として、適当なものを全て選べ。

①施工計画は、複数の案を立て、その中から選定する
②新工法や新技術は採り入れず、過去の実績や経験のみで施工計画を作成する
③個人の考えや技術水準だけで計画せず、企業内の関係組織を活用して、全社的な技術水準で検討する
④発注者から示された工程が最適であるため、経済性や安全性、品質の確保の検討は行わずに、その工程で施工計画を作成する

ポイント▶ 施工計画は、安全、品質、工程、環境、原価の5つの視点を軸に立案する。5つ全てが高い水準となるのが理想ではあるが、実際には互いにトレードオフの関係が存在したりする。その際に何を優先とすべきかを見極める。

解　説

施工計画は、発注者から要求された品質を満足し、なるべく短い工期で、環境への影響を最小限とし、より経済的に完成できるよう検討します。そして何より、安全を最優先に考えることが鉄則です。

担当するメンバーの経験や実績のみならず、社内のノウハウを広く吸収して生かしていくとともに、新工法や新技術にも敏感になって採用を検討することも大切です。したがって、②は不適当です。

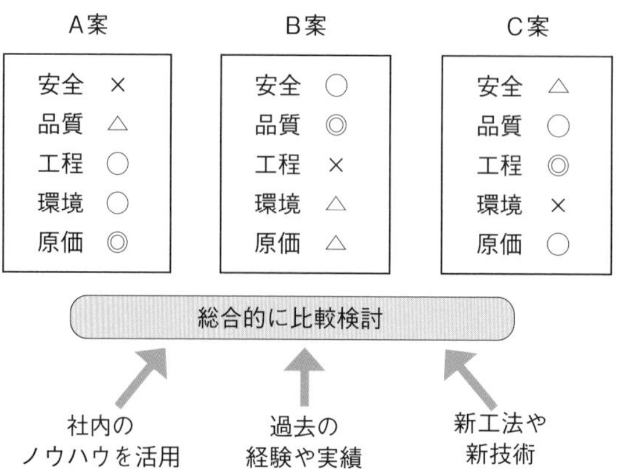

発注者から示された工程も1つの案ではありますが、常に最適とは限りません。施工の無理や無駄をなくすため複数のプランを立案し、総合的に長所や短所を比較検討した上で、より優れたプランを選択していくべきでしょう。④も不適当。　（2級電気通信工事　令和3年後期　No.63）

〔解 答〕 ①適当　③適当

演習問題　公共工事における施工計画作成時の留意事項等に関する記述として、適当でないものを全て選べ。

①工事着手前に工事目的物を完成するために必要な手順や工法等について、施工計画書に記載しなければならない

②特記仕様書は、共通仕様書より優先するので、両仕様書を対比検討して、施工方法等を決定しなければならない

③施工計画書の内容に重要な変更が生じた場合には、施工後速やかに変更に関する事項について、変更施工計画書を提出しなければならない

④施工計画書を提出した際、監督職員から指示された事項については、さらに詳細な施工要領書を提出しなければならない

ポイント▶　工事が進行するにつれ、以前の工程について後戻りが困難になる可能性が高くなっていく。そのため、着工前に作成する施工計画書の内容は重要なものとなる。本問は、細かい言い回しの部分で引っ掛からないようにしたい。

解　説

特記仕様書と共通仕様書とでは、どちらが優先でしょうか。共通仕様書はさまざまな工事に適用するような、共通した事項が記載されています。一方で特記仕様書は、当該の工事にのみ適用する限定的な事項を記載したものです。

これにより施工計画の立案にあたっては、まずは優先的に特記仕様書に沿った内容で検討を行います。そして特記仕様書に記載がない部分については、共通仕様書に従って進める形となります。

施工計画書の内容に重要な変更が生じた場合には、**工事に着手する前**に変更の施工計画書を提出すべきです。施工後ではありません。③は明らかに不適当です。

監督員から施工計画書に関して指示された際には、**より詳細な施工計画書**を提出することになります。施工要領書ではありません。④も不適当です。

なお施工計画書は、元請が発注者に対して提出するものです。一方の施工要領書は、下請が元請に対して提出するものとなります。この両者を混同しないようにしましょう。

（2級電気通信工事　令和1年後期　No.56改）

〔解 答〕　③不適当 → 施工前に提出　④不適当 → 施工計画書を提出

1-2 施工計画④ [計画書]

演習問題 工事目的物を完成させるために必要な手順や工法を示した施工計画書に記載するものとして、関係ないものを全て選べ。

①計画工程表
②主要資材
③施工管理計画
④機器製作設計図
⑤官公庁届出書類一覧

ポイント▶ 施工計画書は当該工事に着工する前に、工事の総合的な道筋を俯瞰するために作成するものである。そのため着手後に具現化してくる詳細な事項は、同計画書には含めないのが一般的である。

解　説

一般論として、施工図は施工計画書の後の段階で作成する書類になります。そしてこの施工図の中に、機器製作設計図等が含まれています。順序関係から、施工計画書を作成する時点では、機器製作設計図はまだ存在していません。したがって、④が無関係です。

その他の選択肢は、全て施工計画書に含まれています。

施工計画書に記載すべき具体的な事項は、下記を参照してください。

（2級電気通信工事　令和1年前期　No.57改）

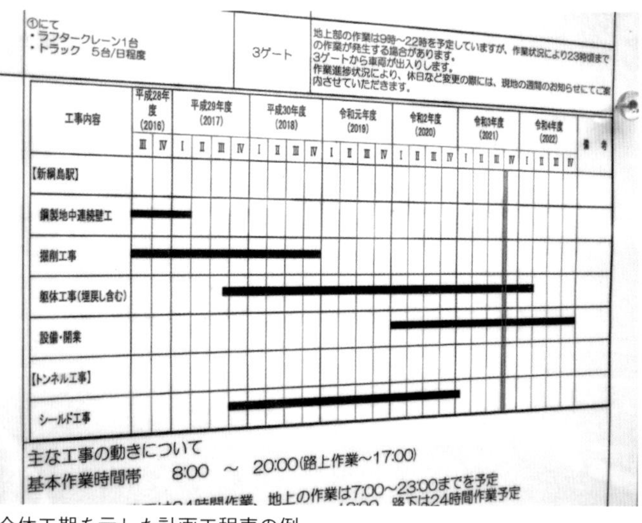

全体工期を示した計画工程表の例

〔解 答〕 ④関係なし

さらに詳しく

施工計画書に記載する主な事項

・一般事項(目的や概要等)
・総合仮設計画
・機器搬入計画
・施工管理計画(施工方針等)
・現場施工体制表
・総合工程表
・官公庁届出書類一覧
・主要資材一覧
・使用資材メーカー一覧
・施工図作成予定表
・施工要領書作成予定表

演習問題 工事目的物を完成させるために必要な手順や工法を示した施工計画書に記載するものとして、適当でないものを全て選べ。

①施工管理計画
②施工方法
③請負者の予算計画
④現場施工体制表
⑤主要資材

ポイント▶ 施工計画書は、工事目的物を完成させるために、元請業者が作成して発注者に提出するものである。工事に関係する全ての情報を詰め込むわけではなく、あくまで発注者側にとって必要な情報を網羅すべきものである。

解　説

発注者の立場から見た場合に、工事にあたって必要な情報は何か、といった視点で見ていくと理解が早まります。安全管理や工程管理、品質管理と、環境への配慮といった部分で、発注者側が事前に把握しておくべき事項が主な記載事項です。

選択肢の中では、請負者の予算計画は、発注者にとっては直接的には関係のない項目となります。したがって、施工計画書には記載されません。③が不適当です。

その他の選択肢は、全て施工計画書に含まれます。

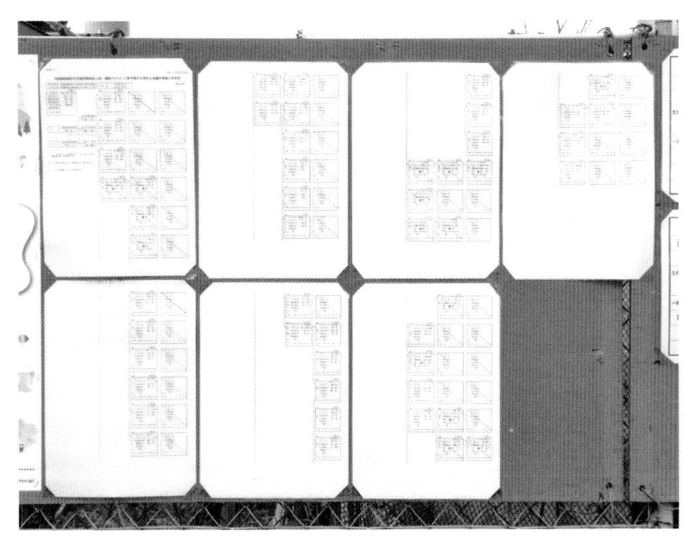

大規模な工事の施工体制表の例

（2級電気通信工事　令和3年後期　No.55改）

〔解 答〕 ③不適当

1-3 線路施工① [低圧配線]

電気通信で使用できる最高電圧は100Vであるから、実質的に低圧での配線工事しか発生しない。この場合でも関係法令や、諸々の基準に従って施工する必要がある。

演習問題 低圧配線の施工に関する記述として、適当でないものを全て選べ。

①400V回路で使用する電気機械器具の金属製の台および外箱に、C種接地工事を施した
②金属管工事において、単相2線式回路の電線2条を金属管2本にそれぞれ分けて敷設した
③合成樹脂管工事において、電線の接続を行うため、アウトレットボックスを設けて電線を接続した
④100V回路で使用する電路において、電線と大地との間の絶縁抵抗値が0.1MΩ以上であることを確認した

ポイント▶ 装置の電源部分等においては、高い電圧を取り扱うケースも想定される。このため接地や絶縁抵抗等に関しても、把握しておきたい。

解　説

接地工事は、対象となる電圧によってA～D種の4種類に区分されます。低圧で用いるのはC種とD種ですが、これらは300Vを境に、以下のように区別します。

・C種：300V超
・D種：300V以下

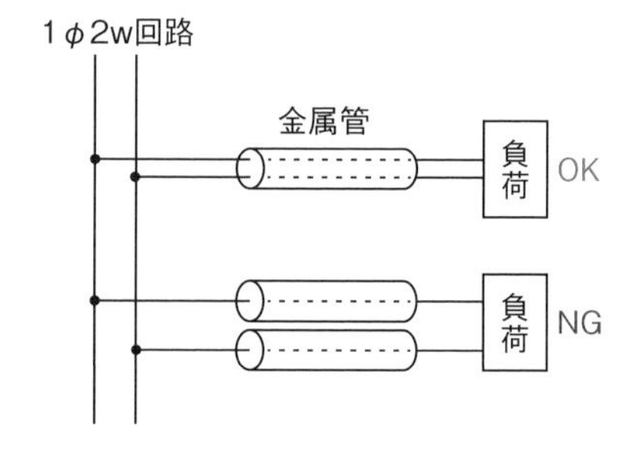

単相2線式回路を金属管に収める例

単相2線式回路を金属管に敷設する際には、電磁的不平衡を生じさせないようにします。電線2条を収容する場合であれば、1回路の電線全てを同一の金属管に挿入しなければなりません。②は不適当です。

低圧電路の絶縁抵抗は、対地電圧もしくは線間電圧150V以下の場合は、0.1MΩ以上が求められます（電気設備の技術基準）。電線と大地間、および電線相互間の、どちらも満たす必要があります。

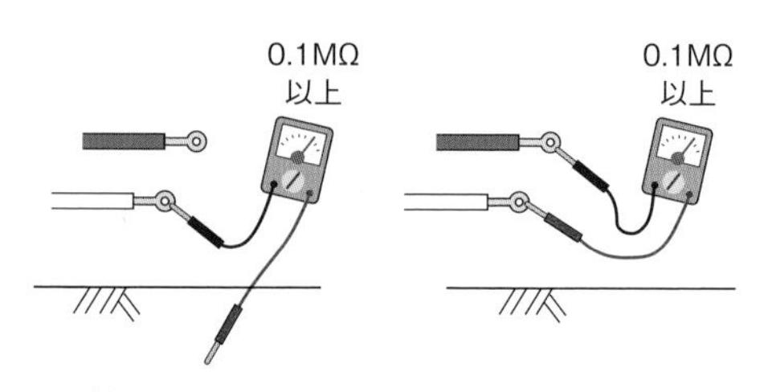

低圧電路の絶縁抵抗（※通信線路ではない）

ここで紛らわしいのが、通信線路の場合です。通信線路の絶縁抵抗は直流100Vで測定して、1MΩ以上が要求されます（有線電気通信設備令）。電路と通信線路とでは基準が異なるので、区別しておきましょう。

④は適当です。　（2級電気通信工事　令和1年前期　No.54）

〔解答〕②不適当 → 同一管に敷設

演習問題 低圧ケーブルの屋内配線に関する記述として、適当でないものを全て選べ。

①屈曲箇所では、2心の低圧ケーブルの曲げ半径（内側の半径とする）を、そのケーブルの仕上り外径の3倍とする
②低圧ケーブルを造営材の下面に沿って水平に取り付ける場合、そのケーブルの支持点間隔を2.5mにする
③低圧ケーブルと通信用メタルケーブルを同一のケーブルラックに敷設する場合、それらを接触させないように固定する
④低圧ケーブルを垂直のケーブルラックに敷設する場合は、特定の子げたに重量が集中しないように固定する

ポイント▶ 本設問では、電力系である低圧ケーブルの敷設に限定した留意事項について触れられている。しかし視野を広くとって、これに限らず通信ケーブルであっても、同様の配慮が必要になると解釈しておきたい。

解　説

ケーブルを屈曲させる際の許容曲げ半径は、構造や仕様により、あるいはメーカ推奨値等にバラツキがあります。そのような中でも、一般論的には、仕上り**外径の6倍以上**とすることが慣わしとなっています。

これよりも小さな半径で曲げてしまうと、内部の構造を破壊してしまい、性能が低下する懸念があります。したがって、①は不適当と判断できます。

ケーブルを配管材等に収めずに、造営材に直接取り付ける施工方法をケーブル工事といいます。この場合の支持点間隔は、**2m以下**にしなければなりません。2.5mではNGですので、②は不適当です。

その他、各配管材ごとに要求される支持点間隔は以下のようになります。

- 可とう電線管工事　1m以下
- 合成樹脂管工事　1.5m以下（可とう管を除く）
- 金属線ぴ工事　1.5m以下
- 金属管工事　2m以下（可とう管を除く）
- ライティングダクト工事　2m以下
- ケーブル工事　2m以下
- 金属ダクト工事　3m以下

曲げ半径は仕上り外径の6倍以上

（2級電気通信工事　令和3年前期　No.53改）

〔解 答〕 ①不適当 → 6倍以上　②不適当 → 2m以下

1-3 線路施工② ［光ファイバケーブル］

演習問題 光ファイバケーブルの施工に関する記述として、適当でないものを全て選べ。

①ハンドホール等の引き通し部では、光ファイバケーブルに外傷を発生させないよう施工する
②光ファイバケーブルの接続点では、圧着端子で心線接続を行いクロージャ内に収容する
③鋼線のテンションメンバは、接地を施す
④光ファイバケーブルをけん引するときは、許容張力の1.2倍を超えないように監視する

ポイント▶ メタル系の電線と違って、光ファイバは非常にデリケートな線材である。そのためわずかな接続ミスが、通信品質を大きく左右する。敷設後の手戻り作業は困難となる場合が多いため、留意事項は把握しておきたい。

解　説

光ファイバを相互に接続する方法には、永久接続とコネクタ接続とがあります。このうち、クロージャ内に収容する場合は、前者の永久接続を行います。永久接続方法は、いったん接続処理を完了すると、文字通りその後の着脱はできません。

これら永久接続方法は接続の仕方によって、融着接続と機械接続に区分されます。後者の機械接続は、現場にて短時間での接続作業が可能で、別名をメカニカルスプライス接続ともいいます。

いずれのケースにおいても、**圧着端子は使用しません**。圧着を用いるのはメタルケーブルの場合です。したがって、②は不適当です。

光ファイバケーブルをけん引する際には、ケーブルが持つ**許容張力を超えない範囲**で行う必要があります。1.2倍ではありません。④は不適当です。

（2級電気通信工事　令和3年前期　No.54改）

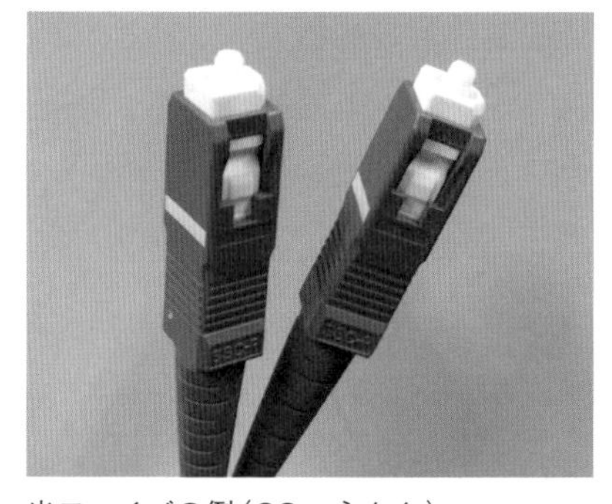

光ファイバの例（SCコネクタ）

メカニカルスプライス（手前）と組立治具

〔解 答〕 ②不適当　④不適当

演習問題 光ファイバケーブルの施工に関する記述として、適当でないものを全て選べ。

①光ファイバケーブルの延線時許容曲げ半径は、仕上り外径の15倍として敷設した
②光ファイバケーブルの接続部をクロージャ内に収容し、水密性が確保されているかどうかの気密試験を行った
③光ファイバケーブルは、ねじれ、よじれ等で光ファイバ心線が破断の恐れがあるため敷設状態を監視して施工した
④光ファイバケーブル敷設後の許容曲げ半径は、仕上り外径の8倍とした

ポイント▶ ケーブルは、延線施工時において損傷を受けやすい部材といえる。特に光ファイバケーブルは、より慎重な作業が要求される。曲げやねじれ、あるいは過度の引張力等によって、内部が破損してしまう場合がある。

解　説

光ファイバは、コードタイプのものとケーブルタイプとに分別できます。ケーブルタイプは、丈夫な外被（シースという）に守られて、その内部に繊細な心線を配する形のものです。丈夫な外被がある分だけ、仕上り外径は太くなります。

配線ルート上に屈曲箇所がある場合は、ケーブルを曲げて敷設することになりますが、許容される曲げ半径には制約があります。これは敷設作業中と敷設後とで数値が異なります。

敷設のための延線作業時は、ケーブル本体が引張荷重を受けています。この条件下では、ケーブル仕上り外径の20倍以上とする必要があります。①は不適当です。

一方の敷設後、つまり完成形として固定される状態にあっては、曲げ半径はケーブル仕上り外径の10倍以上にしなければなりません。したがって、④も不適当となります。

（2級電気通信工事　令和1年前期　No.53改）

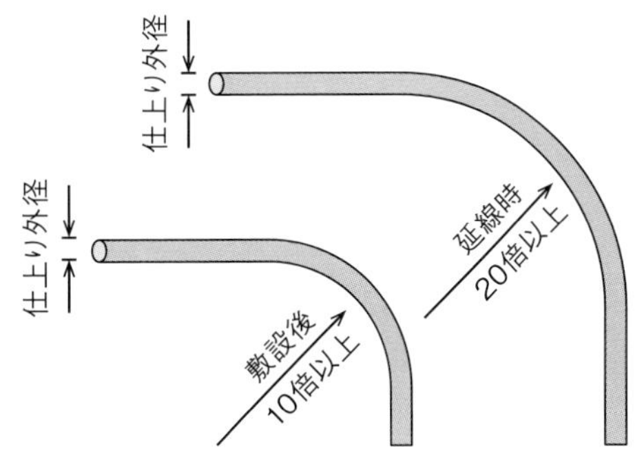

光ファイバケーブルの許容曲げ半径

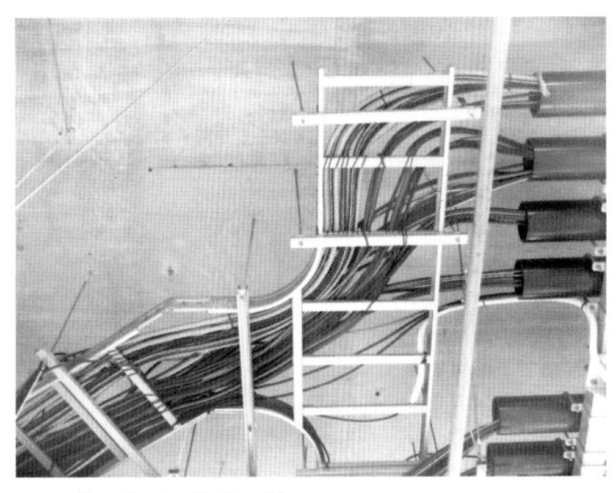
ケーブル曲がり箇所の例

〔解答〕①不適当 → 20倍以上　④不適当 → 10倍以上

優先度 ★★★★★
優先度 ★★★★
優先度 ★★★
優先度 ★★
優先度 ★
索引

1-3 線路施工③ ［メタル系］

演習問題 UTPケーブルの施工に関する記述として、適当でないものを全て選べ。

①UTPケーブルに過度の外圧が加わらないように固定する
②UTPケーブルの成端作業時、対のより戻し長は最大とする
③許容張力を超える張力を加えないように敷設する
④UTPケーブルを曲げる場合、その曲げ半径は許容曲げ半径より小さくなるようにする

ポイント▶ UTPケーブルは有線LAN網を構築する際に用いる、お馴染みの線材である。このケーブルの施工に関しては、過去に2期連続で出題された実績もある、頻度の高い設問でもある。優先的に取り組んでおきたい。

解　説

UTP等のツイストペアケーブルを成端する場合のより戻し長さの限度は、以下のように規定されています。より戻しが長過ぎると、漏話減衰量を増大させてしまうため、施工の際に**最小となるように**に努めなくてはなりません。②は不適当です。

・Cat5e　1/2インチ ＝ 12.7mm
・Cat6　1/4インチ ＝ 6.4mm

■ ツイストペアケーブルのより戻し長

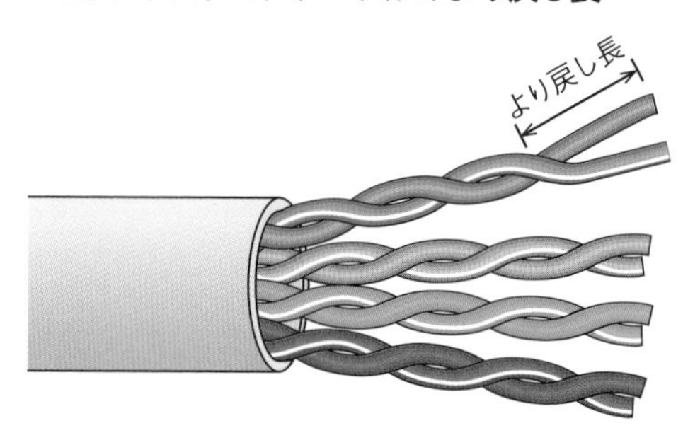

通信時のロスを低減させるために、ケーブルを曲げる際の許容半径が定められています。厳格なルールではありませんが、メーカ推奨値として、一般的な4対のUTPケーブルでは以下のように示されています。これより**大きい半径となるように**に施工します。④は不適当。

・直径6mm未満　　25mm
・直径6mm以上　　50mm

■ UTPケーブルの許容曲げ半径長

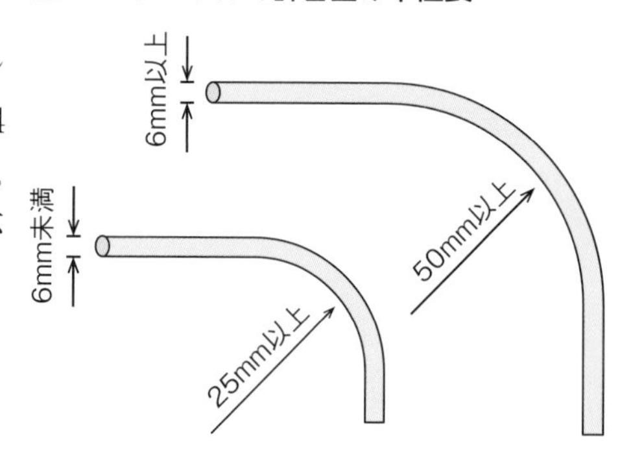

（2級電気通信工事　令和3年後期　No.53）

〔解 答〕 ②不適当 → 最小とする　④不適当 → 大きくする

演習問題 UTP ケーブルの施工に関する記述として、適当でないものを全て選べ。

①許容張力を超える張力を加えないように敷設する
②UTP ケーブルと低圧電力ケーブルを一緒に束ねて整然と敷設する
③UTP ケーブルの成端作業時の対のより戻し長は、最小とする
④導通試験器等の試験器を使って、ワイヤマップを確認する

ポイント▶ UTPケーブルは被覆が薄く、外部からの物理的な力に弱い構造である。また、電磁的なノイズを拾いやすいという性質もある。施工にあたっては、敷設ルートや周辺環境との位置関係に留意する必要がある。

解　説

UTPケーブルの最大引張力は、110Nと規定されています。これはkgに換算すると11.2kgですから、意外にも大きな引張力にまで耐えられることがわかります。施工にあたっては、この許容張力を超えないように実施しなければなりません。

規定以上の強い力で引っ張ると、心線の導体や絶縁体が延びて細く変形してしまいます。これにより、導体の間隔が狭くなる等、ケーブルの一部がインピーダンス変化を起こし、ロスを増大させる原因となります。

電力ケーブルはノイズの発生源になり、これらのノイズによって通信データがエラーを起こす懸念があります。そのためUTP等のメタル系の通信ケーブルは、**電力ケーブルには近接させない**ようにするべきです。したがって、②は不適当です。

送電されている電力の大きさにもよりますが、目安としては電力ケーブルから30cm以上離すことが望ましいです。

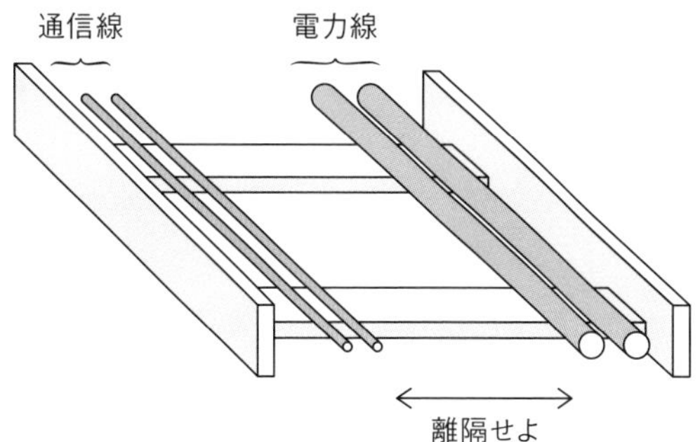

通信ケーブルと電力ケーブルは離隔すべし

（2級電気通信工事　令和4年前期　No.54）

〔解 答〕 ②不適当 → 離隔すべき

演習問題 UTPケーブルの端末処理に関する記述として、適当でないものを全て選べ。

①端子盤、機器収納ラック等におけるUTPケーブルの端末処理は、全ての対を成端する
②UTPケーブルの端末作業時は、対のより戻し長は最小とする
③UTPケーブルのRJ-45による端末処理は、一般的に融着接続が使用されている
④UTPケーブルの端末処理は、UTPケーブルに適した材料および工具等を用いて行う

ポイント▶ ここではUTPケーブルに特化されているが、外装にシールドを施したSTPケーブルであっても、条件は同じである。これらツイストペアケーブルの、端末処理にあたっての基本的な事項を再確認しておきたい。

解　説

UTPもSTPも、ツイストペアとなった芯線が4対あります。これら全ての8芯線によって通信を行うので、端末処理は全ての対を実施します。①の記述は正しいです。

RJ-45コネクタ（オス）の例

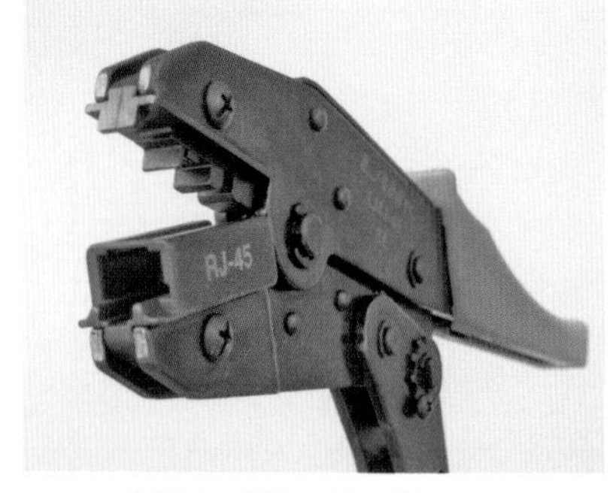

RJ-45成端用の圧着工具の例

RJ-45は、有線LANを構築する際の標準的なコネクタです。このRJ-45コネクタとUTPケーブルとを接続する際には、**圧着工具を使用**して処理します。

掲題の融着接続とは、光ファイバの芯線を接続する際の工法です。UTPの場合には用いられません。したがって、③は不適当です。　（2級電気通信工事　令和5年前期　No.54改）

〔解 答〕　③不適当 → 圧着接続を行う

演習問題 通信用メタルケーブルの屋内配線に関する記述として、適当でないものを全て選べ。

①床上配線では、接着テープ等を用いて使用するワイヤープロテクタを床に固定し、配線する
②露出配線の通信用メタルケーブルをボックスや端子盤等に引入れる場合は、合成樹脂製ブッシング等を用いて、ケーブルの損傷を防止する
③二重床内配線のころがし配線では、データ伝送用の通信用メタルケーブルを電力用ケーブルに密着させ一緒に束ねて敷設する
④ケーブルの敷設に当たっては、ケーブルの被覆を損傷しないように敷設する

★★★★★ 優先度

ポイント▶ ケーブル類は、周囲の支持部材や造営材に接触したり、人に踏まれる等によって、外被を損傷する恐れがある。また通信線の場合には、被覆が損傷するだけでなく、通信品質に影響を及ぼすリスクも懸念される。

解　説

ケーブルを管類に収めない露出配線の場合は、ケーブルの外装に傷が付きやすくなります。特にボックス等に引込む箇所では、貫通部との接触が懸念されます。

そのため、貫通部に合成樹脂製やゴム製のブッシングを挟んで、直接の接触が起きないように措置を施します。②は適当です。

ブッシングの例

■二重床内でのころがし配線の考え方

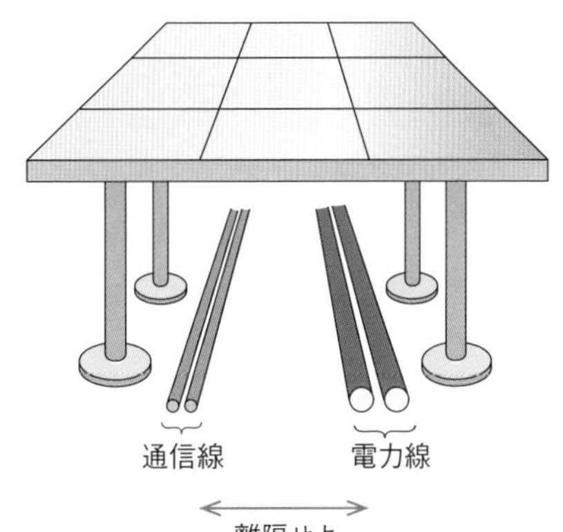

ころがし配線に限りませんが、通信用メタルケーブルと電力線は密着させてはいけません。電力線からの電磁誘導障害を受ける可能性があるため、両ケーブルは離隔すべきです。③が不適当となります。

（2級電気通信工事　令和5年後期　No.54改）

〔解 答〕 ③不適当 → 離隔すべき

1-3 線路施工④ ［各種配線材］

演習問題 「電気設備の技術基準とその解釈」を根拠とし、低圧屋内配線におけるライティングダクト工事の記述として、誤っているものを全て選べ。

①充電部が露出しないように、ライティングダクトの終端部はエンドキャップで閉そくした
②ライティングダクトは、天井を照らす照明を取り付けるために開口部を上向きに設置した
③絶縁物で金属製部分を被覆したライティングダクトを使用したため、D 種接地工事を省略した
④電気用品安全法の適用を受けたライティングダクト、および付属品を使用した

ポイント▶ ライティングダクトは形状が二種金属線ぴに似ているが、ダクトの内側に通電導体が組み込まれていることが特徴である。これにより、照明器具等を任意の位置に取り付けることができる利点がある。

解　説

ライティングダクトは「コの字」形をしているため、開口部を上に向けて施設するとホコリが溜まってしまい、火災の原因になるため禁止されています。原則的に、開口部が下向きになるように施設しなくてはなりません。②は誤り。

またダクト本体に通電導体が組み込まれているため、終端部は充電されている導体が露出してしまいます。このためエンドキャップを取り付けて閉そくする必要があります。①は正しいです。

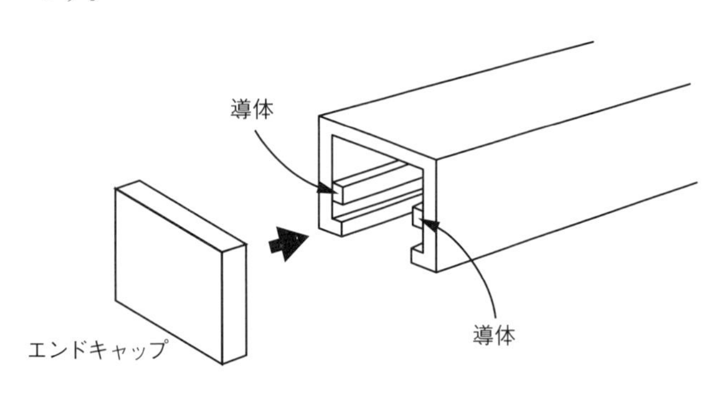

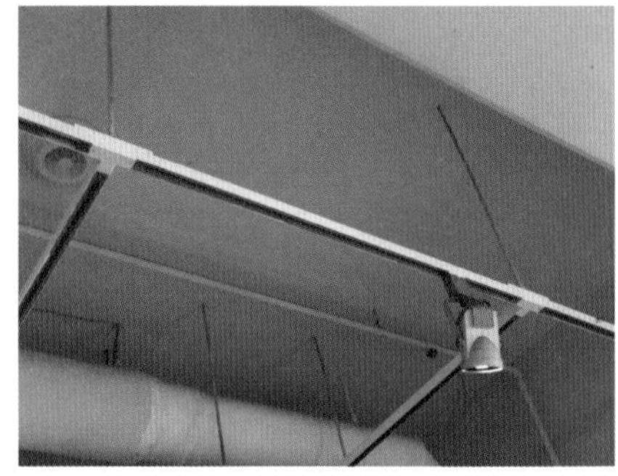

ライティングダクトの例

〔解 答〕 ②誤り → 上向きは不可

さらに詳しく

類似問題として、「造営材の貫通」がある。つまり、壁の開口部を通って隣接の部屋や屋外へライティングダクトを貫通してもよいか、という問題であるが、これは不可である。

演習問題 金属線ぴ工事に関する記述として、適当でないものを全て選べ。

①一種金属製線ぴ内では、電線に接続点を設けない
②金属線ぴとボックスその他付属品とは、堅牢に、かつ、電気的に完全に接続する
③二種金属製線ぴに収める電線本数は、電線の被覆絶縁物を含む断面積の総和が当該線ぴの内断面積の30％以下とする
④一種金属製線ぴに収める電線本数は、12本以下とする

ポイント▶ 線ぴの「ぴ」とは、樋（とい）という意味である。樋のような形状の配線材の内側に電線類を収める形であることから、この名称が付いた。幅や形状の違いにより、一種（メタルモール）と二種（レースウェイ）とがある。

解　説

一種金属線ぴは、線ぴ内に電線の接続点を設けることはできません。接続点を設けてよいのは二種を用いた場合であって、かつさまざまな条件をクリアしたときに限られます。

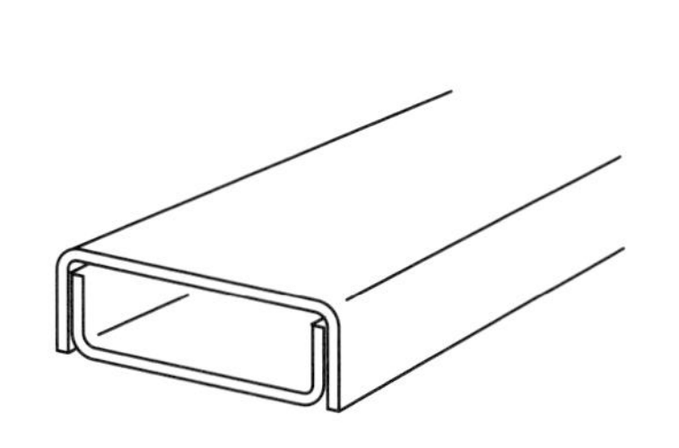

一種金属線ぴ（メタルモール）

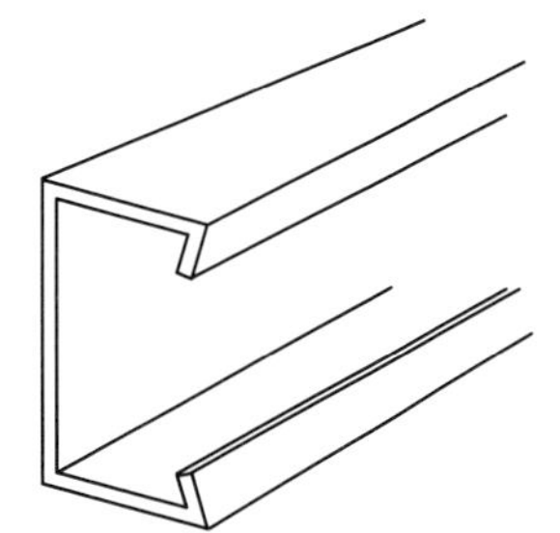

二種金属線ぴ（レースウェイ）

これら線ぴの内部に電線を収める場合、収容できる限度が決められています。まず一種のメタルモールは、内線規程によって10本までと定められています。したがって、④は不適当です。

次に、二種のレースウェイは本数ではなく断面積で判断し、電線類の総面積が線ぴ内部の断面積の20％以下と決められています。こちらも③は不適当となります。

（2級電気通信工事　令和4年前期　No.53改）

一種金属線ぴ（メタルモール）の例

〔解 答〕 ③不適当 → 20％以下　④不適当 → 10本以下

1-4 架空配線① [離 隔]

電気通信に限らず電力送電であっても、架空配線工事を行うにあたっては、周囲の環境との兼ね合いは避けて通れない。既存の配線に近接する場合や、建造物との位置関係、交通を横断する場合等、細かい規程が存在する。

演習問題 架空電線の高さに関する次の記述の[　　]に当てはまる数値と語句の組合わせとして、「有線電気通信法令」上、正しいものはどれか。

- 架空電線が横断歩道橋の上にあるときの架空電線の高さは、横断歩道橋の路面から[(ア)]m以上であること
- 架空電線が道路上にあるときの架空電線の高さは、道路の路面から[(イ)]m以上であること
- 架空電線が鉄道または軌道を横断するときの架空電線の高さは、軌条面から[(ウ)]m以上であること
- 架空電線が河川を横断するときの架空電線の高さは、[(エ)]に支障を及ぼすおそれがない高さであること

	(ア)	(イ)	(ウ)	(エ)
①	2	5	4	河川改修
②	2	3	6	舟行
③	3	3	4	河川改修
④	3	5	6	舟行

ポイント▶ 架空配線を行うにあたり、周囲環境との離隔距離の設問である。鉄道や道路には建築限界という概念があり、それら交通側から見た場合の周辺インフラは、当然に建築限界の外側になければならない。

解　説

架空配線が道路や鉄道、河川等を横断する場合には、当然ながら、その下を行き交う交通に支障を与えないように、干渉しない高さに施設しなければなりません。このうち、道路と鉄道に関しては、具体的な数値が定められています。

横断歩道橋の上に架空配線を設ける場合には、歩道橋の路面から3m以上の高さにする必要があります。目安としては、大人がジャンプしても届かない程度の高さとなります。

歩道橋上部の架空配線の例

同様に道路上の場合は、路面から5m以上の

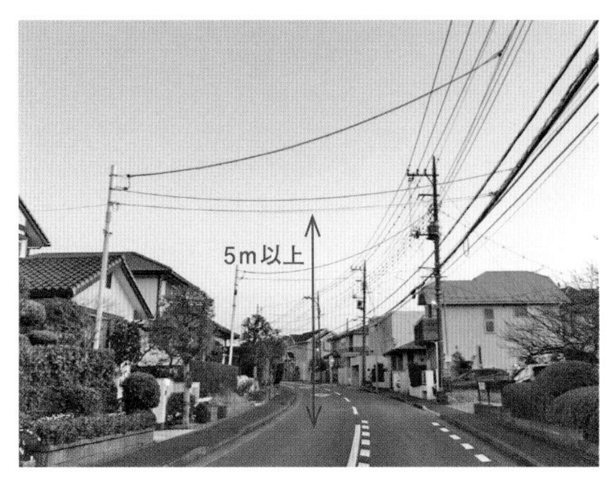

道路横断架空配線の例

鉄道横断架空配線の例

河川横断架空配線の例

高さにしなければなりません。道路法での車両の最大高さが3.8mですから、1m強の余裕を設けてあることになります。

次に鉄道や軌道の場合についてです。鉄道と軌道は似ているようですが、これは法令上の区分で、軌道とは具体的には路面電車のことを指します。

いずれの場合も、これらの上空を横断するときの架空配線の高さは、軌条面（レールの上面）から6m以上とします。

一方の河川に関しては、具体的な数値による規定はありません。こちらは、「舟行に支障を及ぼすおそれがない高さ」とされています。

まとめると、以下のようになります。これら上部横断の高さは、しっかり覚えておきましょう。

・横断歩道橋　：3m
・道路　　　　：5m
・鉄道／軌道　：6m
・河川　　　　：舟行に支障を及ぼさない高さ

（2級電気通信工事　令和3年後期　No.62）

〔解答〕 ④正しい

根拠法令等

有線電気通信設備令施行規則
（架空電線の高さ）

第7条　令第8条に規定する総務省令で定める架空電線の高さは、次の各号によらなければならない。
1　架空電線が道路上にあるときは、横断歩道橋の上にあるときを除き、路面から5m以上であること。
2　架空電線が横断歩道橋の上にあるときは、その路面から3m以上であること。
3　架空電線が鉄道または軌道を横断するときは、軌条面から6m以上であること。
4　架空電線が河川を横断するときは、舟行に支障を及ぼすおそれがない高さであること。

演習問題 光ファイバケーブルの架空配線に関する記述として、「有線電気通信法令」上、誤っているものを全て選べ。

①道路の縦断方向に架空配線を行うにあたり、路面からの高さを5mとする
②横断歩道橋の上方に架空配線を行うにあたり、横断歩道橋の路面からの高さを3.5mとした
③電柱に設置されている他人の既設通信ケーブルと同じルートに光ファイバケーブルを設置するにあたり、その既設通信ケーブルとの離隔距離を30cmとする
④他人の建造物の側方に架空配線を行うにあたり、その建造物との離隔距離を30cmとした

ポイント▶ 架空配線を施設する際には、交通関係の他、建造物や他の配線等といった周囲環境との離隔距離が具体的に定められている。数字が多く出てくるため、混同することのないよう確実に理解しておきたい。

解　説

掲出の例題では「光ファイバケーブルの」と記載されていて媒体が限定されていますが、どのような種類の架空配線でも条件は同じです。

さて、他者が敷設した架空配線との離隔は、法令では「**30cm以下は不可**」とされています。つまり30cmちょうどではNGなのです。したがって、③は誤りとなります。

架空配線が建造物と近接することは多々あります。その建造物が自物件でない場合は、その離隔距離は**30cmを超えて**いなければなりません。30cmちょうどは不可となります。④も誤り。

他人の架空配線と近接する例

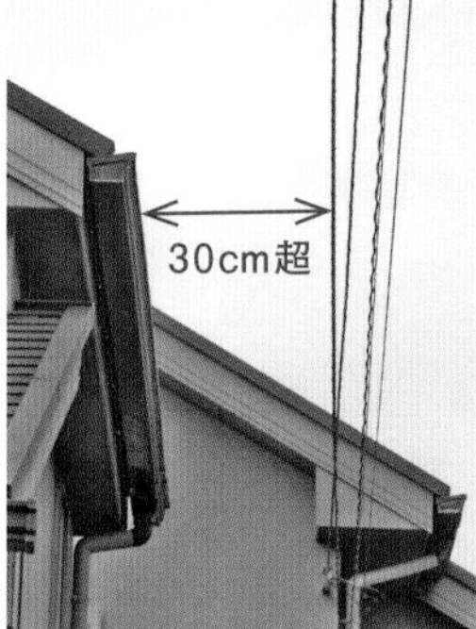

他人の建造物と近接する例

（2級電気通信工事　令和1年後期　No.53改）

〔解 答〕 ③誤り → 30cm超　④誤り → 30cm超

根拠法令等

有線電気通信設備令
（架空電線と他人の設置した架空電線等との関係）
第9条　架空電線は、他人の設置した架空電線との離隔距離が30cm以下となるように設置してはならない。ただし、その他人の承諾を得たとき、又は設置しようとする架空電線が、その他人の設置した架空電線に係る作業に支障を及ぼさず、かつ、その他人の設置した架空電線に損傷を与えない場合として総務省令で定めるときは、この限りでない。

第10条　架空電線は、他人の建造物との離隔距離が30cm以下となるように設置してはならない。ただし、その他人の承諾を得たときは、この限りでない。

1-4 架空配線② ［たるみ］

演習問題 架空配線のたるみである弛度（ちど）に関する記述として、適当でないものを全て選べ。

①電線の着氷雪の多い地方にあっては、着氷雪の実態に合った荷重を考慮した弛度とする。
②弛度を大きくするほど張力が増加する。
③多数の電線を架設する場合、1つの径間に架設される電線は、太さにかかわらず一定の弛度になるようにする。
④電線の弛度を必要以上に大きくすると電線の地表上の高さを規定値以上に保つために支持物を高くする必要が生じ、不経済となる。

ポイント▶ 架空配線を架設するにあたって、たるみ（弛度）を0にすることはできない。どんなに張力を大きくしたとしても、電線に自重がある限り、たるみは少なからず発生する。ここではたるみの大きさについて理解したい。

解　説

水平張力が強ければ電線は両端から引っ張られるために、たるみの量は小さくなります。逆に水平張力が弱ければ、たるみの量は大きくなります。つまり、**張力とたるみとは反比例**の関係にあります。②は不適当。

1つの径間に多数の電線を架設する場合には、それぞれの電線ごとに太さや自重等が異なるケースが想定されます。こういった状況であっても、架設される全ての電線のたるみは、一定になるように施工することが望ましいです。

たるみの大きさが異なっていると、電線同士が接触する懸念があります。また平常時は電線間の離隔距離が保たれている場合でも、強風が吹いた際等に不規則な振動が発生して、接触事故が起こる可能性もあります。③は適当です。

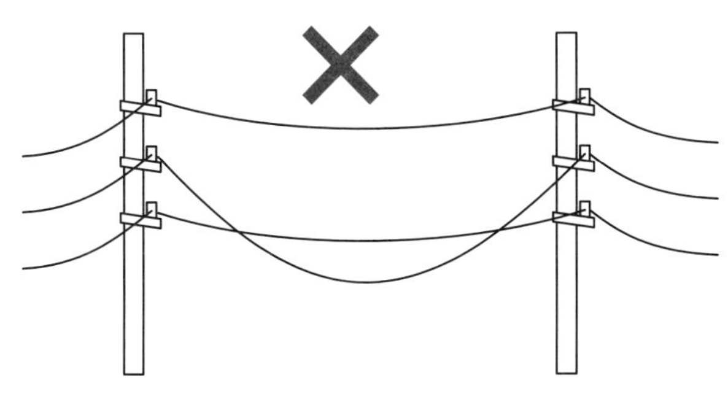

（2級電気通信工事　令和1年前期　No.55）

〔解 答〕 ②不適当 → 張力は減少する

電線支持点の高低差がない場合における、架空送電線の電線のたるみの近似値D〔m〕を求める式として、正しいものはどれか。
なお、各記号は次の通りとする。

T：最低点の電線の水平張力〔N〕

S：径間〔m〕

W：電線の単位長さあたりの重量〔N/m〕

① $D = \dfrac{WS^2}{3T}$〔m〕　② $D = \dfrac{SW^2}{3T}$〔m〕

③ $D = \dfrac{WS^2}{8T}$〔m〕　④ $D = \dfrac{SW^2}{8T}$〔m〕

ポイント▶ 実際の現場では、架空配線の２つの支持点間に高低差がある場合と、ない場合とが想定される。ここでは、下の左図のような水平のケースで考える。

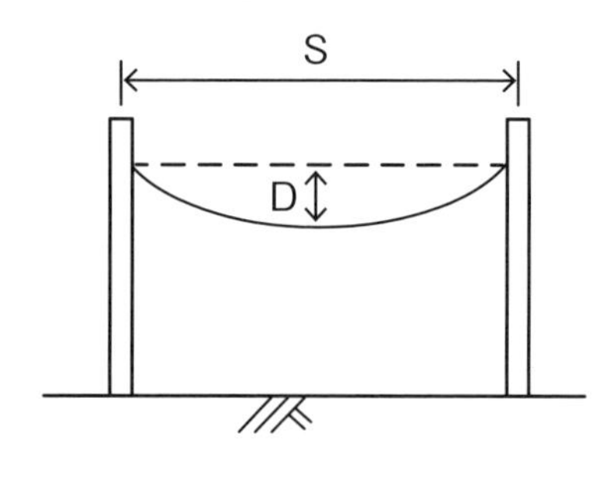

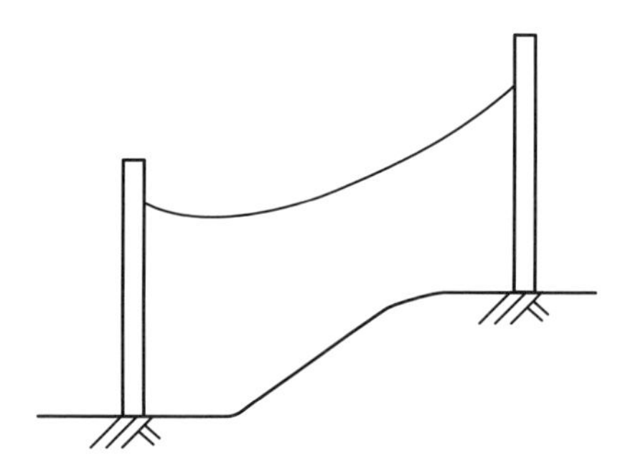

解　説

たるみは水平張力が強いほど小さくなるため、反比例の関係となります。逆に電線の重量には単純比例します。

しかし支持点間の距離である径間には重量以上に大きく依存を受け、2乗に比例することになります。

$$D = \frac{WS^2}{8T} \text{〔m〕}$$

したがって、③が正しい式です。

〔解 答〕 ③正しい

学習のヒント

右図のように、「径間が2倍に広がると、たるみは4倍に膨れる」と覚えるとスッキリ頭に入りやすい。

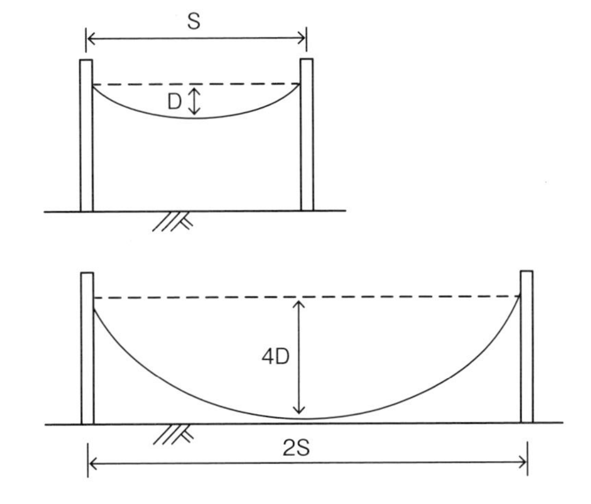

演習問題

電線支持点の高低差がないものとした場合、架空送電線における支持点間の電線の実長の近似値L〔m〕を求める式として、正しいものはどれか。

なお、各記号は次の通りとする。

D：たるみ〔m〕

S：径間〔m〕

① $L = S + \frac{8D^2}{3S}$〔m〕　② $L = S + \frac{8S^2}{3D}$〔m〕

③ $L = S + \frac{3D^2}{8S}$〔m〕　④ $L = S + \frac{3S^2}{8D}$〔m〕

ポイント▶ 前出の問題に似ているが、こちらはたるみを考慮した状況での電線の長さが求められている。支持点間に張られた架空電線はカテナリ曲線と呼ばれ、美しい放物線を描く。

解　説

正確な実長の算出は非常に難解な式によって解くことになります。あくまで近似値としての算出方法を以下に示します。

$$L = S + \frac{8D^2}{3S} \text{〔m〕}$$

①の式が正しいです。

〔解答〕 ①正しい

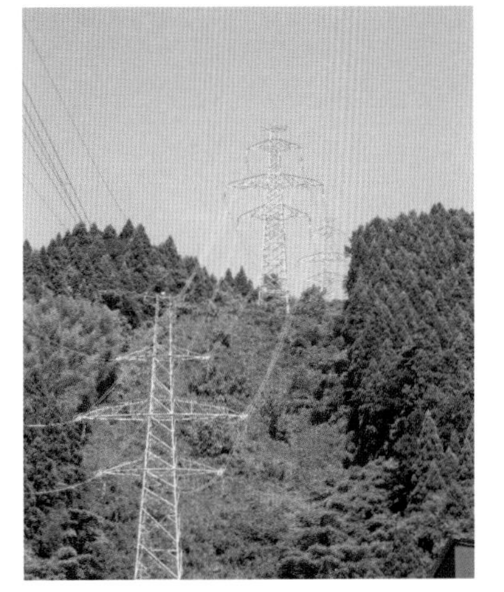

支持点間の高低差が顕著な例

1-5　地中埋設管路①　［施 工］

露出配管や架空配線と異なり、地中埋設管路の場合は、施工後は外部からの視認や補修工事が困難になるという性質がある。そのため埋め戻す前に、設計との整合性と施工の進捗度について十分な確認が必要となる。

演習問題　FEPの地中埋設管路の施工に関する記述として、適当なものを全て選べ。

①管路には、管頂と地表面（舗装がある場合は舗装下面）のほぼ中間に防食テープを連続して施設する
②地中配管終了後、管路径に合ったマンドリルにより通過試験を行い、管路の状態を確認する
③FEPの接続部では、FEP管に挿入されている双方のパイロットワイヤを接続する
④ハンドホールの壁面にFEPを取り付ける場合は、壁面の孔とFEPとの隙間に砂を充填する

ポイント▶　FEPは「Flexible Electric Pipe」の略で、波付硬質ポリエチレン管という。可とう性のある硬質のポリエチレン管であり、地中埋設管路に広く用いられている。機械的強度は劣るが、ゆるやかに屈曲できるため、施工性が高い。

解　説

地中に埋設された管路は、通常は地上からは視認できません。そのゆえに付近で掘削作業が行われた場合に、重機によって管路が破壊されてしまう懸念があります。

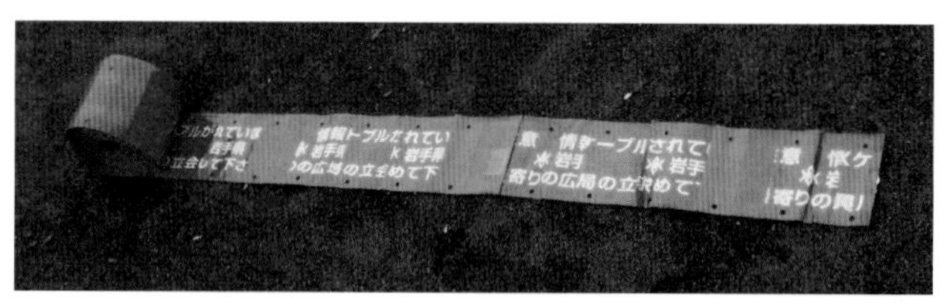
埋設標識テープの例

この対策として、地表と管路との中間付近に埋設標識テープ（シートともいう）を埋めて、掘削中の作業者に注意を促す必要があります。

防食テープは、錆や腐食から管を守るための材料なので、ここでは関係ありません。したがって、①は不適当です。

FEPをハンドホールの壁面に取り付ける際には、壁面の孔とFEPとの間に隙間ができます。そのままでは水や土砂が流入してしまうので、この隙間にはシーリング材を充填して密閉します。砂ではありません。④は不適当です。

（2級電気通信工事　令和3年前期　No.62）

掘削の注意喚起の例

〔解 答〕　②適当　③適当

演習問題 ハンドホールの工事に関する記述として、適当でないものを全て選べ。

①掘削幅は、ハンドホール本体の外周に作業用の十分なゆとりを持たせた幅とする
②舗装の切り取りは、コンクリートカッタにより、周囲に損傷を与えないようにする
③所定の深さまで掘削した後、石や突起物を取り除き、底を突き固める
④ハンドホールに通信管を接続した後、掘削土を全て埋め戻してから、締め固める

ポイント▶ 内部に人が降りて作業可能な設備が、マンホールである。それに対し、ハンドホールは作業者が入るケースを想定せず、あくまで手を差し入れて作業する形の設備である。これらの施工にあたっての留意点を確認しよう。

★★★★★★ 優先度
★★★★★ 優先度
★★★★ 優先度
★★★ 優先度
★★ 優先度
★ 優先度
索引

解　説

マンホールやハンドホールを据え付けるにあたり、まずは地面を掘削します。土は掘ると柔らかくなって不安定になってしまうため、できるだけ施工可能な最小幅に留めるようにすべきです。

したがって、①は不適当です。

掘削の完了時には、穴の底は荒れた状態になっています。この段階で、目視で確認できる石や突起物等は除去しておきます。

さらに、ハンドホール自身の重みで沈下しないように、底面を十分に締め固め、砕石等で基礎を設けます。③の記載は正しいです。

ハンドホールや管路の施設が完了すると、埋め戻しの工程に入ります。その際に、全ての土を一気に戻してはいけません。

ある程度の幅で層を作るように段階的に土を戻し、その都度、ランマ等を用いて締め固めを行います。こうすることで、埋め戻し土が均一に締め固められ、全体が安定します。

したがって、④は不適当です。

ハンドホールの例（施工前の状態）

（2級電気通信工事　令和1年後期　No.55改）

〔解 答〕 ①不適当 → 最小幅に留める　④不適当 → 段階的に締め固める

1-5 地中埋設管路② ［通 線］

演習問題 光ファイバケーブルの地中管路内配線に関する記述として、適当でないものを全て選べ。

①光ファイバケーブルを地中管路に敷設する前に、管路の清掃とテストケーブルによる通過試験を行う

②けん引ロープを光ファイバケーブルに取り付けるときは、より返し金物を介して取り付ける

③光ファイバケーブルの接続部分をクロージャに収納し、クロージャのスリーブを取り付けた後、クロージャの気密試験を行わずにクロージャをハンドホールに固定する

④光ファイバケーブルの引張り端は、防水処置を施す

ポイント▶ 本設問は埋設管路本体に関してではなく、管路の内部にケーブルを通線する場面について問われている。特に光ファイバケーブルの場合は、メタルと比較して取り扱いがデリケートになるため、留意事項が多い。

解　説

クロージャは、光ファイバケーブルを接続する際の収納部です。このクロージャ内部に水が浸入してしまうと、伝送損失の原因となるため、施工の際には気密試験を行わなければなりません。

特にハンドホールは降雨時に雨水が流入するケースが想定されるため、クロージャの気密試験は外せない事項となります。したがって、③は不適当です。　（2級電気通信工事　令和3年後期　No.54）

光クロージャの例

〔解 答〕 ③不適当

さらに詳しく

法令ではないが、国土交通省が示している下記の文書も参考となる。

光ファイバケーブル施工要領
（国土交通省 大臣官房 技術調査課 電気通信室）

第7章　光ファイバケーブル施工後の測定及び試験
〔中略〕
7-3　光ファイバケーブル施工後の測定及び試験の実施
光ファイバケーブル施工後の接続損失及び伝送損失等の測定及びクロージャ気密試験は、定められた標準的方法によるものとする。

演習問題 メタル通信ケーブルの地中管路内配線に関する記述として、適当でないものを全て選べ。

① メタル通信ケーブルを曲げる場合、その曲げ半径は許容曲げ半径より小さくなるようにする
② 高圧電力ケーブルが敷設されている地中管路内に、メタル通信ケーブルを敷設する
③ 地中管路内にメタル通信ケーブルを敷設する場合は、引き入れに先立ち地中管路内を清掃し、ケーブルが損傷しないよう管端口を保護した後、丁寧に引き入れる
④ ハンドホール内でメタル通信ケーブルを接続する場合は、合成樹脂モールド工法等の防水性能を有する工法とする

ポイント▶ ここではメタル通信ケーブルに特化した設問となるが、状況によっては光ファイバケーブルにも共通する要素が多い。また電力ケーブルにも、同様の配慮が必要となる場面が多々あるため、あわせて考えておきたい。

解　説

どのようなケーブルでも同様のことがいえますが、曲げる場合には、メーカが指定する**許容曲げ半径より大きく**なるように施工しなければなりません。

したがって、①は不適当です。

■ 管路へのケーブル敷設の例

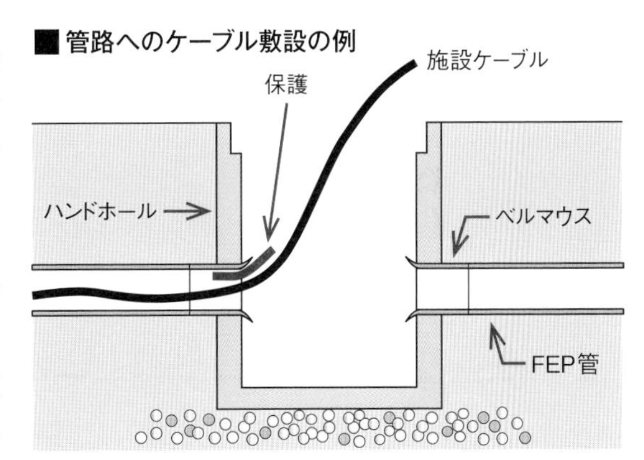

管路では、ハンドホール間に複数の管を設けるケースが多いです。ここで電力線と通信線とは、**同一の管に敷設しない**ように考慮する必要があります。②も不適当です。

ハンドホールに管を接続するにあたり、右図のように端口にベルマウスを取り付けることが一般的です。しかしケーブルの引込み工事の際には、これだけでは不十分な場合があります。

そのため傷を防止するために、管の端口を保護・養生したほうが、より好ましいといえます。③は適当です。

（2級電気通信工事　令和4年後期　No.62改）

〔解 答〕 ①不適当 → 大きくなるように　②不適当 → 分離すべき

1-6 工程管理① [全 般]

施工管理における4管理のうち工程管理は、当初に立てられた工程計画と、実際に工事が進む中での実績とを比較し、これに差異があれば計画に近づけるよう修正する活動のことである。さまざまな工程表を適宜活用して進めていく。

演習問題 工程管理に関する記述として、適当でないものを全て選べ。

①工程管理は、計画→検討→実施→処置の手順で行われる
②工程管理にあたっては、工程の進行状況を全作業員に周知徹底させ、作業能率を高めるように努力させることが重要である
③工程管理にあたっては、実施工程の進捗が工程計画よりも、やや上まわる程度に管理することが望ましい
④工程管理は所定の工期内に工事を完成させることであり、そのためには品質やコストより優先順位を高くするべきである
⑤工程計画と実施工程の間に生じた差は、労務・機械・資材・作業日数等、あらゆる方面から検討する必要がある

ポイント▶ 工程管理とは、工事における時間の管理のことである。目標の竣工日に至る工期に関して、いかに無駄を排して効率よく進めていくか。遅延が発生した場合の回復策も含めて、施工管理技士としての腕の見せ所である。

解　説

一般的に工程管理を進める手順として、計画→実施→検討→処置という4項目のサイクルが謳われています。これはPDCAサイクルと呼ばれており、もともとは品質管理を行うための手法として生み出されたものです。別名をデミングサイクルともいいます。

掲出の①の選択肢では、「検討」と「実施」が逆になっています。これは不適当です。

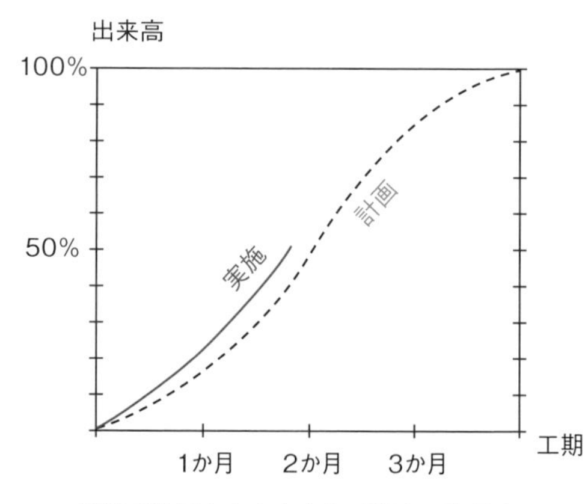

実績が計画をやや上まわる程度に管理する

工事に着手する前には、工程表を組んで計画を記載します。そして実際に作業が進捗していくにつれ、計画に対して差異が発生する場合があります。

作業実績であるこの実施工程は、今後の時間に余裕を持たせる意味でも、計画よりも若干早めて進む程度が好ましいです。③は適当です。

施工管理における「4管理」の中で、絶対的に優先するのは「安全管理」だけです。その他の工程、品質、原価（コスト）の各管理は、互いに優先関係はなく同列とするのが普通です。

計画工期に強引に間に合わせるために、品質を低下させたり、赤字覚悟の大盤振る舞い等は望ましくありません。バランスのとれた管理を行うべきです。④は不適当です。

（2級電気通信工事　令和3年後期　No.58改）

〔解 答〕 ① 不適当 ④不適当

さらに詳しく

PDCAは、以下の頭文字をとったもの
・計画：P／Plan　・実施：D／Do　・検討：C／Check　・処置：A／Action

演習問題 工程管理に関する記述として、適当なものを全て選べ。

①工程管理とは、工事が工程計画どおりに進行するように調整することである
②最適工期は、直接費と間接費を合わせた総建設費が最大となる工期である
③工程管理では、工事の施工順序と所要の日数を図表化したヒストグラムを用いる
④工程管理は、ハインリッヒの法則の手順で行われる
⑤工程の進行状況を全作業員に周知徹底するため、KY 活動が実施される

ポイント▶ 着工前に工程表を作成するが、これはあくまで計画である。実際の現場は、必ずしも計画通りに進むとは限らない。常に実績を把握し、差異があれば計画に近づける工夫が必要となる。そのための手法も確認しよう。

解　説

直接費と間接費を合わせた総建設費が最大となる工期が、最適であるはずがありません。最適工期は、これらが最少となるような工期を指します。②は明らかに不適当です。

工事の施工順序と所要の日数を図表化したグラフは、アロー・ダイヤグラムです。ヒストグラムは、主に品質管理で用いられるツールとなります。③は不適当。

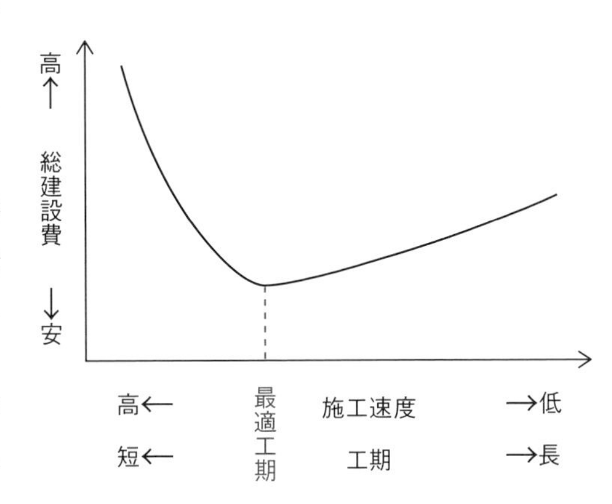

「ハインリッヒの法則」は、大事故の背景に潜む要因を探るための枠組みです。これは主に安全管理を進める際に使う要素です。工程管理とは関係ありません。④は不適当。

「KY」は、「危険予知」を略したものです。つまりKY活動は、安全管理の中で用いる概念です。KY活動を行っても進行状況は把握できません。⑤は不適当。

（2級電気通信工事　令和3年前期　No.58）

〔解 答〕 ①適当

1-6 工程管理② ［各種工程表］

演習問題 工程管理で使われる工程表に関する記述として、適当なものを全て選べ。

①バーチャートは、縦軸に出来高比率をとり、横軸に日数をとって、工種ごとの工程を斜線で表した図表である
②ガントチャートは、縦軸に部分工事をとり、横軸に各部分工事の出来高比率を棒線で表した図表である
③グラフ式工程表は、縦軸に部分工事をとり、横軸に各部分工事に必要な日数を棒線で表した図表である
④ネットワーク工程表は、縦軸に出来高比率をとり、横軸に工期をとって、工事全体の出来高比率の累計を曲線で表した図表である
⑤出来高累計曲線は、作業の内容や順序を矢線で表した図表である

ポイント▶ 工程管理を実施していく上で基本となるツールが工程表である。一口に工程表といっても、目的に応じてさまざまな種類が存在するため、それぞれの名称や形、目的、特徴等をセットで覚えておく必要がある。

解　説

縦軸が出来高の比率で、横軸に日数を示し、工種ごとの工程を表した①の図表は、グラフ式工程表です。したがって、①は不適当です。表現する線は斜線とは限らず、S字曲線になるケースも多く見られます。

なお、バーチャートの特徴を説明しているのは、③になります。

縦軸に部分工事、つまり工事種を配し、横軸がそれらの出来高比率となる工程表はガントチャートです。②の記述は適当です。

縦軸に部分工事、つまり工事種を配し、横軸に必要な日数を棒線で表した③の工程表はバーチャートです。グラフ式工程表ではありません。③は不適当です。

縦軸が出来高の比率、横軸に工期を置いて、工事全体の出来高比率の累計を曲線で表した④の図表は、出来高累計曲線です。したがって、④は不適当です。

ネットワーク工程表（アロー・ダイヤグラム）の内容を説明したものは、⑤になります。

作業の内容や順序を矢線で表した⑤の図表は、ネットワーク工程表です。出来高累計曲線ではありません。⑤は不適当です。

それぞれの工程表の具体的な特徴は、次ページ以降に掲載しましたので、理解を深めてください。

（2級電気通信工事　令和4年前期　No.57改）

〔解 答〕 ②適当

さらに詳しく

出来高累計曲線は、以下のようなさまざまな名称でも呼ばれる。
・工程管理曲線　・進捗度曲線　・バナナ曲線　・S字曲線　・Sチャート

演習問題 建設工事で使用される斜線式工程表に関する記述として、適当なものを全て選べ。

①横線式工程表に分類される
②クリティカルパスを求めることができる
③実施工程曲線が上方許容限界曲線と下方許容限界曲線の間になるように工程管理を行う
④トンネル工事のように工事区間が線状に長く、しかも一定の方向にしか進行できない工事に用いられる事が多い

ポイント▶ 斜線式工程表は、比較的規模が大きい工事にて用いられることが多い。そのため、電気通信工事では見かけるケースが少なく、馴染みが薄い工程表といえる。ただ、実際に出題された実績もあるため理解しておきたい。

解　説

工程表は、おおむね右表のように分類されます。本題の斜線式工程表は横線式の仲間になります。

工程表	横線式	バーチャート ガントチャート 斜線式
	曲線式	出来高累計曲線 グラフ式工程表
	ネットワーク式	ネットワーク工程表

クリティカルパスを求めることができる図表は、ネットワーク工程表（別名アロー・ダイヤグラム）だけです。斜線式工程表では算出できません。したがって、②は不適当です。

許容限界曲線で範囲を定めて、実績がこの内側に収まるように管理を行う図表は、出来高累計曲線です。③は不適当です。

斜線式工程表は、トンネルや舗装工事等のように一方向に進行する性質のある工事で、工事区間の延長が比較的長い工事に用いられます。

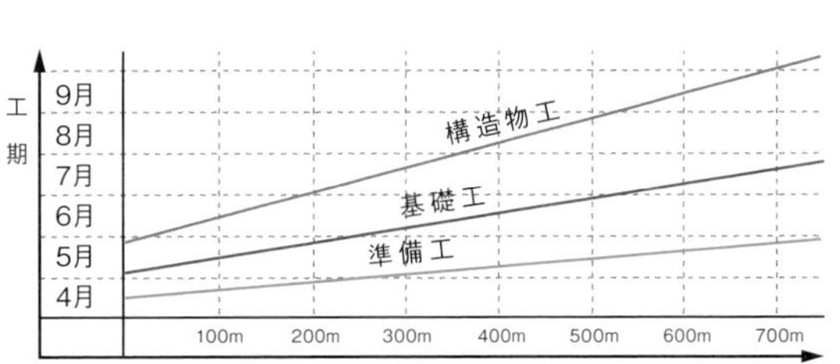

斜線式工程表の例

縦軸に工期をとり、横軸は工事総延長等の距離を配する場合が多いです。各工種の作業はそれぞれ1本の斜線で表現し、作業期間、着手地点、作業方向、作業速度等を示すことができます。

（2級電気通信工事　令和4年前期　No.64改）

〔解答〕 ①適当　④適当

さらに詳しく

この斜線式工程表は、別名を座標式工程表ともいいます。

演習問題 建設工事で使用されるバーチャートに関する記述として、適当なものを全て選べ。

①S字型の曲線となる
②縦軸に部分工事をとり、横軸に各部分工事に必要な日数を棒線で記入した図表である
③工期に大きく影響を与える重点管理を必要とする工程が明確化される
④各部分工事の工期がわかりやすい
⑤作業の内容や順序を矢線で表した図表である

ポイント▶ バーチャートはさまざまな分野の工事において、工程管理を実施する場面で最も多く使われる工程表である。電気通信工事でも頻繁に見かけるため、お馴染みの工程表といえる。そのため特徴は確実に把握しておくこと。

解　説

バーチャートは縦軸に工種、つまり部分工事をとり、横軸にはそれぞれの工種ごとに必要な日数を棒線で記入した形になります。これは横線式の工程表に分類されますので、S字型の曲線にはなりません。したがって、①の記載は不適当です。

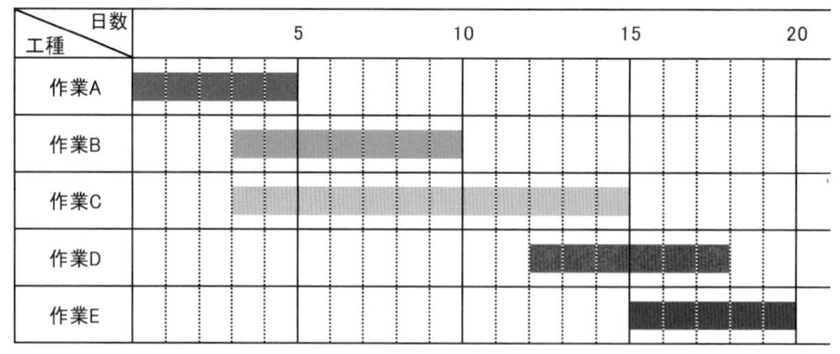

バーチャートの例

このように各部分工事が独立した形で表記されるバーチャートでは、各工種ごとのつながりが理解しにくいです。そのため、全体工期に大きな影響を与える工程がどれなのかは、読み取ることができません。③はアロー・ダイヤグラムの説明になります。

選択肢⑤も同様で、作業の内容や順序を矢線で表した図表は、アロー・ダイヤグラムです。バーチャートの説明ではありません。

バーチャートの最大の特徴は、各部分工事の開始日と終了日が明確にわかることです。それゆえ、その工種が必要とする所要日数もハッキリします。

逆に工種間の順序関係や、それぞれの進捗率は把握できません。全体工程の進捗状況もつかめません。

（2級電気通信工事　令和3年前期　No.64改）

〔解答〕②適当　④適当

学習のヒント

上記のサンプル図は、次ページのガントチャートの図表と内容がリンクしている。
それぞれの関係性を眺めてみよう。

演習問題 ガントチャートに関する記述として、適当なものを全て選べ。

①高層ビルの基準階等の繰り返し行われる作業の工程管理に適している
②縦軸に部分工事をとり、横軸に各部分工事の出来高比率を棒線で表した図表である
③クリティカルパスを求めることができる
④各部分工事の工期がわかりやすい
⑤各部分工事の進捗状況がわかりやすい

ポイント▶ ガントチャートの名称の由来は、考案したヘンリー・ガント氏の名をとったものである。横軸は時間ではないため、「どの時点で何を開始し、いつまでに終了させる」といった性格の工程表ではない点に注意。

解　説

工程管理に用いる横線式の図表ですが、横軸が時間とはなっていません。時間の代わりに、百分率で表した工事進捗度を配しています。未着手の0％から完了の100％までを横棒で塗り込んでいくことで、各作業項目ごとに、どの程度まで進んでいるかを視覚的に把握することができます。

縦軸は各作業項目です。見た目はバーチャートと似ていますが、本質的に異なるものです。

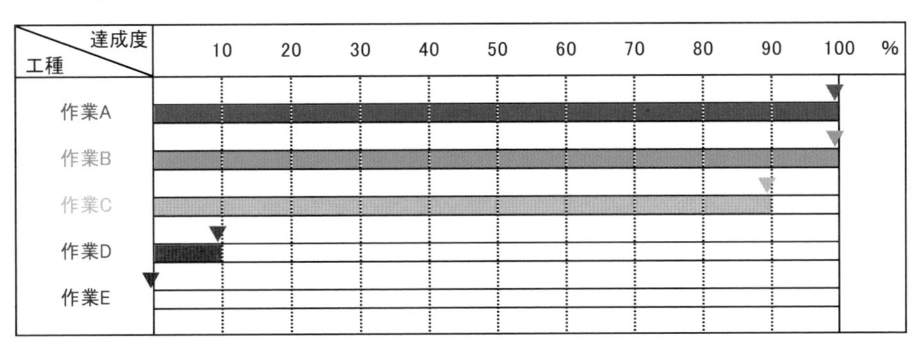

ガントチャートの例

ビルのような基準階の繰り返し作業に適した工程表は、タクト工程表です。したがって、①は不適当です。

クリティカルパスを求めることはできません。③は不適当です。クリティカルパスの算出が可能な図表は、アロー・ダイヤグラムだけです。

横軸が時間ではないため、それぞれの部分工事がいつ始まり、いつ終了するかは読み取れません。また、所要日数も算出できません。④は不適当となります。

（2級電気通信工事　令和3年後期　No.64改）

〔解 答〕 ②適当　⑤適当

学習のヒント

上記のサンプル図は、前ページのバーチャートの図表と内容がリンクしている。
13日目における進捗状況を表したもの。

演習問題 出来高累計曲線に関する次の記述のうち、適当でないものを全て選べ。

①縦軸は出来高比率で、横軸は時間である
②実施工程曲線が上方限界を下回り、下方限界を超えていれば許容範囲内である
③全体工事と部分工事の関係を明確に表現できる
④工事全体の工事原価率の累計を曲線で表わしたものである
⑤各部分工事の工期がわかりやすいので、総合工程表として一般的に使用されている

ポイント▶ 出来高累計曲線は、別名として「工程管理曲線」、あるいは「バナナ曲線」等さまざまな名称で呼ばれる、工程管理のための図表である。

解　説

横軸には工期(時間)を置きます。縦軸には工事全体の出来高の比率を配して、これら相互間の関係を表します。その性格上、左下から始まり右上で終わる形となります。

工事着手前に、まず計画線が書き込まれます。この形は斜め一直線ではなく、S字形の曲線になるケースが多いです。着工して工事が進むとともに、計画線を実績線で塗り込んでいきます。

ここで実績が計画と乖離してしまった場合には、以後の工程は計画に近づけるように随時修正していきます。

実績が計画より進み過ぎた場合に、現実的な工程の限界を示したラインを「上方限界線」といいます。逆に遅延した場合に回復できる限界を、「下方限界線」と呼びます。

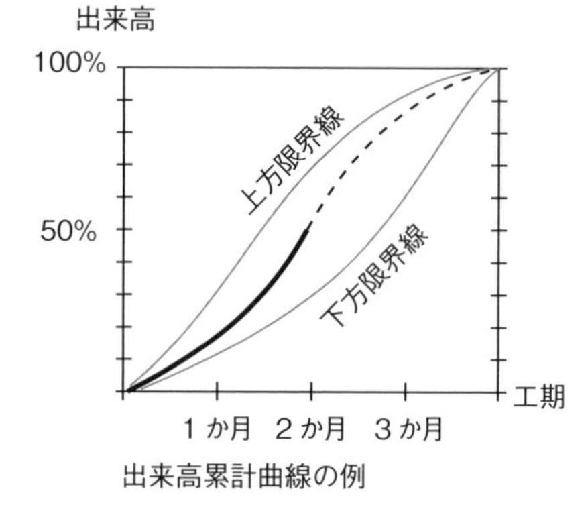

出来高累計曲線の例

これら上方限界線と下方限界線とで囲まれたエリアが、実行可能な許容範囲となります。この許容範囲の部分の形が果物のバナナに似ていることから、バナナ曲線とも呼ばれます。

部分工事に細分化した工程や工期は読み取れないので、全体工事との関係は表現できません。また、総合工程表として用いられることもありません。③と⑤は不適当です。

また、原価の情報は持っていません。あくまで工程管理のための図表です。したがって、④も不適当になります。

(2級電気通信工事　各期)

〔解 答〕 ③不適当　④不適当　⑤不適当

さらに詳しく

出来高累計曲線は、以下のようなさまざまな名称でも呼ばれる。
・工程管理曲線　・進捗度曲線　・バナナ曲線　・S字曲線　・Sチャート

演習問題 タクト工程表に関する記述として、適当でないものを全て選べ。

①高層ビルの基準階等の、繰り返し行われる作業の工程管理に適している
②全体の稼働人数の把握が容易で、工期の遅れ等による変化への対応が容易である
③縦軸にその建物の階層を取り、横軸に出来高比率を取った工程表である
④クリティカルパスを求めることができる

ポイント▶ 掲題のタクト工程表は、工程表という名称ではあるものの、他のものと比べるとやや異色の存在といえる。タクトとは、語源は「拍子」の意味である。

★★★★★★ 優先度
★★★★★ 優先度
★★★★ 優先度
★★★ 優先度
★★ 優先度
★ 優先度
索引

解　説

建物の内装工事や、電気、電気通信、水道、ガス等の付帯工事は、各階ごとに作業内容は大きく変わらない場合が多いです。そのため1つの作業項目が、各フロアごとの繰り返し作業となります。

このようにタクト工程表は、建物の各階において同一の作業を繰り返し実施していく場合に用いられるもので、一般的には低い階から上層階に向けて進んでいきます。①は適当です。

また教科書的には、作業量や稼働人数は把握しやすいというのが通説です。1フロアあたりの作業量が見えていれば、全体の工程もコントロールしやすくなります。

したがって、②も適当です。

縦軸は作業項目ではなく、建物の階別を表しています。一方で、横軸には時間（日程）を配しています。出来高比率ではありませんので、③は不適当です。

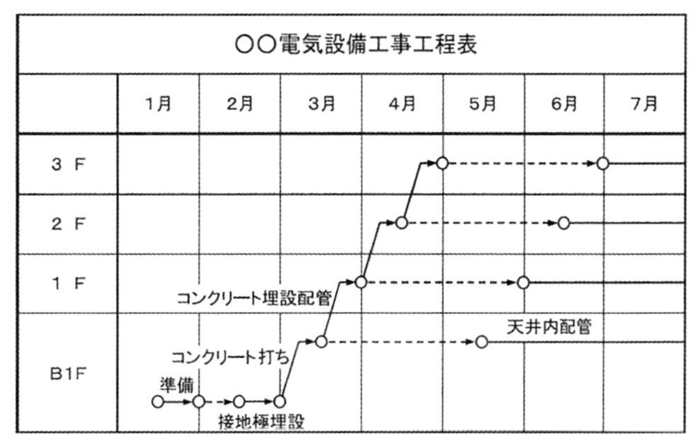

タクト工程表の例

このタクト工程表では、クリティカルパスを算出することはできません。したがって、④の記載も不適当となります。

クリティカルパスを求められるツールは、ネットワーク工程表（またはアロー・ダイヤグラム）になります。

（2級電気通信工事　令和4年後期　No.64改）

〔解 答〕 ③不適当 → 横軸は日程　④不適当 → 算出できない

1-7 ネットワーク工程表① [所要日数]

施工管理技術検定の全般に共通する定番問題として、ネットワーク工程表がある。これは併行作業が存在する場合に、全体工程を俯瞰するためのお馴染みのツールである。

演習問題 下図のネットワーク工程表のクリティカルパスにおける所要日数として、適当なものはどれか。

①19日
②20日
③21日
④22日

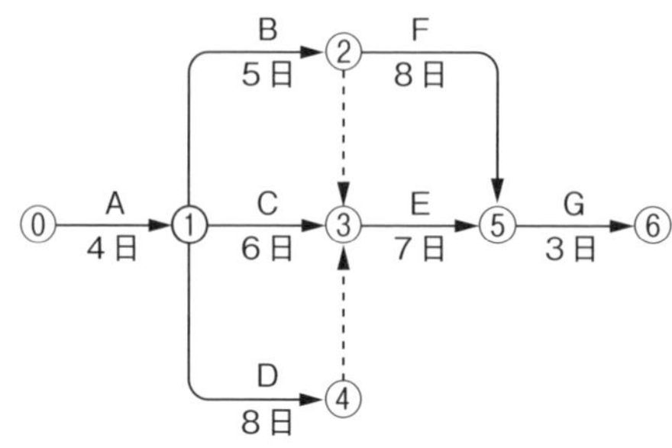

ポイント▶ 「ネットワーク工程表」、あるいは「アロー形ネットワーク工程表」、または「アロー・ダイヤグラム」等と、さまざまな名称が存在するが内容は同じである。時間と距離の関係グラフ「ダイヤグラム」とは無関係である。

解説

横軸は時間を表しており、左から右へ進むように描かれています。これは、ガントチャートを除く他の工程表と考え方は同じです。しかし縦軸も同様に時間であるため、作業項目や進捗度合等、他の要素と比較するための図表ではありません。あくまで全体工程を時間軸上でシミュレートするための工程表です。

時間軸といえども、一般的なネットワーク工程表は、線の長さが実際の時間（日数）に比例していません。時間の長短よりも、むしろ作業の順序関係に特化した図表といえます。ただし例外的に、横線の長さが時間に比例する「タイムスケール方式」も一部に存在します。

図表の見方は、実線の矢印が作業、丸数字は各作業を整理するための結合点、破線による矢印はダミー作業です。ダミー作業とは実際に作業は存在せず、前後の作業の順序関係を示すためのもので、工数0日の作業と捉えてもよいです。

さて、ネットワーク工程表の問題は、「クリティカルパス」の算出を求められているといっても過言ではありません。クリティカルパスとは、当該の全工程内における最も時間のかかるルートとその日数のことです。問題本文にてクリティカルパスを求められていない場合でも、算出する習慣はつけておきたいものです。

掲題の問題は、結合点⓪から①に至る作業Aが4日間かかるため、結合点①における所要日数は4日となります。作業Aが完了してからでないとその後の作業には着手できないから、結合点②の所要日数は、作業AとBの和である9日となります。同様に結合点③と④は次ページの上図のようになります。

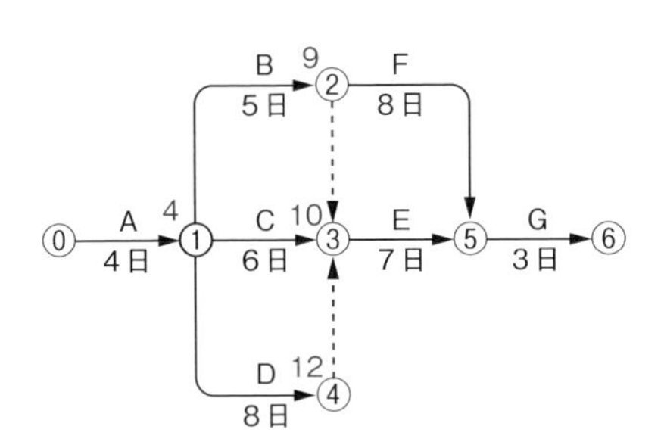

次に、結合点②から③へ向かうダミー作業を考えます。このダミー作業は、作業Bの完了後でないと作業Eには着手できないことを意味しています。これにより結合点②から③に降りてきた所要日数は、結合点②と同じ9日です。同様に結合点④から③に上がってきた所要日数は、下図の通り結合点④と同じ12日となります。

ここで結合点③には3つのルートから到着した、3種の所要日数が示されています。9日と10日と12日の3種です。このうち、この結合点③にて採用すべき全体工程の所要日数は、最も数字が大きな12日です。なぜなら、作業B～Dの全てが完了してからでなければ、作業Eには進めないからです。

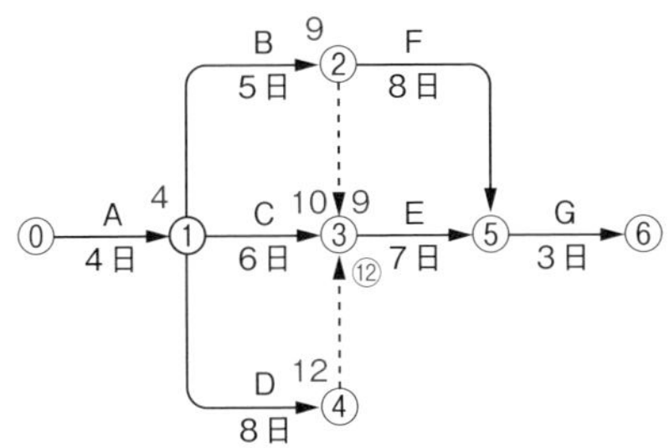

さらに進めると、作業Eによって結合点⑤に到達したときの所要日数は、12日に7日を加えて19日となります。そして、もう1つのルートである作業Fによって到達した所要日数は、9日＋8日＝17日です（下図参照）。

ここでも結合点⑤における全体工程の所要日数は、最も数字が大きくなる19日が採用されます。

結果、この19日に最後の作業Gの3日を足して、合計22日。これがクリティカルパスの所要日数となります。全体の作業工程はこれよりも短く実施することはできません。

つまりクリティカルパスとは、**時間的な余裕が全くない**ルートとも言い換えることができます。

（2級電気通信工事　令和1年前期 No.61）

〔解 答〕 ④適当

1-7 ネットワーク工程表② ［理 論］

演習問題 ネットワーク工程表のクリティカルパスに関する記述として、適当なものはどれか。

①クリティカルパスは、各作業を最も早く開始できる時刻である
②クリティカルパスは、必ず１本になる
③クリティカルパスは、作業の開始点から終了点までの全ての経路の中で最も日数の長い経路である
④クリティカルパス以外の作業では、フロートを使ってしまっても、クリティカルパスにはならない

ポイント▶ ネットワーク工程表は２次検定でも出題され、さらには１級に進んでからも出される重要な学習ジャンルである。現時点で苦手意識がある場合には、早目に着手をして克服しておく必要がある。避けては通れない。

解　説

クリティカルパスとは、ネットワーク工程表において作業の開始点から終了点までの、とり得るあらゆる経路の中で最も日数がかかるルートのことです。このルート上には、日程的な余裕は全くありません。

各作業を最も早く開始できる時刻は、「最早開始時刻」といいます。クリティカルパスとは関係ありません。①は不適当となります。

クリティカルパスは少なくとも1本は存在しますが、必ずしも1本とは限りません。極論になりますが、右図のように平行作業が可能な同一日数の2作業のみのケースでは、両方のルートがクリティカルパスになります。②も不適当。

開始　A ３日　B ３日　終了

クリティカルパスは２本以上存在し得る

フロートとは日程上の「余裕」という意味で、クリティカルパス上には発生しません。ここで、余裕があったはずの経路において、フロートを使い切ってしまうと、そこがクリティカルパスになってしまう場合があります。④は不適当。

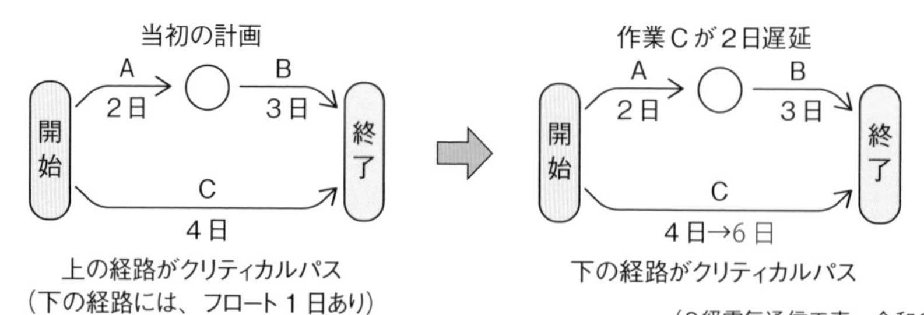

上の経路がクリティカルパス
（下の経路には、フロート１日あり）

下の経路がクリティカルパス

（2級電気通信工事　令和2年後期　No.61）

〔解 答〕 ③適当

さらに詳しく

・**最早開始時刻**（Earliest Start Time）
＝前作業の最遅完了時刻
その作業を最も早く開始できる日。【これが最も重要】

・**最遅開始時刻**（Latest Start Time）
＝その作業の最遅完了時刻－作業時間
全体工期を守る上で、その作業を開始できる最も遅い日。この日を過ぎると全体工程に遅延が発生する。

・**最早完了時刻**（Earliest Finish Time）
＝その作業の最早開始時刻＋作業時間
その作業を最も早く完了できる日。

・**最遅完了時刻**（Latest Finish Time）
＝次作業の最早開始時刻
全体工期を守る上で、その作業が遅くとも完了していなければならない日。

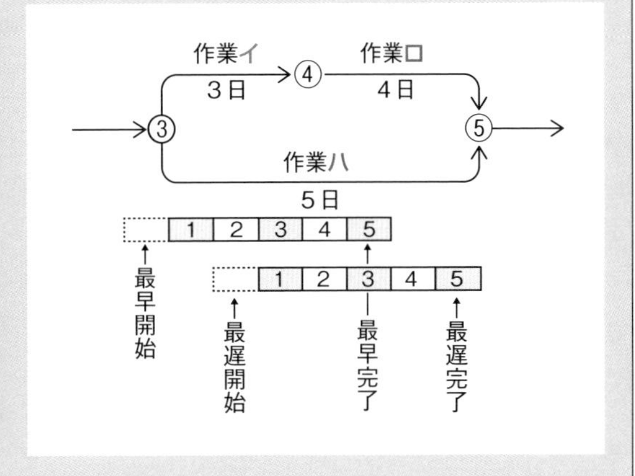

演習問題 ネットワーク工程表についての記述として、不適当なものはどれか。

①同一ネットワークにおいて、同じイベント番号を2つ以上使ってはならない
②同一ネットワークにおいて、終了のイベントは2つ以上になることがある
③最早開始時刻にその作業の所要時間を加えたものを、最早完了時刻という
④作業を最早開始時刻で始め、最遅完了時刻で完了する場合にできる余裕時間を、トータルフロートという

ポイント▶ 前問と同様にネットワーク工程表に関する諸定義の問題である。最早○○時刻と最遅○○時刻は、名称も紛らわしく覚えにくいが、是非とも理解しておきたいポイントである。

解　説

「イベント番号」は、他のイベント（結合点）と区別するための単なる整理番号です。1から始まり最大値で終了する以外は、正確な順序関係を表しているわけでもありません。つまり番号自体に特に深い意味はありません。とはいえ、区別するための番号ですから、他とは数値を異にするべきです。

終了の結合点は必ず1つです。全ての作業が完了しなければ、全体工程としての竣工にはならないと考えれば理解しやすいでしょう。②が不適当です。

「トータルフロート」は題意の通りですが、これは全体工程に対するものです。似た用語に「フリーフロート」があり、こちらは各作業ごとの余裕時間を表しています。いずれもクリティカルパスではないルートにのみ出現する要素です。④は適当です。

〔解答〕 ②不適当

1-8 届出① [書類と申請先]

工事を実施するには数々の許認可や届出が必要になるため、監督者は把握しておかなければならない。書類の種類とともに、提出先にも注意を向けておく必要がある。

演習問題 法令に基づく申請書等とその提出先に関する記述として、適当でないものはどれか。

①道路法に基づく道路占用許可申請書を道路管理者に提出し許可を受ける
②道路交通法に基づく道路使用許可申請書を道路管理者に提出し許可を受ける
③道路法に基づく特殊車両通行許可申請書を道路管理者に提出し許可を受ける
④振動規制法に基づく特定建設作業実施届出書を市町村長に届け出る

ポイント▶ 屋内での電気通信関連の分野に注力していると、道路関係諸法や振動規制法等に基づく手続きには疎遠になりがちである。慣れていないと、そもそも許認可や届出の手続きが存在すること自体に気付かない懸念が出てくる。

解　説

定番の紛らわしい設問に、道路占用許可申請と道路使用許可申請とがあります。提出先がそれぞれ道路管理者（所有者）なのか、警察署長なのか、キッチリと把握しておきましょう。道路**使用許可**申請書は、所轄**警察署長**になります。②が不適当。

また、工場や建設工事等において振動が広範囲にわたって影響する場合には、振動規制法の制約を受けることになります。これにより、指定された地域内において特定建設作業を伴う建設工事を施工しようとする事業者は、当該特定建設作業の開始の7日前までに、実施届出書を市町村長に届け出なければなりません。④は適当。　（2級電気通信工事　令和1年後期　No.58）

〔解 答〕 ②不適当 → 所轄警察署長

【重要】

道路使用許可 ＝ 所轄警察署長
道路占用許可 ＝ 道路管理者

根拠法令等

振動規制法
第三章　特定建設作業に関する規制
（特定建設作業の実施の届出）
第14条　指定地域内において特定建設作業を伴う建設工事を施工しようとする者は、当該特定建設作業の開始の日の7日前までに、環境省令で定めるところにより、次の事項を市町村長に届け出なければならない。ただし、災害その他非常の事態の発生により特定建設作業を緊急に行う必要がある場合は、この限りでない。
1　氏名又は名称及び住所並びに法人にあっては、その代表者の氏名
2　建設工事の目的に係る施設又は工作物の種類
3　特定建設作業の種類、場所、実施期間及び作業時間
4　振動の防止の方法
5　その他環境省令で定める事項

演習問題 法令に基づく申請書等とその提出先の組合わせとして、誤っているものはどれか。

申請書等	提出先
①道路交通法に基づく「道路使用許可申請書」	所轄警察署長
②労働安全衛生法に基づく「労働者死傷病報告」	所轄労働基準監督署長
③建築基準法に基づく「確認申請書（建築物）」	総務大臣
④消防法に基づく「工事整備対象設備等着工届出書」	消防長または消防署長

ポイント▶ 許認可や届出は、施主（発注者）が実施するべきものと工事業者が行うべきものとがある。施工管理技術検定では前者も出題されるため、見逃せない。

解　説

一定の建築物の新築や増築等をする場合には、建築主はその工事の計画が建築基準関係の規定に適合していることについて、工事着手前に確認申請書を提出して確認済証の交付を受けなければなりません。

これは建築基準法に基づく手続きですから、所管省庁は国土交通省で、提出先は建築主事や指定確認検査機関となります。総務大臣ではありません。また、これらの工事が完了したときは完了検査を受検して、検査済証の交付を受ける必要があります。③が誤り。

消防設備に関係する工事をしようとする際には、消防設備士はその工事に着手しようとする日の10日前までに、消防長または消防署長に届け出なければなりません。届出の内容は、工事整備対象設備等の種類、工事の場所、その他必要な事項になります。

（2級電気通信工事　令和2年後期　No.58）

〔解 答〕 ③誤り → 建築主事または指定確認検査機関

根拠法令等

建築基準法　第一章　総則

（建築物の建築等に関する申請及び確認）

第6条　建築主は、第1号から第3号までに掲げる建築物を建築しようとする場合、これらの建築物の大規模の修繕若しくは大規模の模様替をしようとする場合又は第4号に掲げる建築物を建築しようとする場合においては、当該工事に着手する前に、その計画が建築基準関係規定に適合するものであることについて、確認の申請書を提出して建築主事の確認を受け、確認済証の交付を受けなければならない。

当該確認を受けた建築物の計画の変更をして、第1号から第3号までに掲げる建築物を建築しようとする場合、これらの建築物の大規模の修繕若しくは大規模の模様替をしようとする場合又は第4号に掲げる建築物を建築しようとする場合も、同様とする。

（国土交通大臣等の指定を受けた者による確認）

第6条の2　前条第1項各号に掲げる建築物の計画が建築基準関係規定に適合するものであることについて、第77条の18から第77条の21までの規定の定めるところにより国土交通大臣又は都道府県知事が指定した者の確認を受け、国土交通省令で定めるところにより確認済証の交付を受けたときは、当該確認は前条第一項の規定による確認と、当該確認済証は同項の確認済証とみなす。

1-8 届 出② ［消防設備］

演習問題 工事に着手する前に消防長または消防署長に届け出なければならない消防用設備等として、「消防法令」上、適当なものはどれか。

①消火器
②自動火災報知設備
③防火水槽
④誘導灯

ポイント▶ 電気通信工事の中で例外的に、消防に関係する諸設備は誰でもが工事できるわけではない。これらには甲種消防設備士の資格が求められ、かつ、工事の着手前には届け出が必要とされている。

解　説

消火器を調達して所定の場所に据え置くことは、工事には該当しません。したがって、消火器の配置は誰でも実施することができ、事前の届出も必要ありません。

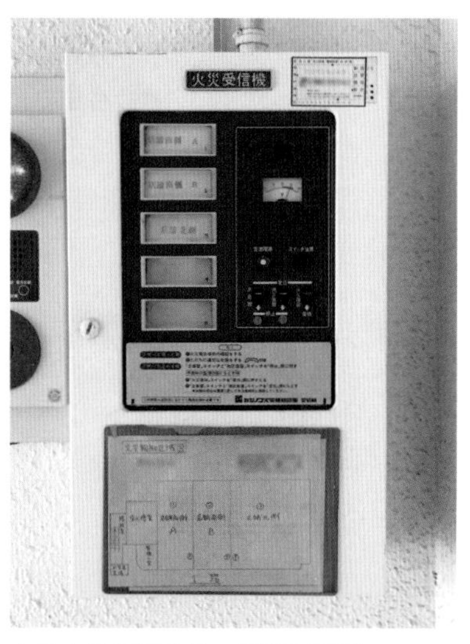

自動火災報知設備の例（受信機）

自動火災報知設備は、感知器や発信機、受信機等複数のデバイスの総称です。これらの自動火災報知設備に関連する設備は、工事にあたって着手の10日前までに届け出なければなりません。②が適当です。

誘導灯の例

防火水槽や誘導灯の工事は、事前の届出は必要ありません。（2級電気通信工事　令和1年前期　No.58）

〔解 答〕 ②適当

 **根拠法令等**

消防法
第四章　消防の設備等
第17条の14　甲種消防設備士は、第17条の5の規定に基づく政令で定める工事をしようとするときは、その工事に着手しようとする日の10日前までに、総務省令で定めるところにより、工事整備対象設備等の種類、工事の場所その他必要な事項を消防長又は消防署長に届け出なければならない。

演習問題 甲種消防設備士が工事に着手する前に消防長または消防署長に届け出なければならない消防用設備等として、「消防法令」上、誤っているものはどれか。

①スプリンクラー設備
②自動火災報知設備
③無線通信補助設備
④ガス漏れ火災警報設備

ポイント▶ 消防法令で定められた14種の消防用設備等は、工事の着手前には届出が義務付けられている。届出を行う者は甲種消防設備士であり、これらの工事は乙種消防設備士では実施することができない。

解　説

法令で定められた、工事着手前の届出を要する消防用設備とは、具体的には以下の14種になります。数が多いですが、把握しておきましょう。

1　屋内消火栓設備
2　スプリンクラー設備
3　水噴霧消火設備
4　泡消火設備
5　不活性ガス消火設備
6　ハロゲン化物消火設備
7　粉末消火設備
8　屋外消火栓設備
9　自動火災報知設備
9の2　ガス漏れ火災警報設備
10　消防機関へ通報する火災報知設備
11　金属製避難はしご(固定式のもの)
12　救助袋
13　緩降機

スプリンクラー設備の例

無線通信補助設備の例

これにより、掲出の選択肢の中では、無線通信補助設備が該当しないものとなります。③が誤り。

(2級電気通信工事　令和3年前期　No.56)

〔解 答〕 ③誤り → 対象外

1-9 品質管理① [定 義]

品質管理は、発注者の要求仕様を満足させるために品質に関する目標を定め、不適合を排除し、適合する目標を達成する活動のこと。安全管理や工程管理と並んで、施工管理技士の重大な管理項目である。

演習問題

「日本産業規格（JIS）」を根拠とし、ISO9000の品質マネジメントシステムに関する次の記述に該当する用語として、正しいものはどれか。

「設定された目標を達成するための対象の適切性、妥当性または有効性の確定。」

①レビュー
②プロセス
③是正処置
④継続的改善

ポイント▶ 品質マネジメントシステムに関する各用語は、JIS Q 9000の「品質マネジメントシステム基本及び用語」にて定義されており、特に工事に深く関係する用語をおさえておきたい。

解　説

各用語の定義は以下の通りです。

①レビュー　：設定された目標を達成するための対象の適切性、妥当性または有効性の確定
②プロセス　：インプットを使用して意図した結果を生み出す、相互に関連するまたは相互に作用する一連の活動
③是正処置　：不適合の原因を除去し、再発を防止するための処置
④継続的改善：パフォーマンスを向上するために繰り返し行われる活動

したがって、①の「レビュー」が正しいです。

〔解 答〕 ①正しい

さらに詳しく

本問には出題されていないが、合わせて下記の用語の定義も学習しておくとよい。

・**トレーサビリティ**：対象の履歴、適用または所在を追跡できること
・**検証**：客観的証拠を提示することによって、規程要求事項が満たされていることを確認すること
・**予防処置**：起こり得る不適合またはその他の起こり得る望ましくない状況の原因を除去するための処置

演習問題

「日本産業規格（JIS）」を根拠とし、ISO9000の品質マネジメントシステムの適合性に関する次の文章に該当する用語として、正しいものはどれか。

「当初の要求とは異なる要求事項に適合するように、不適合製品の等級を変更すること。」

①再格付け
②手直し
③是正処置
④特別採用

ポイント▶ 前問と同様に、品質マネジメントシステムに関する用語の定義が問われている。あくまで定義のため、日常生活での用語の使い方とズレがある場合があり、注意しておきたい。

解　説

各用語の定義は以下の通りです。「是正処置」は前問を参照のこと。

①再格付け：当初の要求とは異なる要求事項に適合するように、不適合製品の等級を変更すること
②手直し　：要求事項に適合させるための、不適合製品にとる処置
④特別採用：規定要求事項に適合していない製品の使用またはリリースを認めること

したがって、①の「再格付け」が正しいです。

〔解答〕①正しい

さらに詳しく

本問には出題されていないが、合わせて下記の用語の定義も学習しておくとよい。

- **品質目標**：品質に関する目標
- **運営管理**：組織を指揮し、管理するための調整された活動
- **プロジェクト**：開始日及び終了日を持ち、調整され、管理された一連の活動からなり、時間、コスト及び資源の制約を含む特定の要求事項に適合する目標を達成するために実施される特有のプロセス

1-9 品質管理② ［QC7つ道具］

演習問題 品質管理の手法に関する次の記述に該当する名称として、適当なものはどれか。

「データの存在する範囲をいくつかの区間に分け、それぞれの区間に入るデータの数を度数として高さに表した図。」

①パレート図　②ヒストグラム　③特性要因図　④散布図　⑤管理図

ポイント▶ 品質管理を進めていく中で、数値の概念は外せない。達成すべき品質を目標数値として定め、現状との比較を行い、乖離があれば原因を調査して改善を行う。このための代表的なツールに、「QC7つ道具」がある。

解　説

この図表は、横軸に測定すべき対象のデータ区間をとり、縦軸にはそのデータ区間ごとの出現頻度を棒グラフとして積み上げるものです。例として、学級内での各生徒たちの身長の分布を考えると、イメージしやすくなります。

・140 ～ 145cm　3人
・145 ～ 150cm　5人
・150 ～ 155cm　9人
⋮

このような統計データを、二次元のグラフに落とし込んでいきます。

■山が2つ出現した異常値の例

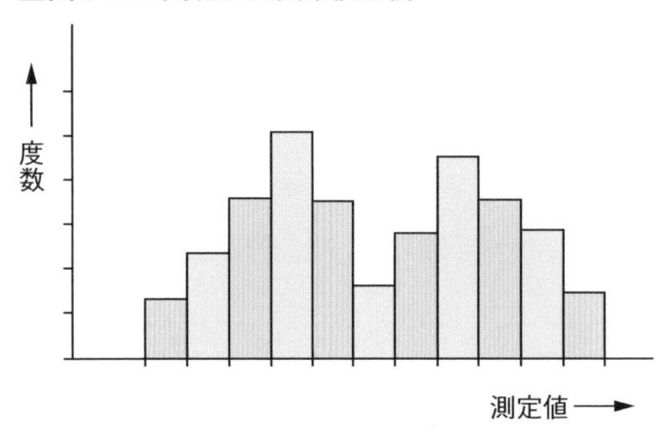

中央が最も高く、中央から遠ざかるにつれて山裾がなだらかに下がっていき、左右対称の形になるのが理想的です。いわゆる正規分布（ガウス分布ともいう）に近い形です。

しかし実際の品質管理の現場では、これら山の形が歪（いびつ）になるケースも発生します。極端に歪な形になった場合には、異常値としてアラームを上げて工程を疑い、調査を行います。

不具合の対処を実施した後に再び計測を行い、改善の効果が得られているか、このチェックツールとしても活用できるのが特徴です。

図表の名称は、「ヒストグラム」です。②が適当。　（2級電気通信工事　令和2年後期　No.63改）

〔解 答〕　②適当

学習のヒント

QC7つ道具の「QC」とは、Quality Controlの頭文字をとったもの。

演習問題 下図に示すヒストグラムの形状に関する記述として、適当でないものはどれか。

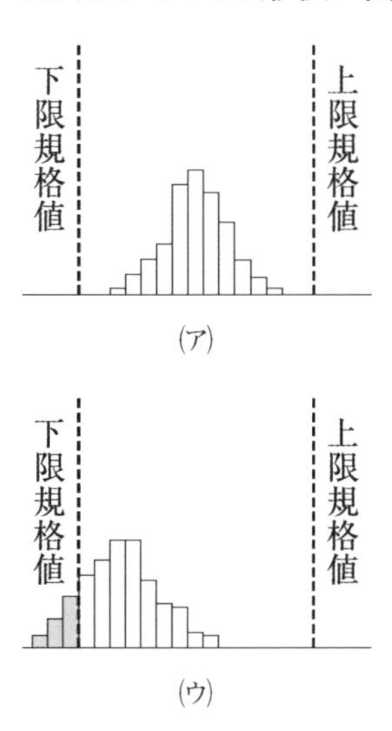

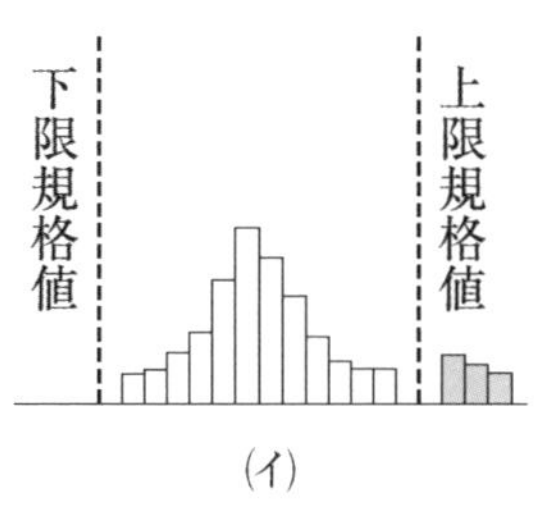

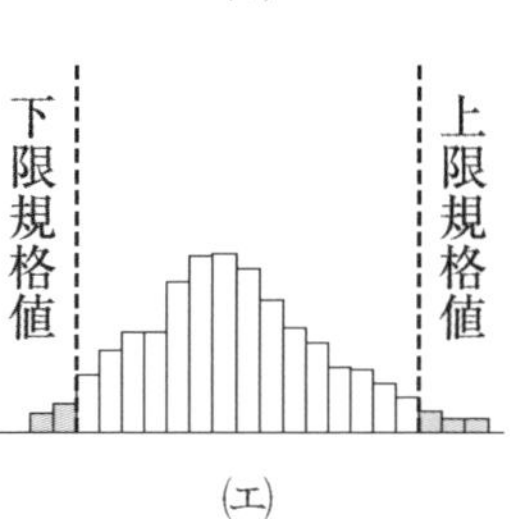

① (ア) は、規格値に対するバラツキがよくゆとりもあり、平均値が規格値の中央にあり理想的である

② (イ) は、工程に時折異常がある場合や測定に誤りがある場合に現れる

③ (ウ) は、平均値を大きいほうにずらすよう処置する必要がある

④ (エ) は、他の母集団のデータが入っていることが考えられるので、全データを再確認する必要がある

ポイント▶ ヒストグラムは、数値管理の中でも最も基本となる図表である。測定した値の分布状況を把握するために、品質管理の場面で広く用いられている。分布の状態、つまり山の形によって判断の材料としていく。

解　説

測定範囲の上下に、それぞれ規格の限界値を設けます。本問では上限規格値と、下限規格値と呼んでいます。測定対象のアイテムが、全てこの規格値の内側に収まっていれば、そのロットは合格です。

アイテムの測定値がこの規格の限界値を突破している場合は、工程や測定の異常を疑います。(ア)～(ウ)は、おおむね的を得た説明になっています。

(エ)のグラフは正規分布に近い形ですが、山裾が広がり過ぎています。その結果、両方向の限界値を突破しています。これは、工程の精度が甘い場合に見られる現象といえます。

他の母集団のデータが混在していると、一般には、山が2つ現れる等の異常が見られます。そのため(エ)の形では、その可能性は低いものと推定できます。したがって、④が不適当です。

（2級電気通信工事　令和1年後期　No.63）

〔解 答〕 ④不適当

次に示す品質管理に用いる図表の一般的な名称として、適当なものはどれか。

①管理図
②散布図
③パレート図
④ヒストグラム
⑤ガントチャート

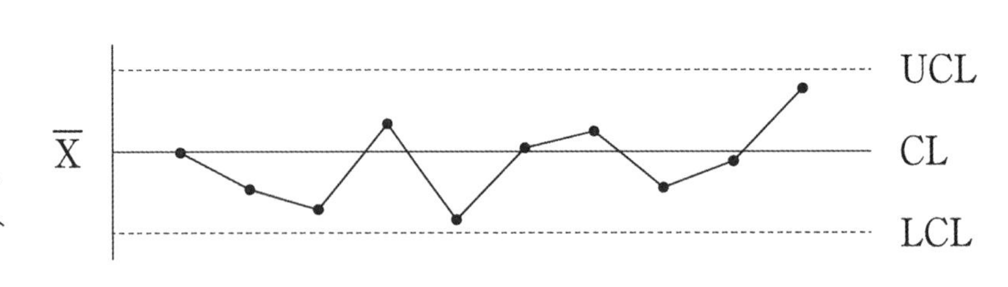

ポイント▶ QC7つ道具の二番手は、折れ線グラフによる図表である。横軸は時間で、時系列に計測値を連続してプロットしていき、これら点の位置や動きによって良否の判断材料とする。

解　説

横軸は時間であり、左から右に等速で進んでいきます。これは工程管理で用いられる工程表の概念に近く、一方の縦軸が計測値で、一定の時間間隔ごとに計測した値を打点していきます。

CLは中心線（Center Line）の意味で、設定された目標値のことです。本来はCL上に一直線にプロットされる状態が理想ですが、上下にバラツキが見られるときこそ、このグラフが役に立ちます。

CLの上方にUCLが置かれており、これは上方管理限界線（Upper Control Limit）といいます。下方には下方管理限界線 LCL（Lower Control Limit）があり、これらの限界線を越えた場合には不良を疑います。

プロットされた各点をつなぐと、1本の折れ線グラフが生成されます。この折れ線グラフが、例えば連続して6個増加傾向にある際に異常と判断する等、いくつかの判定基準があります。

グラフの名称は「管理図」であり、別名「シューハート管理図」ともいいます。考案した物理学者、ウォルター・A・シューハート氏の名に由来しています。①が適当です。

〔解 答〕 ①適当

さらに詳しく

UCLとLCLが置かれる位置は、一般的には標準偏差の3倍で、これを3σ（シグマ）と呼ぶ。統計論的には、この3σの外に出てしまう確率は、約0.3％とされている。

演習問題 下図の管理図が示す工程の状態に関する記述として、適当なものはどれか。

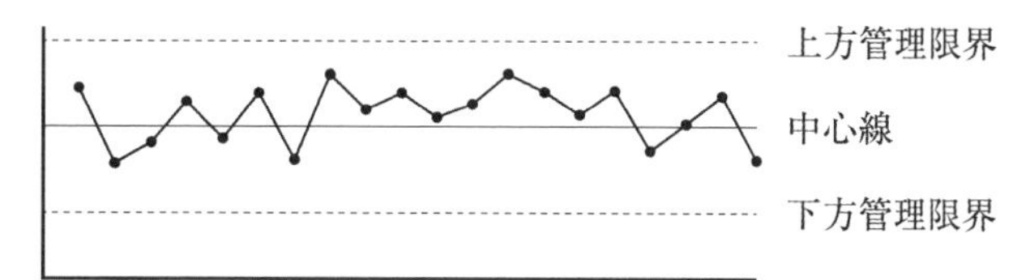

①全ての点が上下２本の管理限界線の内にあるが、点が次第に上昇する傾向にあるため、工程に異常がある
②全ての点が上下２本の管理限界線の内にあるが、点が次第に下降する傾向にあるため、工程に異常がある
③全ての点が上下２本の管理限界線の内にあるが、中心線より上の側に点が９個連続して並んでいるため、工程に異常がある
④全ての点が上下２本の管理限界線の内にあるが、隣り合う点が周期的に上下しているため、工程に異常がある

ポイント▶ 折れ線グラフで表すこの管理図は横軸は時間で、縦軸が計測値。一定の時間間隔ごとに計測値をプロットし、これら点の位置や動きによって良否の判断を行う。考案者の名に由来して、別名を「シューハート管理図」ともいう。

解　説

中心線はCL（Center Line）ともいい、設定された目標値のことです。この中心線を挟んで、上下のバラツキ具合を観察するときに、この図表が役に立ちます。

上方管理限界は標準偏差の3倍の位置とされ、UCL（Upper Control Limit）とも呼ばれます。同様に下には、下方管理限界LCL（Lower Control Limit）が置かれます。

この標準偏差の3倍を、3σ（シグマ）と定義しています。統計論的には、この3σの外に出てしまう確率は、約0.3％とされています。

これらのプロットされた各点の状況から、工程の良否を判断できます。異常判定ルールは、JIS Z 9021「シューハート管理図」で、8項目が定められています。

1．点が管理限界線の外にある
2．連続する９点が中心線に対して同じ側にある
3．６点以上連続して上昇、または下降している
4．連続する14点が交互に増減している
〔項目５～８は、ここでは省略〕

このうち5～8は、標準偏差を判定根拠に加えたもので、やや複雑な定義になります。検定の対策としては、1～4をマスターしておきましょう。

選択肢のうち、異常判定ルールに抵触するものは、「連続する９点が中心線に対して同じ側にある」が該当します。したがって、③が適当となります。

（1級電気通信工事　令和5年午後 No.21）

〔解 答〕 ③適当

演習問題 品質管理に用いる図表のうち、不適合、クレーム等を、その現象や原因別に分類してデータをとり、不適合品数や手直し件数等の多い順に並べて、その大きさを棒グラフで表わし、累積曲線で結んだ右図の名称として、適当なものはどれか。

①散布図
②パレート図
③特性要因図
④管理図
⑤出来高累計曲線

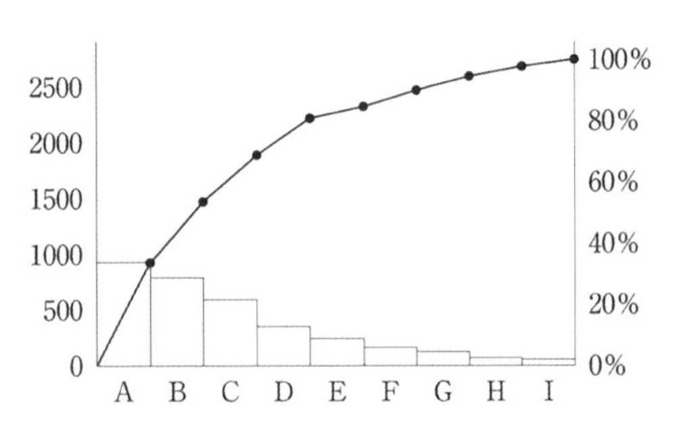

ポイント▶ 棒グラフと折れ線グラフとが融合した図表であるが、ここから何が読み取れるか。どういった場面で用いられるツールなのかを考えていきたい。

解　説

まず棒グラフだけを抽出してみると、事象の多いものから順に並べられていることが見てとれます。目盛は左側の縦軸です。

これらは不適合やクレーム等を、それぞれの現象や原因別に細分化され、横軸に配しています。

この棒グラフでは、現象や原因として何が多いか、あるいは少ないかを読み取ることができます。これらに対して処置を施す際に、どの項目を優先して手を付けるべきかが判断しやすくなります。

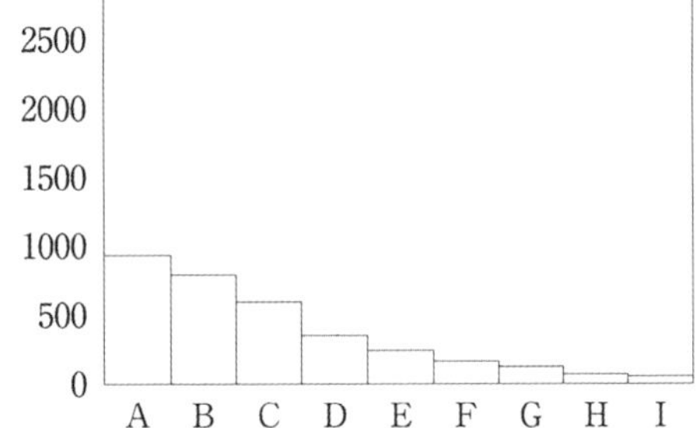

次に折れ線グラフだけを抽出すると、上に凸になったグラフが現れました。この図表では、必ず上に凸になります。目盛は右側の縦軸を読み、最大値は100％となっています。

これらは上記の現象や原因の各項目が、それぞれ全体に対して占める割合を累計して、積み上げげたものです。左寄りの項目に件数が集中するほど曲線は凸になり、左上に突き上がった形になります。

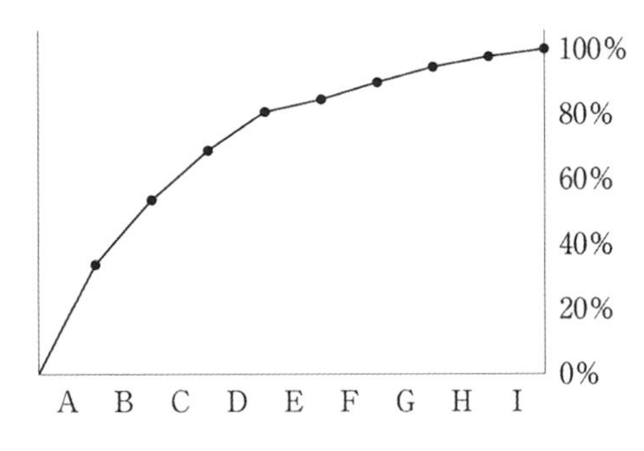

つまりこの折れ線グラフは、件数の多い項目が、全体の中でどれだけ大きなインパクトがあるかを判断するツールといえます。

グラフの名称は「**パレート図**」です。どの項目を優先して改善し、それを実施すればどの程度の効果が得られるのかを判断するのに役立ちます。②が適当。（2級電気通信工事　令和4年後期　No.60改）

〔解答〕　②適当

演習問題 品質管理に用いる図表のうち、対になった2組のデータxとyをとり、グラフ用紙の横軸にxの値を、縦軸にyの値を目盛り、データをプロットした下図の名称として、適当なものはどれか。

①管理図
②特性要因図
③散布図
④パレート図
⑤層別

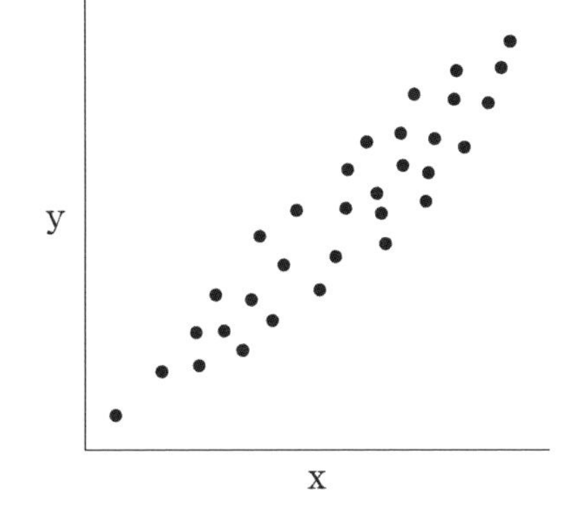

ポイント▶ このグラフは、縦軸と横軸の双方に測定の対象となる特性値の軸を配し、フィールドに測定した値を多数打点することによって表現している。点のバラツキ状況から、両者の相関性を推定していくものである。

解説

一例として、横軸に0歳～20歳の年齢をとり、縦軸は身長を表しているとします。無作為に抽出した100人を対象に身長を測り、それぞれの年齢に対して計測した値を打点していきます。

およそ年齢と身長は比例関係にあります。結果として、1本の棒にはならないにせよ、ほぼ直線に近い分布になることが容易に想定できます。これは両方の軸に高い相関性があるケースです。

例題に掲示した上記のグラフは、高い相関性が確認できる例を示したものです。

次に、1つの学年の中で学力テストを行った場合を考えます。今回は横軸を身長の分布とし、縦軸が学力テストの得点です。この場合の測定データは、どのような分布になるでしょうか。

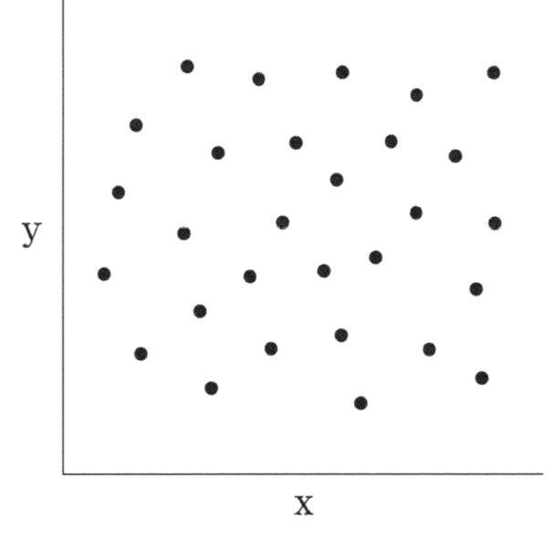

相関性が確認できない例

1つの学年の中で、ある程度の身長のバラツキはあります。しかし、身長の高低によって学力テストの得点が左右されるとは考えにくいです。つまり、両方の軸に相関性が見られないと推定できます。

このようなケースでは、測定値の点はフィールド全体に広がったように打点されます。

以上のように、対象となる2つの特性値が互いにどのような相関関係があるのか、あるいはないのか。これらを視覚的に判断するためのグラフです。

図表の名称は、「散布図」です。③が適当です。　（2級電気通信工事　令和3年前期　No.60改）

〔解答〕③適当

演習問題 品質管理に用いる図表のうち、問題となっている結果とそれに与える原因との関係を一目でわかるように体系的に整理する目的で作成される下図の名称として、適当なものはどれか。

①パレート図
②管理図
③散布図
④特性要因図
⑤アロー・ダイヤグラム

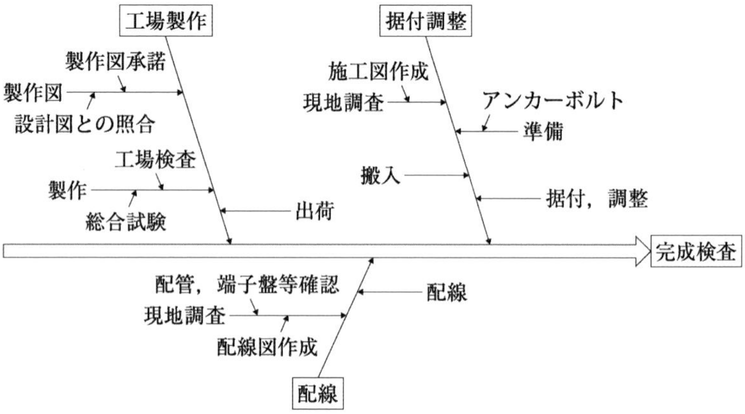

工場製作
製作図承諾
製作図
設計図との照合
工場検査
製作
総合試験
出荷
据付調整
施工図作成
現地調査
アンカーボルト
準備
搬入
据付，調整
完成検査
配管，端子盤等確認
現地調査
配線図作成
配線
配線

ポイント▶ 品質管理の手法として活用する図表としては、お馴染みのもの。他のQC7つ道具とは異なり、数値を扱わないのが特徴である。不具合等が認められる場合に、結果から原因に遡って問題点を洗い出す手法である。

解　説

掲題の図表は、まず時間軸として左から右に向かっての流れがあります。この点は、各種の工程表と似た性質があるといえます。工程表と異なるのは、こちらはあくまで品質を管理するための図表という点です。

製品あるいは工事の目的物等において、不具合や不良品等が発生した際には、その原因を突き止めなければなりません。不具合や不良品という結果から時間を遡って、原因となり得る数々の要素を線で結んで体系的に整理していきます。

名称は、「**特性要因図**」です。④が適当となります。　（2級電気通信工事　令和1年前期　No.63改）

〔解 答〕 ④適当

さらに詳しく

QC7つ道具は文字通り7つある。下記を参照のこと。

・ヒストグラム　・管理図（シューハート管理図）　・パレート図　・散布図　・特性要因図　・チェックシート　・層別

演習問題 品質管理のために活用する特性要因図に関する次の記述の［　］に当てはまる語句の組合わせとして、適当なものはどれか。

「特性要因図とは、問題とする特性と、それに影響をおよぼしている思われる要因との関連を整理して、［(ア)］のような図に［(イ)］にまとめたものである。」

	(ア)	(イ)
①	折れ線グラフ	統計的
②	折れ線グラフ	体系的
③	魚の骨	統計的
④	魚の骨	体系的

★★★★★ 優先度

ポイント▶ 工程管理で用いられるグラフ類と同様に、これら品質管理の図表も、その形と名称、内容や特徴をセットで理解しておく必要がある。単に名称を問うだけのサービス問題もあり、点を取りやすいジャンルといえる。

解　説

特性要因図は、前ページの例題にて掲出した図表です。図表全体が魚の骨に似ていることから、別名をフィッシュボーンともいいます。右が頭で、左が尻尾に相当する位置関係になります。

時間軸として左から右に向かっての大きな流れがありますが、個々の原因は統計的に示されたものではありません。あくまで影響関係を**体系的**に表したものとなります。

したがって、④が適当です。

■特性要因図の例

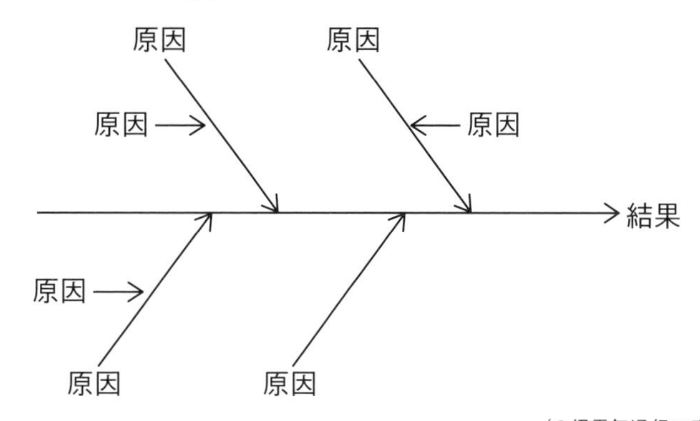

（2級電気通信工事　令和4年前期　No.60）

〔解 答〕 ④適当

1-9 品質管理③ ［測 定］

演習問題 測定器に関する次の記述に該当する測定器の名称として、適当なものはどれか。

「信号に含まれている周波数成分の大きさの分布を調べる測定器であり、横軸を周波数に縦軸を信号の強度として表示する。」

①周波数カウンタ
②オシロスコープ
③スペクトラムアナライザ
④デジタルマルチメータ

ポイント▶ 電気通信の世界において測定は不可欠である。主に装置の製造時や工事の竣工時には検査という名称で実施され、運用を開始した後は保守という名でなされる。どちらも専用の測定器を用いて精密に行われる。

解 説

掲出の例文は、「分布」というフレーズに着目しましょう。横軸と縦軸の2軸を有することから、画面上に二次元的に表示する測定器であることがわかります。これで、周波数カウンタとデジタルマルチメータが消えます。

選択肢の中で二次元で表示する測定器は、オシロスコープとスペクトラムアナライザです。このうち横軸が周波数、縦軸を信号強度として表示するものは、スペクトラムアナライザになります。
まさしく、「分布」の状況を視覚的に捉えることを得意とする測定器です。③が適当。

周波数カウンタは、入力信号の周波数を数字等で表示するものです。一般的には、スペクトラムアナライザよりも高い精度で測定することが可能です。

（2級電気通信工事　令和3年後期　No.59）

■スペクトラムアナライザの画面表示例

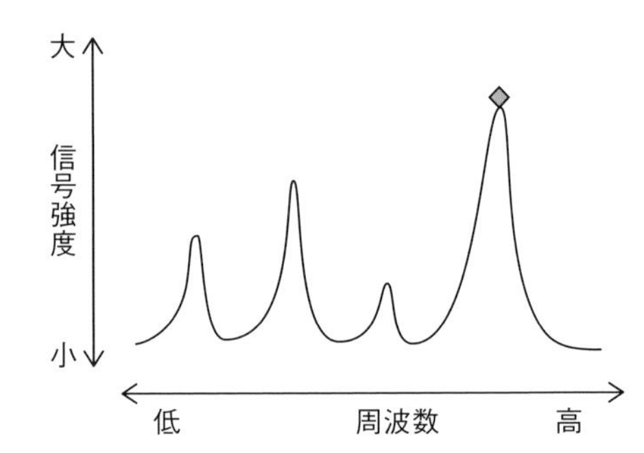

周波数カウンタの例

〔解 答〕 ③適当

演習問題 テレビ電波の受信状況を調査する場合に、受信機入力端子電圧を測定する測定器として、適当なものはどれか。

①周波数カウンタ
②デジタルマルチメータ
③スペクトラムアナライザ
④符号誤り率測定器

ポイント▶ 何を測定したいのか、目的となる対象によって、的確に測定器を選択しなければならない。おおむね名称から役割が判断できるものが多い。日常の業務で用いない測定器についても、概要を把握しておくとよい。

解　説

例題本文の「電圧」というフレーズに騙されないようにしましょう。単に電圧を測定するだけなら、電圧計やテスタ等で十分です。掲出の選択肢の中では、デジタルマルチメータが最も適当といえるでしょう。

しかし、この例題は「テレビ電波の受信状況」との条件があります。ここでの「受信機」とはテレビジョン本体のことですから、さまざまな放送局の電波を含んでいることになります。つまり、入力信号は複数の周波数の成分が混在した状況です。

これらを周波数ごとに個別の電圧を測定したい場合には、電圧計やテスタでは不可能です。周波数軸と電圧軸とで二次元的に表示できる、スペクトラムアナライザが必要となります。③が適当。

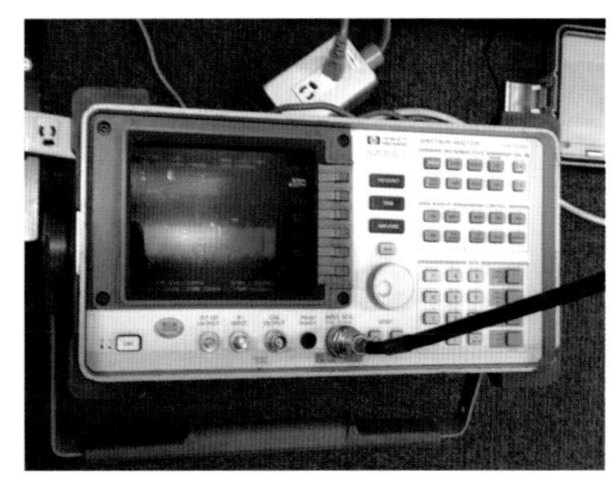

スペクトラムアナライザの例

デジタルマルチメータは、電圧や電流、抵抗値を測定できる、いわば汎用的なテスタです。電圧と電流については、一般的には直流と交流のどちらにも対応しています。

テスタにはアナログ式のものとデジタル式とがありますが、この測定器は文字通りデジタル式のものとなります。

（2級電気通信工事　令和4年前期　No.59）

デジタルマルチメータの例

〔解 答〕 ③適当

演習問題 測定器に関する次の記述に該当する測定器の名称として、適当なものはどれか。

「電気信号の時間的変化を観測する測定器であり、直流から高周波までの電圧や周期、時間、位相差等を、波形として表示し測定することができる。」

①オシロスコープ
②スペクトラムアナライザ
③OTDR
④回路計

ポイント▶ 一般的に測定器は、時間を止めた形での、瞬間値を読み取るものが多い。しかし本設問の例文には、時間の要素が含まれている点に注目したい。時間的な変化の観測とは、どういった性質のものだろうか。

解説

やや難解な表現ではありますが、掲題の、「電気信号の時間的変化を観測する測定器であり、直流から高周波までの電圧や周期、時間、位相差等を、波形として表示し測定することができる。」は、**オシロスコープ**の説明になります。

したがって、①が適当です。

オシロスコープはいろいろな項目を測る機能がありますが、この中でも特筆すべきものとして、「位相差」を測定できる能力があります。これは、数ある測定器の中でも、異色の存在といえます。

位相差とは、例えば周波数が同じ正弦波（sinカーブ）の、時間に対する波の位置のズレをいいます。具体的にはsinとcosでは、互いにπ/2ラジアン（90°）ズレています。

このズレの大きさを、リサジュー図形として画面上に表示することで、位相差を読み取れる仕組みになっています。

■リサジュー図形の例

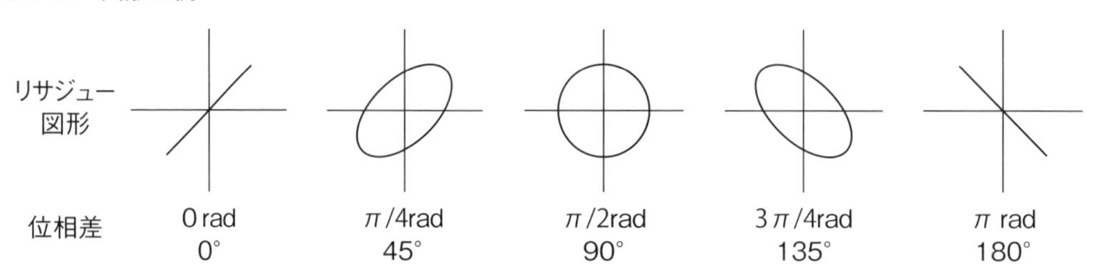

なお選択肢にある「OTDR」は、光ファイバの測定器になります。

（2級電気通信工事　令和4年後期　No.59）

〔解 答〕 ①適当

演習問題 有線電気通信を行うために用いる屋内電線に関する次の記述の［　］に当てはまる語句として、「有線電気通信設備令」上、正しいものはどれか。

「屋内電線（光ファイバを除く。）と大地との間および屋内電線相互間の絶縁抵抗は、直流100Vの電圧で測定した値で、［　］でなければならない。」

①100Ω以上
② 1KΩ以上
③10KΩ以上
④ 1MΩ以上

ポイント▶ 本検定は電気通信に特化した分野であるから、高い電圧を取り扱うケースはほとんどない。それでも絶縁の概念は大切である。芯線間の絶縁が甘いと、ノイズを拾ってしまう等の不具合を発生させる可能性が高まる。

解　説

電気を用いて情報の伝送を行っている以上、絶縁は法令等に基づいて、しっかり行わなくてはなりません。

■通信線路の絶縁抵抗
（※低圧電路ではない）

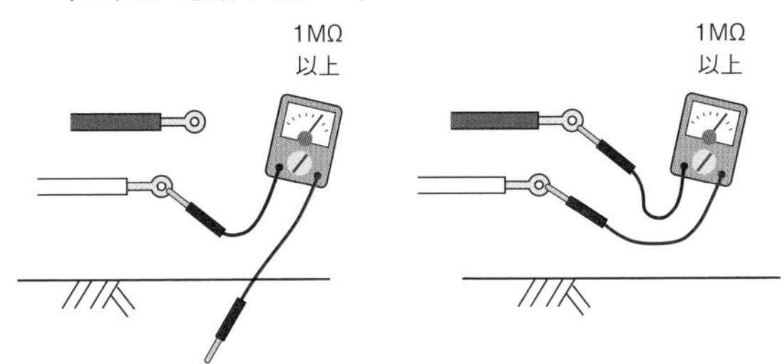

通信線路の絶縁抵抗は、直流100Vで測定して、**1MΩ以上**が要求されます（有線電気通信設備令）。電線と大地間、および電線相互間の、どちらも満たす必要があります。

したがって、④が正しいです。

ここで紛らわしいのが低圧電路、つまり電力線の場合です。低圧電路の絶縁抵抗は、例えば対地電圧もしくは線間電圧が150V以下の場合は、0.1MΩ以上が求められます（電気設備の技術基準）。

電路と通信線路とでは基準が異なるので、しっかりと区別しておきましょう。

■各電線の絶縁抵抗

種　別	条　件	絶縁抵抗値
低圧電路	300V 超えの場合	0.4MΩ 以上
	150V 超えの場合	0.2MΩ 以上
	150V 以下の場合	0.1MΩ 以上
通信線路	100V で測定して	1MΩ 以上

（2級電気通信工事　令和5年前期　No.59）

〔解 答〕 ④正しい

 **根拠法令等**

有線電気通信設備令
（屋内電線）
第17条　屋内電線（光ファイバを除く。）と大地との間及び屋内電線相互間の絶縁抵抗は、直流100Vの電圧で測定した値で、1MΩ以上でなければならない。

COLUMN

各種配線材の支持点間距離

ケーブル工事で求められる、支持点間の距離は「2m以下」である（P41を参照）。ここでは、それ以外の各種の配線材を用いた場合の、支持点間距離を示す。

■電線管の形状と支持間隔の距離

名　称	代表的な形状	支持点間距離
可とう電線管		1m 以下
合成樹脂管（可とう除く）		1.5m 以下
金属線ぴ		1.5m 以下
金属管（可とう除く）		2m 以下
ライティングダクト		2m 以下
金属ダクト		3m 以下

ケーブル工事の例

金属管の例

金属ダクトの例

2章

着手すべき優先度❷

★★★★★

必須問題の領域

2章では公共工事標準請負契約約款を取り扱う。出題されるのは1問だけであるが、同約款に関する設問は必須問題であるため、いずれの受験者も避けて通ることができない。

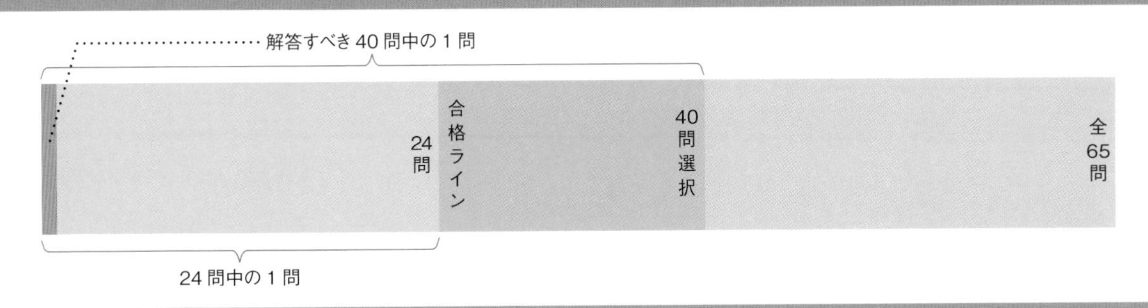

たった1問と侮るなかれ。1章と同様に、特に重点的に学習しておくべき分野といえる。

2-1 公共工事標準請負契約約款① ［設計図書］

公共工事標準請負契約約款は、発注者と受注者の双方の権利・義務関係を明文化したもので、厳密には法令ではない。しかし、検定試験においては法令に準ずるものとして重要な位置に置かれている。しっかり学習しよう。

演習問題 「公共工事標準請負契約約款」において、設計図書に含まれないものはどれか。

①図面　②仕様書　③現場説明書　④入札公告　⑤現場説明に対する質問回答書

ポイント▶ 設計図書という表現では、広範囲に「工事にあたっての設計に関係する書類全体」の印象を受ける。しかし実際には、公共工事標準請負契約約款の中で、具体的にどの書類が設計図書に該当するかが示されている。

解　説

設計図書は公共工事標準請負契約約款の中で具体的に謳われていて、下記の4点が定義されています。出題頻度が高い設問ですから、この4点は優先的にしっかり覚えておきましょう。

■設計図書とは（※暗記必須）

- 図面
- 仕様書
- 現場説明書
- 現場説明に対する質問回答書

なお仕様書には、各工事に共通する一般的な事項を記載した「共通仕様書」と、当該工事に関する事項のみを記載した「特記仕様書」の2種類があります。どちらも設計図書に該当します。

入札公告は設計図書とは関係ありません。入札公告とは、官公庁等が発注の準備として入札の情報を公開することです。したがって、④が対象外です。

（2級電気通信工事　令和4年前期　No.45改）

〔解 答〕　④含まれない

根拠法令等

約款
（総則）
第1条　発注者及び請負者（以下「乙」という。）は、この約款（契約書を含む。）に基づき、設計図書（別冊の図面、仕様書、現場説明書及び現場説明に対する質問回答書をいう。）に従い、日本国の法令を遵守し、この契約を履行しなければならない。
予算決算及び会計令
第七章　契約
　第二節　一般競争契約
　第二款　公告及び競争
（入札の公告）
　第74条　契約担当官等は、入札の方法により一般競争に付そうとするときは、その入札期日の前日から起算して少なくとも10日前に官報、新聞紙、掲示その他の方法により公告しなければならない。ただし、急を要する場合においては、その期間を5日までに短縮することができる。

演習問題 「公共工事標準請負契約約款」に関する記述として、適当でないものはどれか。

①受注者は、設計図書において監督員の検査を受けて使用すべきものと指定された工事材料については、当該検査に合格したものを使用しなければならない
②工事材料の品質は、設計図書にその品質が明示されていない場合にあっては、下等の品質を有するものとする
③受注者は、工事現場内に搬入した工事材料を監督員の承諾を受けないで工事現場外に搬出してはならない
④監督員は、災害防止その他工事の施工上特に必要があると認めるときは、受注者に対して臨機の措置をとることを請求することができる

ポイント▶ 発注者より交付された設計図書をベースとして、受注者が実際に施工を進めていく段階のプロセスである。設計図書の記載に沿って材料の仕様を選択し、約款の内容に準拠した形で工事を実行しなければならない。

解　説

工事で使用する材料の品質は、高低さまざまあります。設計図書にて品質基準が指定されている場合には、当然にその品質を採用しなくてはなりません。

一方で、設計図書にて品質の指定がない場合には、どのようにするべきでしょうか。ここで必要以上に高級品を用いるか、あるいは逆に価格優先で廉価品を採用してもよいのでしょうか。

これには約款による定めがあり、指定がない場合には、「中等」の品質を採用することとされています。②が不適当です。

材料について、設計図書にて発注者による検査を受けるべき旨が指定されているケースがあります。この際には、しかるべき検査を実施した上で、合格品のみを用いて工事を実行しなければなりません。①は適当。

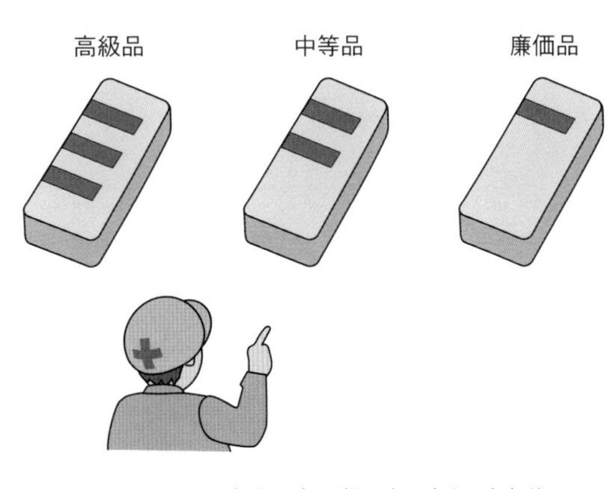

（1級電気通信工事　令和3年午後　No.1）

〔解 答〕 ②不適当 → 中等の品質

根拠法令等

約款
（工事材料の品質及び検査等）
第13条　工事材料の品質については、設計図書に定めるところによる。設計図書にその品質が明示されていない場合にあっては、中等の品質を有するものとする。
2　乙は、設計図書において監督員の検査を受けて使用すべきものと指定された工事材料については、当該検査に合格したものを使用しなければならない。この場合において、検査に直接要する費用は、乙の負担とする。

2-1 公共工事標準請負契約約款② ［受注者の責務］

演習問題 公共工事における公共工事標準請負契約約款に関する次の記述のうち、誤っているものはどれか。

①現場代理人は、工事現場における運営等に支障がなく発注者との連絡体制が確保される場合には、現場に常駐する義務を要しないこともありえる
②受注者は、必要に応じて工事の全部を一括して第三者に請け負わせることができる
③受注者は、契約書および設計図書に特別の定めがない場合には仮設、施工方法その他工事目的物を完成するために必要な一切の手段を、自らの責任において定める
④受注者は、工事の完成、設計図書の変更等によって不用となった支給材料は発注者に返還しなければならない

ポイント▶ 公共工事標準請負契約約款には、施工管理技士として工事を遂行していく上での重要なキーワードが多数埋め込まれている。この設問も濃い内容となっているので、是非ともマスターしておきたい。

解　説

一般的に、受注金額が大きくなればなるほど、当該案件に係る組織の規模は大きくなっていきます。それは単に中小企業よりも大企業が参入する、といった水平的な規模だけではありません。発注者に対して直接入札した受注者（いわゆる元請）から階層構造を成すように、下請企業がぶら下がる上下の規模も拡大していきます。

工事案件の規模が大きくなってくると、元請が単独で施工することが難しくなるため、一部を下請に請け負わせる契約形態は普通に見られます。しかし、ここで問題となるのは一部ではなく、工事の全部（あるいは主要部分の全部）を丸投げしてしまうケースです。これは「一括請負」といい、厳しく禁止されています。②は誤りです。

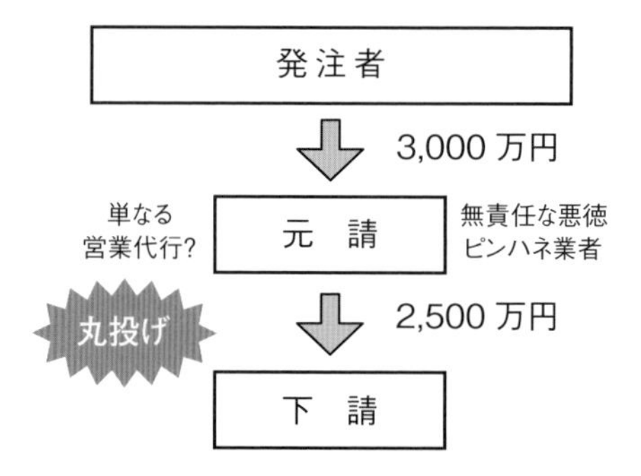

発注者から支給された材料が余った場合はどうすべきか。これは少なくとも受注者側には所有権はなく、あくまで発注者の財産です。よって発注者に返還する義務を負うことになります。

（2級土木　平成24年 No.44）

〔解 答〕 ②誤り → 丸投げは禁止

根拠法令等

約款
（一括委任又は一括下請負の禁止）
第6条　乙は、工事の全部若しくはその主たる 部分又は他の部分から独立してその機能を発揮する工作物の工事を一括して第三者に委任し、又は請け負わせてはならない。
（支給材料及び貸与品）
第15条　（中略）
9　乙は、設計図書に定めるところにより、工事の完成、設計図書の変更等によって不用となった支給材料又は貸与品を甲に返還しなければならない。

演習問題　現場代理人に関する記述として、公共工事標準請負契約約款上、適当でないものはどれか。

①工事現場の運営を行う
②請け負った工事の契約の解除に係る権限を有する
③発注者が常駐を要しないこととした場合を除き、工事現場に常駐する
④現場代理人と主任技術者は、兼ねることができる

ポイント▶ 現場代理人は受注側の経営者（社長等）の代理として現場に常駐し、工事の責任と権限を行使する者である。現場監督の上位に位置する場合もあり、実質的に主任技術者以上のスキルが要求される。

解　説

約款の第10条にて、現場代理人の責務と権限が詳述されています。このうちの第2項において、**契約の解除**に係る権限は与えられていない旨が謳われています。②が不適当。

掲出の他の3つの選択肢については、いずれも適当な記述です。詳細は下記の根拠法令の欄をご参照ください。

（2級電気通信工事　令和3年前期　No.45）

〔解 答〕　②不適当 → 権限は有しない

根拠法令等

約款
（現場代理人及び主任技術者等）
第10条　受注者は、現場代理人及び工事現場における工事の施工の技術上の管理をつかさどる主任技術者等を定めて工事現場に置き、設計図書に定めるところにより、その氏名その他必要な事項を発注者に通知しなければならない。現場代理人及び主任技術者等を変更したときも同様とする。
2　現場代理人は、この契約書の履行に関し、工事現場に常駐し、その運営、取締りを行うほか、請負代金額の変更、請負代金の請求及び受領、第12条第1項の請求の受理、同条第3項の決定及び通知並びにこの契約の解除に係る権限を除き、この契約に基づく受注者の一切の権限を行使することができる。
3　発注者は、前項の規定に関わらず、現場代理人の工事現場における運営、取締り及び権限の行使に支障がなく、かつ、発注者との連絡体制が確保されると認めた場合には、現場代理人について工事現場における常駐を要しないこととすることができる。
4　（中略）
5　現場代理人及び主任技術者等は、これを兼ねることができる。

2-1 公共工事標準請負契約約款③ ［確認の請求］

演習問題 建設工事の施工にあたり、受注者が監督員に通知し、その確認を請求しなければならない内容として、公共工事標準請負契約約款上、該当しないものは次のうちどれか。

①設計図書で示された支給材料の製造者名が明示されていないとき
②図面、仕様書、現場説明書および現場説明に対する質問回答書が一致しないとき
③設計図書に誤謬または脱漏があるとき
④設計図書に示された自然的または人為的な施工条件と実際の工事現場が一致しないとき

ポイント▶ 発注者と受注者は、工事の内容に関して合意の上で請負契約に至る。しかし実際には、細かい部分で記載ミスや矛盾点等が発生するケースが多々ある。このときに確認請求をしなければならない場合が定められている。

解　説

各書類間において記載が一致していない場合や矛盾がある場合は、どちらを信用してよいか判断できないため、確認請求の対象となります。受注者側の単独の判断にて進めることは危険です。②は該当。

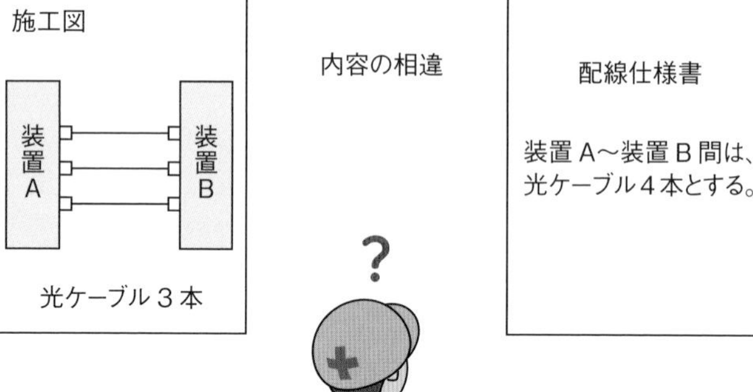

あるいは書類と現場とで相違点がある場合はどうか。このときは結果として現場の状況に合わせた形で進めざるを得ないのですが、契約条件や請負金額が変更になるケースもあるため、確認請求の対象です。受注者側の単独の判断で進めてはいけません。④は該当です。

設計図書にて示されている支給材料を受領した場合、品名や諸元、製造者名等が記載されていることが一般的です。しかし状況によっては、汎用品の場合等、これらが記載されていないことも多いです。この際には、約款上は確認請求の義務はありません。

したがって、①が非該当となります。　（2級土木　平成29年後期 No.44）

〔解 答〕 ①該当しない

演習問題 工事の施工にあたり、受注者が監督員に通知し、その確認を請求しなければならないときとして、「公共工事標準請負契約約款」上、該当しないものはどれか。

①設計図書に示された自然的または人為的な施工条件と、実際の工事現場が一致しないとき
②設計図書に誤謬または脱漏があるとき
③設計図書の表示が明確でないとき
④設計図書に示された施工材料の入手方法を決めるとき

ポイント▶ 前問の確認請求の類似問題である。公共工事標準請負契約約款にて、受注者が発注者に確認の請求をしなければならない場合が5点示されているため、確認しておきたい。

解　説

受注者が発注者側の監督員に確認を請求しなければならないケースは、下記（根拠法令等）の5 点が該当します。これは約款本文にて謳われています。

設計図書での記載が不明瞭で読み取れない等、そもそも正常に施工が進められない場合は、当然に確認請求の対象です。誤謬または脱漏があるときも同様です。②と③は該当です。

設計図書にて施工材料が指定される場合があります。しかしこれらを含めて、あらゆる材料の入手方法は特記がない限り、受注者が決めるべき事項です。

逆に発注者は、入手方法について口を挟むことはできません。ゆえに、確認すべき対象ではありません。

④が非該当です。

（2級電気通信工事　令和5年後期　No.45）

〔解 答〕 ④該当しない

根拠法令等

約款
（条件変更等）
第18条　乙は、工事の施工に当たり、次の各号の一に該当する事実を発見したときは、その旨を直ちに監督員に通知し、その確認を請求しなければならない。
1　図面、仕様書、現場説明書及び現場説明に対する質問回答書が一致しないこと
2　設計図書に誤謬又は脱漏があること
3　設計図書の表示が明確でないこと
4　工事現場の形状、地質、湧水等の状態、施工上の制約等設計図書に示された自然的又は人為的な施工条件と実際の工事現場が一致しないこと
5　設計図書で明示されていない施工条件について予期することのできない特別な状態が生じたこと

2-1 公共工事標準請負契約約款④ ［約款全般］

演習問題 公共工事標準請負契約約款に関する記述として、適当でないものはどれか。

①金銭の支払いに用いる通貨は、日本円である
②発注者と受注者との間で用いる言語は、日本語である
③受注者には、守秘義務が課せられる
④請求は、口頭により行うことができる

ポイント▶ 約款の第１条には総則が記載されている。この総則は約款全体を包括し凝縮したような、ダイジェスト版としての性格がある。これらの全１２項にわたって謳われている内容は特に重要であるため、早目に把握しておきたい。

解　説

約款の第1条にて、発注者と受注者との間で発生し得る、基本的な約束事を定めたガイドラインが示されています。特に掲出されている選択肢の4つの項目は、確実に理解しておきましょう。

支払いに用いる通貨は、**日本円**でなければなりません。そのため工事材料等を外国から輸入する場合には、為替変動のリスクを考慮した見積にしておく必要があるでしょう。①は適当です。

次に、用いる言語は**日本語**で行わなければなりません。ここでの「用いる言語」とは、あくまで発注者と受注者間での打ち合わせにおける場面の話です。

受注者の組織内において、通常の会話を日本語に統一するという意味ではありません。中には外国人の作業者を雇用したりするケースも想定できますが、彼らに日本語の使用を強制するものではありません。②も適当です。

受注した案件の内容は、関係者外の人物には他言してはいけません。**守秘義務**があります。ライバル社や報道機関への売り渡しは無論のこと、宴の席で盛り上がった際の発言にも留意しましょう。これは目的物の竣工後や、自身の退職後も同様です。③の記載も適当です。

契約の目的物が竣工して検査に合格した場合等、各種の請求の際には書面をもって行わなければなりません。口頭での請求は不可となっています。この根拠条文は第1条に存在しますが、請負代金の支払いの請求に限っては、改めて第33条でも記載があります。したがって、④が不適当となります。

（2級電気通信工事　令和2年後期　No.45）

〔解 答〕 ④不適当 → 書面にて行う

根拠法令等

約款 （総則）

第1条 発注者及び受注者は、この契約書に基づき、設計図書に従い、日本国の法令を遵守し、この契約を履行しなければならない。
2 受注者は、契約書記載の工事を契約書記載の工期内に完成し、工事目的物を発注者に引き渡すものとし、発注者は、その請負代金を支払うものとする。
3 仮設、施工方法その他工事目的物を完成するために必要な一切の手段については、この約款及び設計図書に特別の定めがある場合を除き、受注者がその責任において定める。
4 受注者は、この契約の履行に関して知り得た秘密を漏らしてはならない。
5 この約款に定める催告、請求、通知、報告、申出、承諾及び解除は、書面により行わなければならない。
6 この契約の履行に関して発注者と受注者との間で用いる言語は、日本語とする。
7 この約款に定める金銭の支払いに用いる通貨は、日本円とする。
8 この契約の履行に関して発注者と受注者との間で用いる計量単位は、設計図書に特別の定めがある場合を除き、計量法に定めるものとする。
9 この約款及び設計図書における期間の定めについては、民法及び商法の定めるところによるものとする。
10 この契約は、日本国の法令に準拠するものとする。
11 この契約に係る訴訟については、日本国の裁判所をもって合意による専属的管轄裁判所とする。
12 受注者が共同企業体を結成している場合においては、発注者は、この契約に基づくすべての行為を共同企業体の代表者に対して行うものとし、発注者が当該代表者に対して行ったこの契約に基づくすべての行為は、当該企業体のすべての構成員に対して行ったものとみなし、また、受注者は、発注者に対して行うこの契約に基づくすべての行為について当該代表者を通じて行わなければならない。

（請負代金の支払い）
第33条 受注者は、前条第2項の検査に合格したときは、書面をもって請負代金の支払いを請求することができる。

演習問題　工事材料の品質および検査等に関する次の記述の□の（ア）、（イ）に当てはまる語句の組合わせとして、「公共工事標準請負契約約款」上、適当なものはどれか。

「受注者は、(ア)において監督員の検査（確認を含む。）を受けて使用すべきものと指定された工事材料については、当該検査に合格したものを使用しなければならない。この場合において、当該検査に直接要する費用は、(イ)の負担とする。」

	（ア）	（イ）
①	入札公告	受注者
②	入札公告	発注者
③	設計図書	受注者
④	設計図書	発注者

ポイント▶ 公共工事標準請負契約約款は、工事を進めていく上での当事者間の権利・義務関係を示している。発注者として、あるいは受注者として何をすべきか、何をしてはならないか。キッチリと理解しておこう。

解　説

現場に搬入された材料に、基準に満たないものや、不良品が混在している状況を考えます。これに気付かずに工事を進めてしまうと、結果として発注者側の損失になってしまいます。

あるいは、施工の途中で気付いたとしても、手戻り作業を行うのに、大きなロスが発生してしまいます。こういったリスクを軽減させるために、着工前の材料の検査は不可欠なものとなります。

特に、**設計図書**において材料の検査を義務付けているケースでは、当然に事前に実施しなければなりません。検査の結果、合格品のみを工事に用いることができます。

ここではじかれた不良品は排除するか、基準を満たすように改良する等の措置が求められます。

そして、これら検査に係るコストは**受注者の負担**とされています。③が適当です。

（2級電気通信工事　令和5年前期　No.45）

〔解 答〕 ③適当

根拠法令等

約款

（工事材料の品質及び検査等）

第13条 工事材料の品質については、設計図書に定めるところによる。設計図書にその品質が明示されていない場合にあっては、中等の品質を有するものとする。

2 受注者は、設計図書において監督員の検査（確認を含む。）を受けて使用すべきものと指定された工事材料については、当該検査に合格したものを使用しなければならない。この場合において、当該検査に直接要する費用は、受注者の負担とする。

3章

着手すべき優先度❸

★★★★

選択問題の領域

これ以降は選択問題の領域である。選択制であるから得意な問題を選んで取り組み、苦手な設問は捨てることができる。しかし一口に選択問題といっても、実はそれらの温度差にはかなりの開きがある。

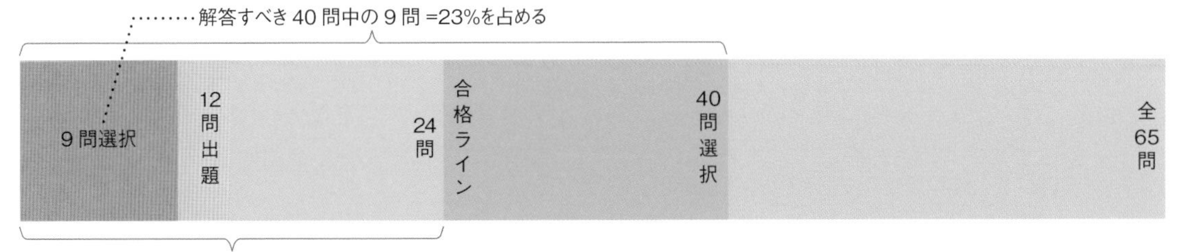

3章の範囲は、12問が出題されて9問に解答しなければならない。逃げてよい問題は、たったの3問である。解答すべき全40問のうち、この9問は23％を占めている。

合格に必要な24問に対して9問は、38％を占めるため大きな存在である。選択問題の中でも比較的重要なポジションといえる。
技術的なジャンルの中でも、基礎的な設問が多いのが特徴である。むしろこれらの問題が解けないようでは、応用的な領域に入ってから苦労することになる。必須問題と同じく、早い段階で苦手意識を克服しておきたい。

3-1 論理回路 ［真理値］

論理回路はデジタル演算を扱う上で、基本となる考え方である。これは得意・不得意がハッキリ分かれる分野であり、苦手としている人は優先して克服したい。

右図に示す論理回路の真理値表として、適当なものはどれか。

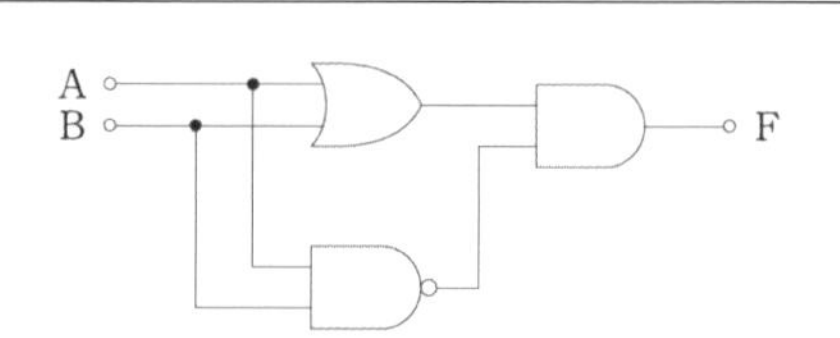

①

入力		出力
A	B	F
0	0	1
0	1	0
1	0	0
1	1	1

②

入力		出力
A	B	F
0	0	0
0	1	1
1	0	1
1	1	1

③

入力		出力
A	B	F
0	0	0
0	1	0
1	0	0
1	1	1

④

入力		出力
A	B	F
0	0	0
0	1	1
1	0	1
1	1	0

ポイント▶ 出題形式は論理回路が示されて、そこから真理値表を導き出す流れとなる。回路の中に登場する各記号の意味は、しっかり把握しておきたい。

解　説

論理回路に登場する記号には、基本となるものと派生形とがあります。まずは基本形をおさえましょう。デジタル回路を前提としたバイナリ形式のため、0と1で表現されていますが、1の場合を「真」ともいいます。

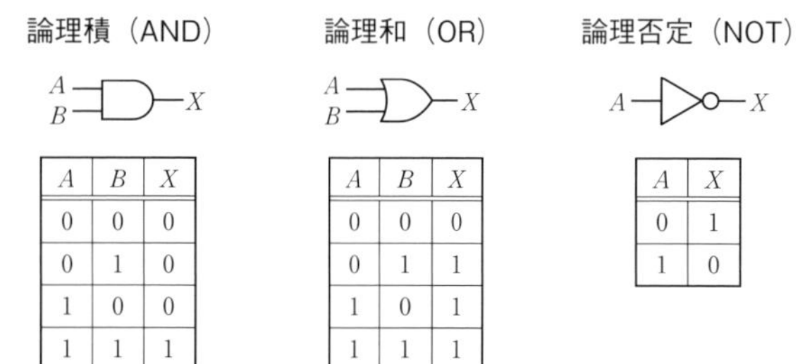

論理積（AND）

A	B	X
0	0	0
0	1	0
1	0	0
1	1	1

論理式　$X=A \cdot B$

論理和（OR）

A	B	X
0	0	0
0	1	1
1	0	1
1	1	1

論理式　$X=A+B$

論理否定（NOT）

A	X
0	1
1	0

論理式　$X=\overline{A}$

左記の3種は基本となる論理記号です。「AND」は入力の全てが真の場合のみ結果が真で、論理式は掛け算の形となります。「OR」は入力に1つでも真があれば結果は真となり、論理式は足し算となります。

「NOT」は否定といい、入力を裏返す機能です。否定の論理式は、上部にバーを付けて表現します。

次は、これらの派生形です。右の2つは、それぞれ上記のANDとORを否定した形です。「NAND」はANDの否定であり、同様に「NOR」はORの否定です。

つまりNANDは、ANDの出口方にNOTを接続したものと同じ効果を持ちます。真理値表の結果（X）の欄が、完全に裏返しになっていますね。

否定の場合は、記号の右に○が付加されているのが特徴です。論理式は、NOTのときと同様に結果にバーを付けて表現します。

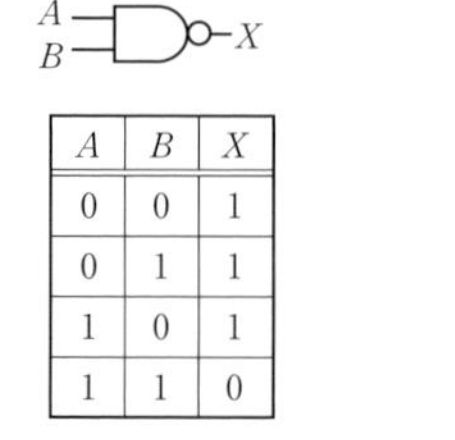

否定論理積（NAND）

A	B	X
0	0	1
0	1	1
1	0	1
1	1	0

論理式　$X=\overline{A \cdot B}$

否定論理和（NOR）

A	B	X
0	0	1
0	1	0
1	0	0
1	1	0

論理式　$X=\overline{A+B}$

ではこれらを踏まえた上で、実際の設問を見ていきましょう。まずは、各選択肢の1行目にあるA＝0と、B＝0を代入してみます。

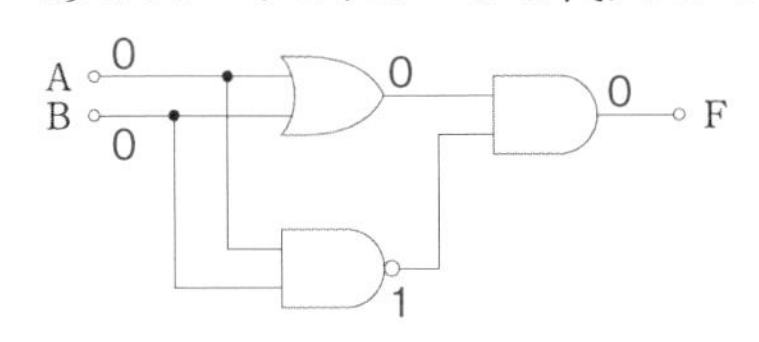

上ルートのORの出力は0です。下ルートのNANDは0の否定なので、出力は1になります。これにより、右のANDの出力は0となります。

次に、A＝1と、B＝1を代入してみましょう。

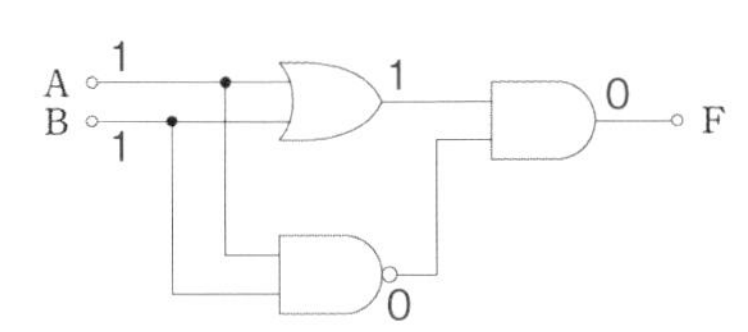

上ルートのORの出力は1です。下ルートのNANDは1の否定なので、出力は0になります。したがって、右のANDの出力は0となります。

この両者を満たす形を選択肢から探すと、④だけが該当します。

（2級電気通信工事　令和4年前期　No.10）

〔解 答〕 ④適当

演習問題

右図に示す論理回路の真理値表として、適当なものはどれか。

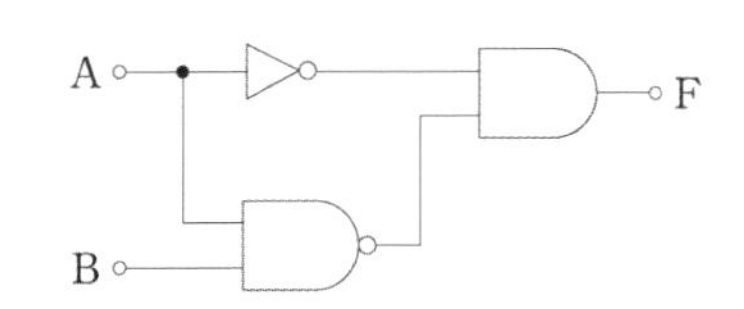

①

入力（にゅうりょく）		出力（しゅつりょく）
A	B	F
0	0	0
0	1	0
1	0	0
1	1	1

②

入力（にゅうりょく）		出力（しゅつりょく）
A	B	F
0	0	0
0	1	1
1	0	1
1	1	1

③

入力（にゅうりょく）		出力（しゅつりょく）
A	B	F
0	0	1
0	1	1
1	0	0
1	1	0

④

入力（にゅうりょく）		出力（しゅつりょく）
A	B	F
0	0	1
0	1	1
1	0	1
1	1	0

ポイント▶ 前ページの例題に似ているが、本問にはORが見当たらない。代わってNOTが組み込まれていることがわかる。算出の流れに慣れておこう。

解　説

前問と同様に、1行目のA＝0と、B＝0を代入してみましょう。

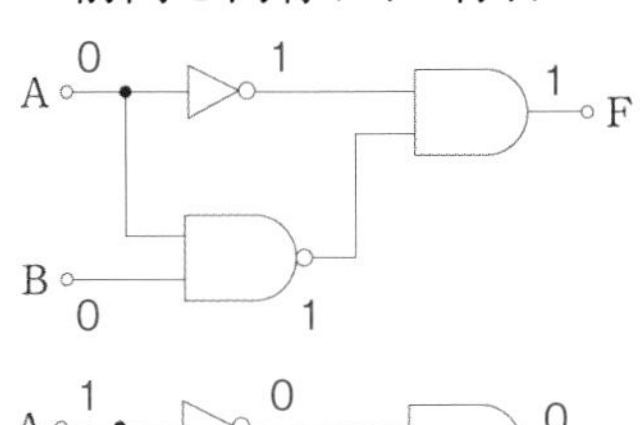

上ルートのNOTの出力は1です。下ルートのNANDは0の否定なので、出力は1になります。したがって、右のANDの出力は1となります。

選択肢が③と④に絞れたので、次はA＝1と、B＝0を代入してみます。

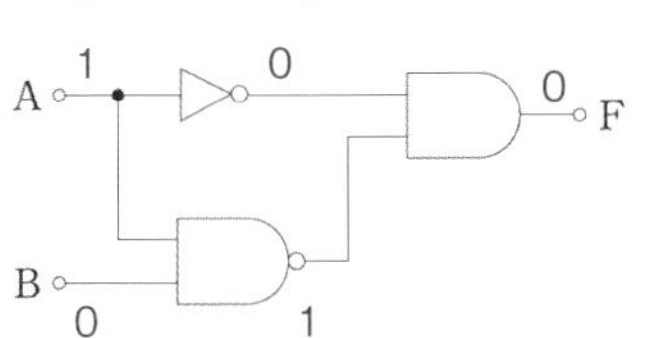

上ルートのNOTの出力は0です。下ルートのNANDは0の否定なので、出力は1になります。これにより、右のANDの出力は0となります。

これらの条件を満たす真理値表として、③が該当します。　（2級電気通信工事　令和4年後期　No.10）

〔解 答〕 ③適当

3-2 電気の基礎① ［電磁気学］

電気通信は、音声や情報を離れた場所に送り届ける技術である。そして、それらの送り手のベースとなっているのが電気であり、電気の理論をなしにして電気通信は語れない。電気の基礎は是非ともおさえておきたい。

演習問題 図に示す2つの点電荷間の距離をr〔m〕、電荷のおかれた空間の誘電率をε〔F/m〕とした場合、点電荷$+Q_1$〔C〕、$-Q_2$〔C〕の間に働く静電力F〔N〕の大きさを表す式として正しいものはどれか。

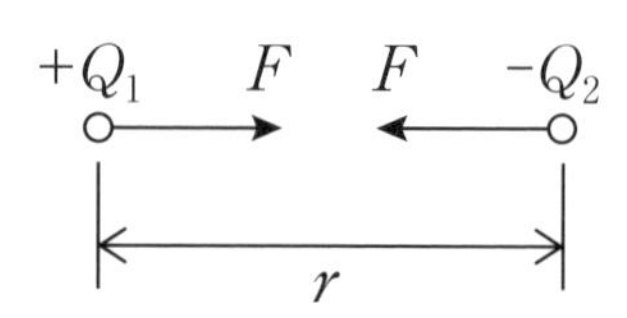

① $F = \dfrac{Q_1 Q_2}{4\pi\varepsilon r^2}$〔N〕　② $F = \dfrac{Q_1 Q_2}{4\pi\varepsilon r}$〔N〕

③ $F = \dfrac{Q_1 Q_2}{2\pi\varepsilon r^2}$〔N〕　④ $F = \dfrac{Q_1 Q_2}{2\pi\varepsilon r}$〔N〕

ポイント▶ 電気を学ぶ上での定番問題である。空間中に電荷が複数存在する場合に、それら電荷間には静電力が作用する。設問では登場する電荷は2つのみであるから、この両者間の静電力だけを考えればよい。

解　説

これは「クーロンの法則」です。空間中の離れた位置に存在する2つの電荷が、＋同士、あるいは－同士であれば互いに反発し合います。逆に異種同士の組合わせであれば引き寄せ合います。このときの力が静電力F〔N〕です。

この静電力の大きさは、それぞれの電荷量と置かれた環境に依存します。2つの電荷の電気量の積に比例し、誘電率に反比例、そして互いの距離の2乗に反比例します。この設問では異種の電荷同士であるので、数値としては負の大きさとなります。

この式は基本中の基本であるため、しっかり覚えておきましょう。

$$F = \frac{Q_1 Q_2}{4\pi\varepsilon r^2}\ \text{〔N〕}$$

間違えやすいポイントであるため繰り返しますが、「距離に比例」ではなく、距離の2乗に「反比例」です。したがって、①が正しい式です。

〔解 答〕 ①正しい

さらに詳しく

この問題は異種の電荷のため引き寄せ合う形であるが、設問によっては、以下のように同種の電荷が反発し合う関係にあるものもある。

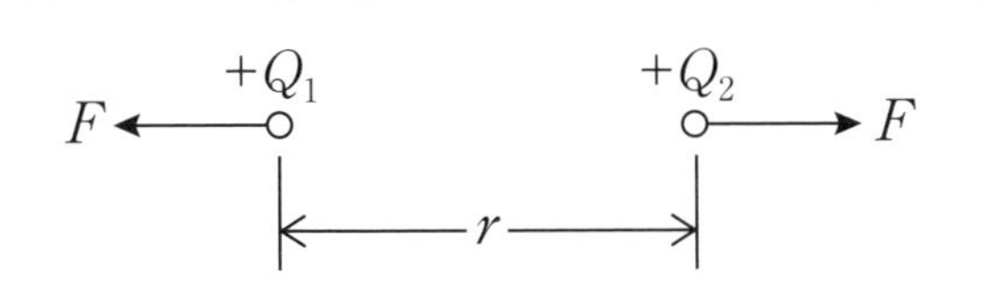

この場合でも考え方は同じであり、式も引き寄せ合う場合と同一である。

$$F = \frac{Q_1 Q_2}{4\pi\varepsilon r^2} \text{〔N〕}$$

演習問題

図のように磁極間に置いた導体に、電流を紙面の表から裏へ向かう方向に流したとき、導体に働く力の方向として、正しいものはどれか。

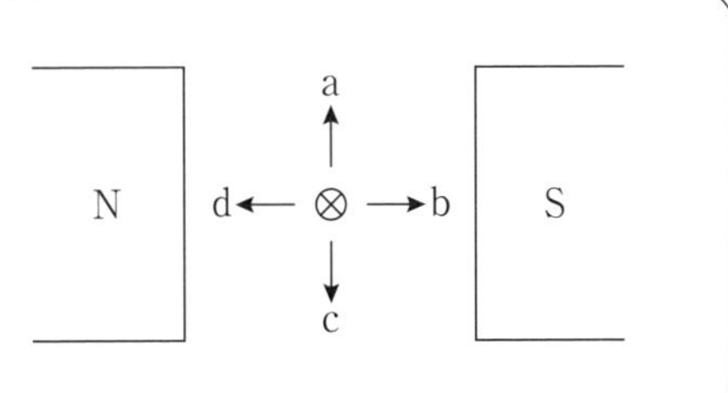

①a　②b　③c　④d

ポイント▶ 前問と同様に、こちらも初歩の定番問題である。お馴染みのフレミングの法則であるが、右手の法則か左手の法則かで悩んでしまう部分である。どういったケースで右か左なのか、しっかりと理解しよう。

解　説

「フレミングの法則」は、「電・磁・力」の3つの要素の互いの関係を表したものです。電・磁・力とは、それぞれ中指が電流、人差し指が磁界、親指が作用する力（または加えた力）を意味します。しかしフレミングの法則には、左手と右手の法則とがあります。それぞれ何を求める際の法則なのでしょうか。

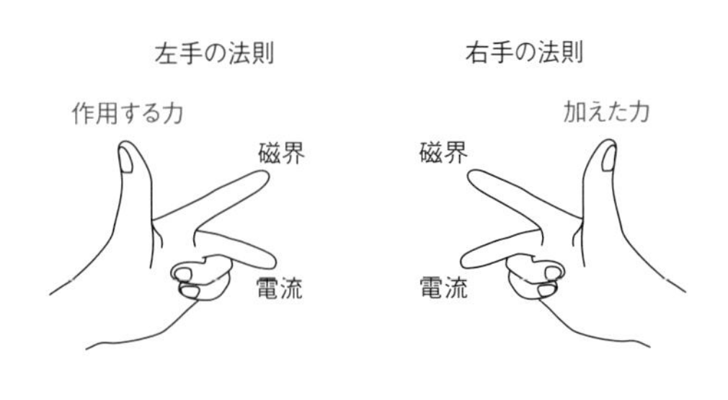

左手の法則は、電流と磁界がわかっていて「作用する力」を求めたい場合の法則です。一方の右手の法則は、加えた力と磁界が判明していて「電流」を求めたいときの法則です。

今回の例題では、電流と磁界が既知なので、左手の法則を用います。中指の電流が、紙の表から裏へ。そして人差し指の磁界が、磁石のNからSへと向かっています。

その結果、親指はcを向きます。これが導体に作用する力になります。③が正しいです。

〔解 答〕 ③正しい

3-2 電気の基礎② [抵抗の性質]

演習問題 右図に示す、断面積 $S = 1.0$〔mm^2〕、長さ $\ell = 20$〔km〕の銅線の抵抗 R〔Ω〕として、適当なものはどれか。
ただし、銅の抵抗率 $\rho = 1.69 \times 10^{-8}$〔Ω・m〕とする。

①$8.5 \times 10^{-19}$〔Ω〕
②$8.5 \times 10^{-3}$〔Ω〕
③$3.4 \times 10^{-1}$〔Ω〕
④$3.4 \times 10^{2}$〔Ω〕

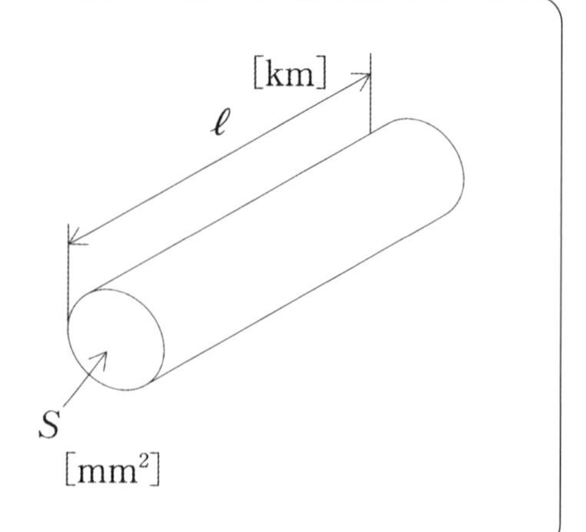

ポイント▶ 電気回路において登場する〝三兄弟〟が、抵抗、コンデンサ、コイルである。このうち抵抗とは、電流の流れを妨げる部材であり、その態様によって抵抗値は異なってくる。抵抗にはどういった性質があるのだろうか。

解　説

抵抗は電流の流れを妨げ、電圧を下げる役割があります。銅は比較的電流を通しやすい物質ですが、それでも若干の抵抗値を持っています。

電流が通過する部分の長さが長いほど、妨げる要素は大きくなります。そのため抵抗値は、その導体の長さに比例することになります。

次に断面積に着目します。導体の断面積が広ければ、それだけ電流は通りやすくなると理解できます。つまり抵抗値は、断面積に反比例します。

これらを踏まえると、抵抗値を表す式は、以下のように整理できます。

$$\text{抵抗}R = \text{抵抗率}\rho \times \frac{\text{長さ}\ell}{\text{断面積}S}\text{〔Ω〕}$$

さて、ここに命題の諸数値を代入しますが、単位を統一させる点に留意してください。

$$R = 1.69 \times 10^{-8} \times \frac{20 \times 10^{3}}{1.0 \times 10^{-6}} = 3.38 \times 10^{2}\text{〔Ω〕}$$

したがって、④が適当な値となります。

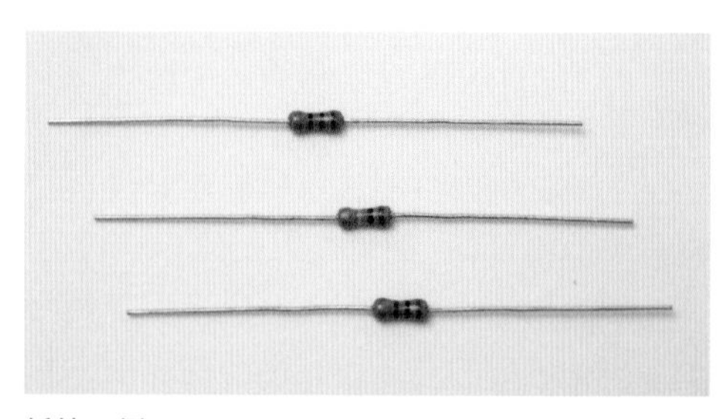
抵抗の例

（2級電気通信工事　令和3年後期　No.2）

〔解 答〕 ④適当

学習のヒント
抵抗率の記号「ρ」はギリシャ文字の1つで、「ロー」と読む。

演習問題 20〔℃〕における抵抗の値が10〔Ω〕の導体を、60〔℃〕に熱したときの抵抗の値として、適当なものはどれか。
ただし、20〔℃〕における導体の抵抗温度係数は0.004〔$℃^{-1}$〕とする。

① 1.6〔Ω〕
② 8.4〔Ω〕
③ 11.6〔Ω〕
④ 13.2〔Ω〕

ポイント▶ 抵抗値は常に一定ではなく、周囲の環境によって変化するケースがある。特に温度に対しては、他の条件よりも比較的敏感である。一般に導体の場合は、温度が高くなると抵抗値も上昇する傾向が見られる。

解　説

この例題では、抵抗温度係数が与えられています。単位が「$℃^{-1}$」なので、これは周囲温度に対する抵抗値の上昇率を表しています。

つまり周囲温度が1〔℃〕上がると、抵抗値が0.4％上昇することを意味しています。

題意より、20〔℃〕が60〔℃〕に変化する条件ですから、温度の変化量は＋40〔℃〕分です。よって、

$40 \times 0.004 = 0.16$

となり、変化率は＋16％となることがわかります。

■ 温度差と抵抗変化率の関係

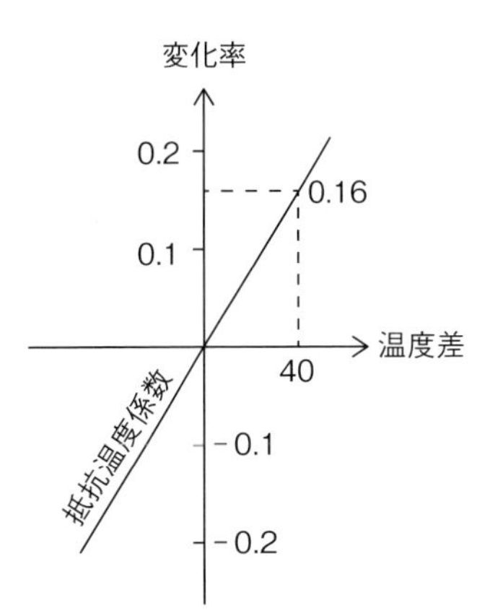

ここで、抵抗値10〔Ω〕の導体が、16％分だけ上昇しますから、

$10 + 10 \times 0.16 = 10 + 1.6 = 11.6$〔Ω〕

したがって、③が適当となります。

※注意

くれぐれも、以下のような計算はしないように！

$10 \times 0.16 = 1.6$〔Ω〕

（2級電気通信工事　令和4年前期　No.2）

〔解 答〕 ③適当

3-3 直流回路① ［合成抵抗］

電気通信工学に足を踏み入れる上での登竜門として、直流回路は第一歩である。その中でも特に合成抵抗の計算は、入門編として避けて通れない基礎的な学習項目である。確実にマスターするようにしたい。

演習問題

下図に示す、抵抗R〔Ω〕が配置された回路において、AB間の合成抵抗R_0〔Ω〕の値として、適当なものはどれか。

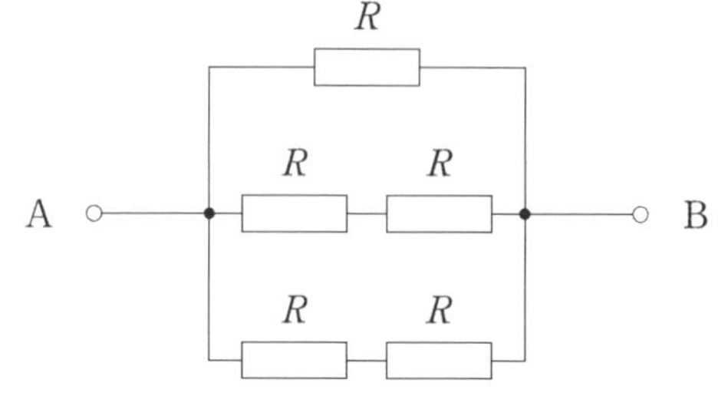

①$\frac{1}{4}R$〔Ω〕　②$\frac{1}{2}R$〔Ω〕
③$2R$〔Ω〕　④$5R$〔Ω〕

ポイント▶ 合成抵抗の計算は、直列接続と並列接続の２種類がある。この問題はその両者の複合版である。複合的に入り組んでいる抵抗群のどの部分から先に手を付けるべきか、そのためには何を軸に見ていくべきか。

解　説

合成抵抗を考える際には、最初に複数の抵抗について、電位が等しい部分に着目します。掲題の問題では、縦に並んだ3つのルートが集合する、2か所の黒い点の位置が同電位と考えられます。

同電位となる箇所を軸として、その内側の閉じた空間を優先的に計算する形となります。

中央ルートは、R〔Ω〕の抵抗が2個直列に接続されています。直列接続は、単純な足し算で表わせます。つまり、中央ルートの合成抵抗R_2は、

$R_2 = R + R = 2R$〔Ω〕

です。下ルートのR_3も同様です。これで、同電位の閉じた空間内の3つのルートが、それぞれ1個の抵抗の形に換算できました。

次にR〔Ω〕、$2R$〔Ω〕、$2R$〔Ω〕の3つの抵抗の、並列接続を考えていきます。並列合成抵抗の公式は、

$$\frac{1}{R_0} = \frac{1}{R_1} + \frac{1}{R_2} + \frac{1}{R_3} = \frac{1}{R} + \frac{1}{2R} + \frac{1}{2R} = \frac{2}{R}$$

$$\therefore R_0 = \frac{1}{2}R〔Ω〕$$

（2級電気通信工事　令和1年後期　No.2）

〔解 答〕　②適当

さらに詳しく

並列接続は2個の場合に限り、通称「和分の積」という簡単な公式で代用できる。

【2個の並列接続の合成抵抗】

$$R = \frac{積}{和} = \frac{R_1 \times R_2}{R_1 + R_2}$$

演習問題

下図に示す回路において、抵抗R_1に流れる電流I_1〔A〕の値として、適当なものはどれか。ただし、抵抗$R_1 = 2$〔Ω〕とする。

①1.0〔A〕
②2.0〔A〕
③3.0〔A〕
④4.0〔A〕

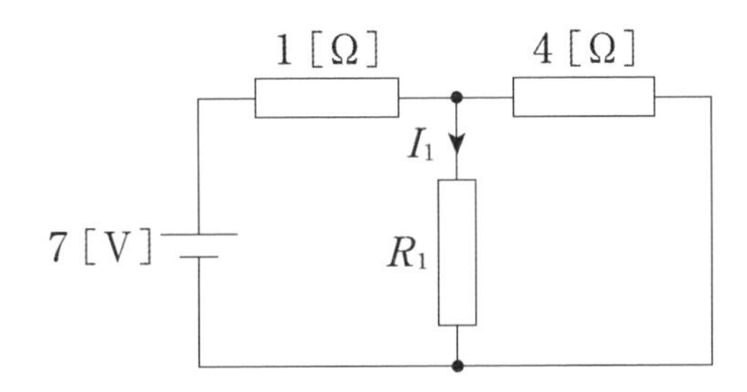

ポイント▶ 並列接続と直列接続との複合的な合成抵抗がある。その上でこれらの抵抗に直流電圧をかけて、電流を流す回路の問題である。途中で分岐する回路の計算では、電流の性質を理解していなければならない。

解　説

合成抵抗は、同電位の箇所に着目します。右寄りの2つの抵抗に関しては、中央の上下の、2か所の黒い点の位置が同電位です。つまり、4〔Ω〕の抵抗とR_1とが並列につながっている形です。

$R_1 = 2$〔Ω〕ですから、右側の並列部分の合成抵抗は、「和分の積」を使って、

$$R_R = \frac{4 \times 2}{4 + 2} = \frac{8}{6} = \frac{4}{3} \text{〔Ω〕}$$

次に、左の1〔Ω〕の抵抗とは直列接続ですから、単純な足し算です。

$$R_0 = 1 + \frac{4}{3} = \frac{7}{3} \text{〔Ω〕}$$

ここで、左の電池から出る電流の量が算出できます。オームの法則により、

$$I = \frac{E}{R} = 7 \times \frac{3}{7} = 3 \text{〔A〕}$$

この3〔A〕は回路を一周して、再び電池のマイナス極に戻ってきます。回路の途中で、増えたり減ったりはしません。分岐点では二手に分かれますが、このときの配分は、通路の通り難さに反比例します。

つまり、2つのルートの抵抗比が4：2ですから、電流の配分はそれらの逆の1：2となります。その結果、R_1を通過する電流の量I_1は、

$$I_1 = 3 \times \frac{2}{3} = 2 \text{〔A〕}$$

（2級電気通信工事　令和1年前期　No.2）

〔解答〕　②適当

【重要】▶直流回路においては、電流は途中で増えたり減ったりしない。

直流回路においては、電流は途中で増減しない。初歩的であるが、電流と電圧とを混同しないように！

3-3 直流回路② ［電 位］

演習問題 次に示すホイートストンブリッジ回路について、検流計Gに電流が流れない場合を考える。このときの抵抗R_Xの値として、正しいものはどれか。
なお、可変抵抗R_1を12.0Ω、R_2＝8.0Ω、R_3＝15.0Ωとする。

①5 Ω　　②6.4 Ω
③10.0 Ω　④22.5 Ω

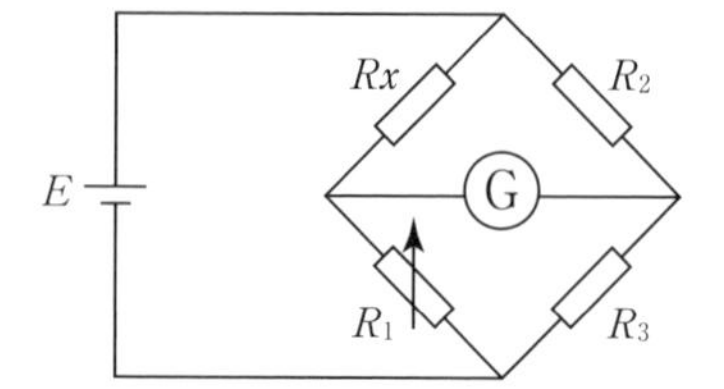

ポイント▶ 電位とは電圧の高さのことで、直流回路を計算する上で非常に大切な概念である。回路の中で、どの位置がどれだけの電位なのか、さらには、同じ電位の箇所はどういった性質を持っているのかを把握しよう。

解　説

設問の条件のときに検流計Gに電流が流れないので、検流計の左右では電位が等しいことになります。ここから読み取れる事象としてR_XとR_1の抵抗値の比率は、R_2とR_3の比率に等しいということが挙げられます。

理解が進まない場合には、全体を100％とする電圧の棒グラフを作ってみるとよいでしょう。R_2とR_3を通過する右ルートの抵抗の比は8：15である。ここで左ルートのどの位置が、それぞれ右ルートのどの位置と電位が等しいかを考えます。

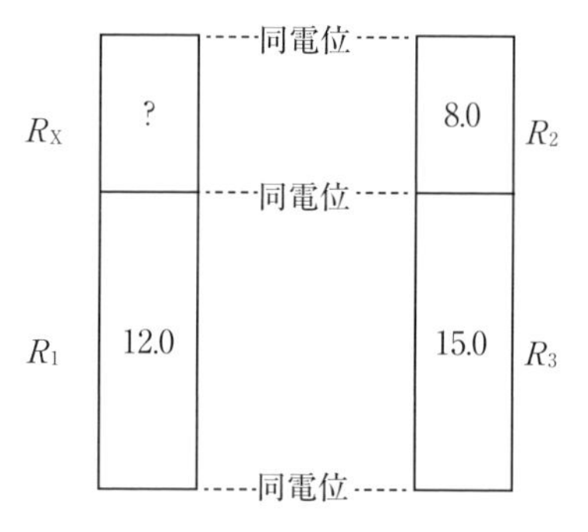

オームの法則（$E = I \times R$）により、直列接続の場合、電圧は抵抗値に比例します。よって、電位はそのまま抵抗値の比で決まります。

これにより、$R_2 : R_3 = R_X : R_1$であることがわかります。これを変形して、$R_3 \times R_X = R_2 \times R_1$となり、

$$R_X = \frac{R_1 \times R_2}{R_3} = \frac{12 \times 8}{15} = 6.4\ \Omega$$

したがって、②が正しいです。

〔解 答〕 ②正しい

演習問題 次に示す直流回路網において、起電力E〔V〕の値として、正しいものはどれか。

①4 V　②8 V
③16 V　④28 V

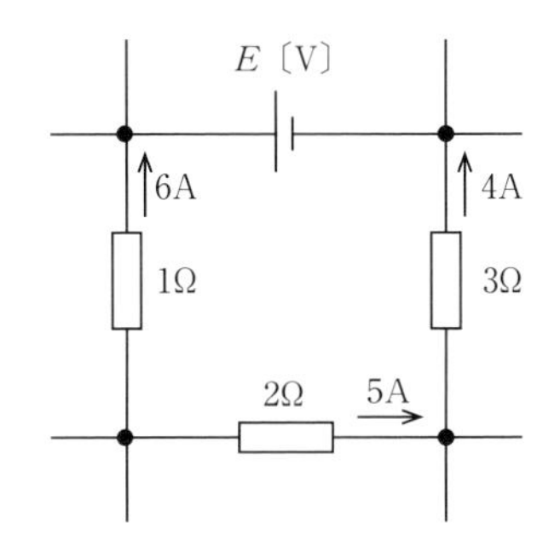

ポイント▶ 一見、不思議な模様を成す見慣れない回路図である。とはいえ直流電源と抵抗器からなるシンプルな閉回路となっており、4か所の交点の電位が算出できれば解けそうな設問。さて、どこの点を0Vと置くべきか。

解　説

一般的な直流回路の問題と異なり、電流の向きが指定されています。ここで深く考えずに解こうとすると、矢印が向いている先が電位が高いという先入観を持ってしまいます。しかし逆です。電流は、電位の高い場所から低い場所へと流れる原則を忘れてはいけません。

正方形の四隅の電位が全て判明すれば、直流電源の左右の電位差がわかります。そのために、どこか1か所を基準にすると解きやすいです。最終的に直流電源の起電力を求めたいから、電源の負極方である右上の点を0Vと置いて考えましょう。

右の3Ωの抵抗には4Aが流れているから、オームの法則により抵抗の両端の電位差は12Vです。したがって、右下の点は12Vであることがわかります。同様にして左下の点は22Vとなります。

次が少々厄介です。左の1Ωの抵抗には6Aが流れているから抵抗両端の電位差は6Vです。しかし、矢印の向きに注意しましょう。左下の22Vの位置から遠ざかる向きに矢印が描かれています。つまり、上方向に向けて電位は下がっているのです。したがって、左上の点は22 − 6 = 16V となります。

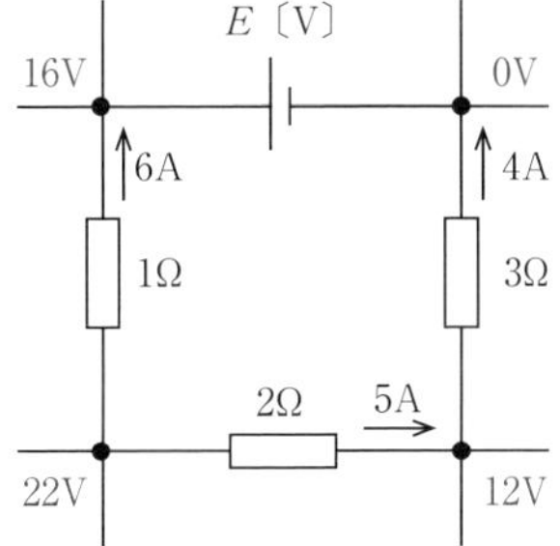

以上により、直流電源Eの両端の電位差は16Vであることがわかります。③が正解。

〔解 答〕 ③正しい

3-4　交流回路①　［直列つなぎ］

同じ電気回路であっても、直流と交流とではまるで性質が異なる。直流回路ではオームの法則を中心にして解き進めていけるが、交流回路ではインピーダンスやリアクタンス等を考慮しなければならない。

演習問題　下図に示すRLC直列共振回路において、共振周波数f_0〔Hz〕の値として、適当なものはどれか。ただし、抵抗$R=10$〔Ω〕、インダクタンス$L=40/\pi$〔mH〕、コンデンサ$C=4/\pi$〔μF〕とする。

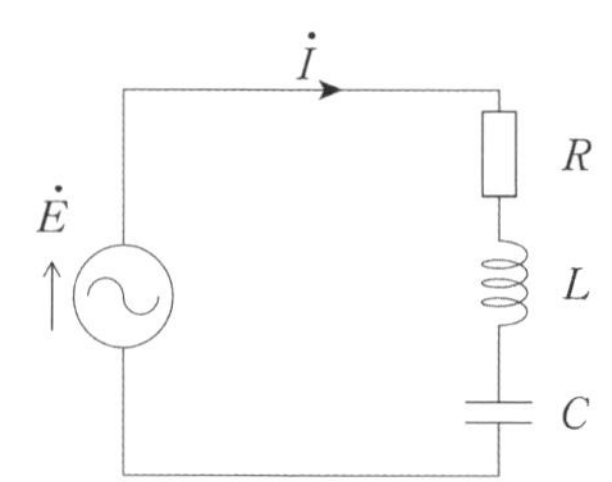

① 1.25〔Hz〕
② 15〔Hz〕
③ 125〔Hz〕
④ 1,250〔Hz〕

ポイント▶　直流の場合と違って、交流回路では共振という概念がある。回路が共振する条件は何か。これらの条件から電源の周波数を算出する例題である。

解　説

交流回路が共振する条件は、回路中にあるコイルのリアクタンスX_Lと、コンデンサのリアクタンスX_Cとが等しくなる場合です。

2つのリアクタンスはそれぞれ、

$$X_L = 2\pi fL \text{〔Ω〕} \qquad X_C = \frac{1}{2\pi fC} \text{〔Ω〕}$$

で表されます。基礎知識として覚えておきましょう。これらを用いて、各リアクタンスを算出します。

$$X_L = 2\pi fL = 2\pi f \times \frac{40}{\pi} \times 10^{-3} = 8f \times 10^{-2} \text{〔Ω〕}$$

$$X_C = \frac{1}{2\pi fC} = \frac{1}{2\pi f \times (4/\pi) \times 10^{-6}} = \frac{1}{8f \times 10^{-6}} = \frac{10^6}{8f} \text{〔Ω〕}$$

となります。ここで、この両者が等しいわけですから、

$$8f \times 10^{-2} = \frac{10^6}{8f}$$

$$f^2 = \frac{10^8}{8^2}$$

$$\therefore f = \frac{10^4}{8} = 1{,}250 \text{〔Hz〕}$$

となるので、④が適当です。　（2級電気通信工事　令和1年後期　No.3）

〔解 答〕 ④適当

演習問題 下図に示すRC直列回路において、抵抗R〔Ω〕、コンデンサの静電容量C〔F〕とした場合の合成インピーダンスの大きさZ〔Ω〕として、適当なものはどれか。
ただし、ωは電源の角周波数〔rad/s〕である。

① $Z = \dfrac{1}{\sqrt{(\frac{1}{R})^2 + (\omega C)^2}}$ 〔Ω〕

② $Z = \dfrac{1}{\sqrt{(\frac{1}{R})^2 + (\frac{1}{\omega C})^2}}$ 〔Ω〕

③ $Z = \sqrt{R^2 + (\frac{1}{\omega C})^2}$ 〔Ω〕

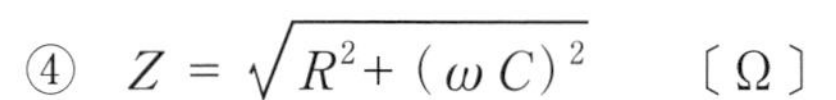

④ $Z = \sqrt{R^2 + (\omega C)^2}$ 〔Ω〕

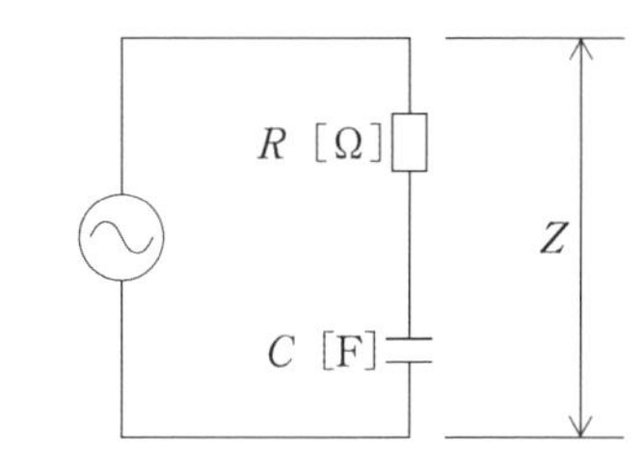

ポイント▶ インピーダンスとは、交流回路において電流を妨げる要素のこと。交流回路では抵抗の他、コイルとコンデンサの合成によって回路に作用する。

解　説

合成インピーダンスを考える際には、抵抗およびコイル、コンデンサの三兄弟で計算します。このうちの1つのデバイスが欠けていても、そこは0〔Ω〕として処理するので、進め方は同じです。

大切なのは、つなぎ方が直列の場合と並列の場合とで、公式が異なることです。まずは直列のケースから入っていきます。直列接続の場合の、合成インピーダンスZを求める公式は、

$$Z = \sqrt{R^2 + (X_L - X_C)^2} \quad 〔Ω〕$$

これは非常に重要な公式です。確実に覚えましょう。次に、コイルとコンデンサのリアクタンスはそれぞれ、

$$X_L = 2\pi fL \ 〔Ω〕 \qquad X_C = \frac{1}{2\pi fC} \ 〔Ω〕$$

ですが、周波数に依存する$2\pi f$の部分を角周波数といって、ω（オメガ）で表すことがあります。すなわち、

$$X_L = \omega L \ 〔Ω〕 \qquad X_C = \frac{1}{\omega C} \ 〔Ω〕$$

と表現することもできます。掲出の回路中にコイルはありませんので、コンデンサのリアクタンス（X_C）のみを上記の公式に代入します。

$X_L = 0$〔Ω〕のときにX_Cの前にマイナスが残りますが、ここは2乗されるので無視して構いません。

$$Z = \sqrt{R^2 + (\frac{1}{\omega C})^2} \quad 〔Ω〕$$

となり、③が適当です。　（2級電気通信工事　令和3年前期　No.3）

〔解答〕 ③適当

3-4 交流回路② ［並列つなぎ］

演習問題 右図に示すRC並列回路において、抵抗R＝8〔Ω〕、容量性リアクタンスX_C＝6〔Ω〕のときのインピーダンスの大きさZ〔Ω〕として、適当なものはどれか。

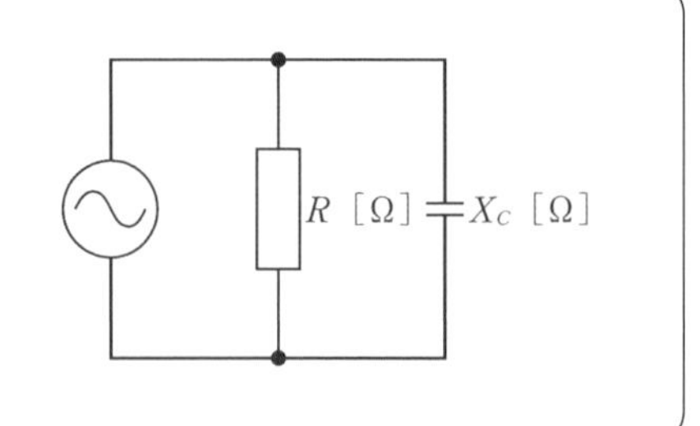

①0.1〔Ω〕　②0.2〔Ω〕　③4.8〔Ω〕　④10〔Ω〕

ポイント▶ 交流回路において抵抗やリアクタンスが並列に接続されている場合は、合成インピーダンスの計算はやや複雑となる。容量性リアクタンスとは、すなわちコンデンサのことである。誘導性と混同しないように注意したい。

解　説

抵抗とコンデンサのみが並列につながった状態の、RC並列回路の合成インピーダンスは、次式のように逆数の形で整理できます。

$$\frac{1}{Z} = \sqrt{\left(\frac{1}{R}\right)^2 + (\omega C)^2} \quad \text{〔S〕}$$

少々複雑な形ですが、把握しておきましょう。

ここで角周波数をωとすると、$X_C = \dfrac{1}{\omega C}$ですから、掲出の例題の条件を代入して、

$$\frac{1}{Z} = \sqrt{\left(\frac{1}{8}\right)^2 + \left(\frac{1}{6}\right)^2} = \sqrt{\frac{36+64}{64 \times 36}} = \frac{10}{48} \text{〔S〕}$$

$$\therefore Z = 4.8 \text{〔Ω〕}$$

となり、③が適当となります。

この設問は、条件としてリアクタンス$X_C = 6$〔Ω〕が与えられているので、比較的ハードルは低いです。計算問題を苦手としている場合には、こういった問題から慣れていくとよいでしょう。

もしもリアクタンスではなく、コンデンサの静電容量〔F〕と電源の周波数〔Hz〕が示されている場合には、前作業として以下の式からリアクタンスを導出しなければなりません。

$$X_C = \frac{1}{2\pi f C} \quad \text{〔Ω〕}$$

学習のヒント

・容量性リアクタンス：コンデンサ
・誘導性リアクタンス：コイル

（2級電気通信工事　令和3年後期　No.3）

〔解 答〕 ③適当

演習問題 下図に示すRL並列回路において、インピーダンス｜Z｜の値として、適当なものはどれか。
ただし、抵抗R＝10〔Ω〕、コイルのインダクタンスL＝5/π〔mH〕、電源の周波数f＝1〔kHz〕とする。

① 0.10 〔Ω〕
② 0.14 〔Ω〕
③ 5.00 〔Ω〕
④ 7.07 〔Ω〕

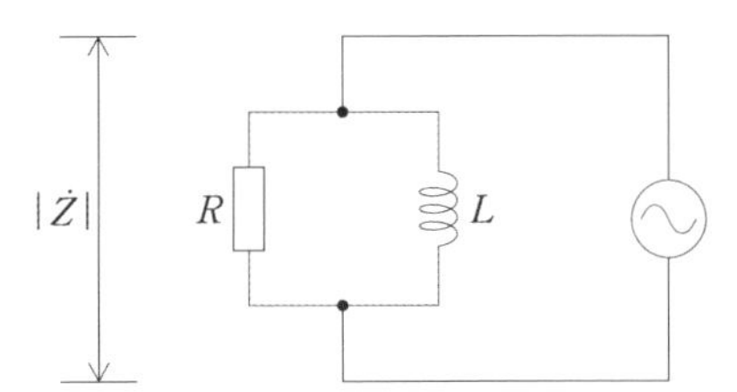

ポイント▶ 前問と同様に、交流回路の中に並列に接続された状態のリアクタンスであるが、こちらはコンデンサではなくコイルを組み込んだケースである。

解説

抵抗とコイルのみが並列につながった状態の、RL並列回路の合成インピーダンスは、下記のように逆数の形で整理されます。

$$\frac{1}{Z} = \sqrt{(\frac{1}{R})^2 + (\frac{1}{\omega L})^2} \quad 〔S〕$$

コンデンサの場合と同様に、やや複雑な形となっています。

前提条件として、リアクタンス〔Ω〕が与えられていません。したがって、掲示された数値からリアクタンスを導出するところから始めます。

まず、コイルのリアクタンスX_Lは、

$$X_L = 2\pi f L = 2\pi \times 1 \times 10^3 \times \frac{5}{\pi} \times 10^{-3} = 10〔Ω〕$$

となるので、これの逆数を上の公式に代入します。

$$\frac{1}{Z} = \sqrt{(\frac{1}{10})^2 + (\frac{1}{10})^2} = \sqrt{\frac{2}{100}} = \frac{1.41}{10} \quad 〔S〕$$

$$\therefore Z = \frac{10}{1.41} \fallingdotseq 7.09〔Ω〕$$

となり、最も近い④が適当です。

コイルの例

（2級電気通信工事　令和2年後期　No.3）

〔解 答〕 ④適当

3-5 電波伝播① ［VHF帯］

電波がどのように進行するか、つまり伝播の態様は、その周波数の高低によって性質が大きく異なる。低い周波数帯では非常に遠方まで伝播するが、逆に高い周波数帯では障害物で簡単に遮られてしまう等の特性が見られる。

演習問題 VHF帯の電波の伝わり方の特徴に関する記述として、適当でないものはどれか。

①見通し距離での直接波による伝搬が主である
②スポラディックE層が発生すると非常に遠くまで伝搬することがある
③降雨による減衰が非常に大きい周波数帯である
④山岳回析波により、見通しのきかない山の裏側であっても伝搬することがある

ポイント▶ VHFはVery High Frequency の略であり、日本語訳では超短波という。電波法による周波数帯の区分は、30MHz～300MHzと定義される。比較的使いやすい周波数帯であり、身近な場所にも採用例が多い。

解　説

「見通し」とは、送信者と受信者とがお互いに見えている状態のことです。人間の目では見える距離に限界がありますが、送受信局間に障害物がない形を、電波の見通しと呼んでいます。

VHFより高い周波数では、電波は真っ直ぐ進行する性質が強くなります。そのため原則的には、見通し距離内でなければ、安定した通信は難しくなります。

スポラディックE層は電離層の1つで、通常は存在していません。地表から100km付近のE層とほぼ同じ高さに、夏場の日中に突発的に発生することがあります。

■電離層反射のいろいろ

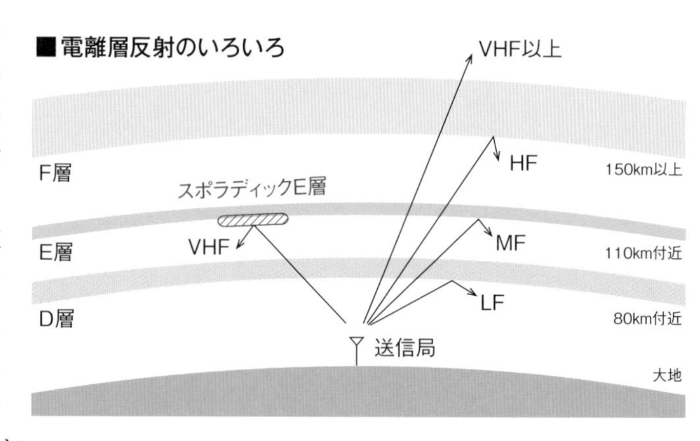

VHFの電波は各電離層を突き抜けますが、電子密度の高いスポラディックE層では反射されて、地上に戻ってきます。この結果、見通し伝播では届かないような遠方にまで進行して、受信できる場合があります。

降雨等の水分は電波の進行を妨げるため、減衰が発生します。これは周波数が高くなるにつれ、より顕著になります。特に大きく影響を受けるのは10GHz（SHF帯）以上ですから、VHF帯ではわずかな減衰に留まります。

③が不適当です。　　（2級電気通信工事　令和4年前期　No.6）

〔解 答〕 ③不適当

演習問題 超短波（VHF）帯の用途や特徴に関する記述として、適当なものはどれか。

①山岳回析により山の裏側に伝わることがある
②我が国の地上デジタルテレビ放送は、この周波数帯を使用している
③電離層での反射による異常伝搬が起こらない周波数帯である
④主に、パラボラアンテナが使用される

ポイント▶ さまざまな周波数帯の中で、VHFの電波を用いる用途として向いているのは、どういった通信需要なのか。そして目的ごとに、どのような空中線を使用するのか。また、送信局から伝播していく電波の特性等を把握したい。

解　説

VHF帯の電波は、直接波による見通し伝播が原則です。しかし、ナイフエッジと呼ばれる尖った山岳の尾根で、回析現象を起こす場合も少なくありません。

これによって見通しの効かない山の裏側でも、電波を受信できるケースがあります。①は適当です。

■ 山岳回析波のあらまし

回析
回析波
見通し
送信局
受信局

アナログ時代のテレビジョン放送は、このVHF帯を使用していました。現行のデジタル放送に移行するにあたっては、周波数は全面的にUHF帯へ移設されています。②は不適当です。

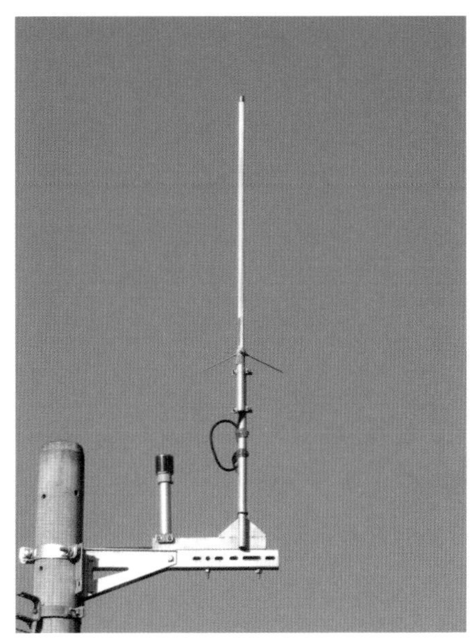

グランドプレーンアンテナの例

電離層に対しては、VHF帯は通常は突き抜けてしまい、宇宙へと進みます。しかし、突発的にスポラディックE層が発生するとそこで反射を起こし、想定外の遠方まで電波が届く場合があります。③は不適当。

空中線（アンテナ）の種類は使用する周波数帯によって、ある程度は限られてきます。VHF帯では、グランドプレーンアンテナや八木アンテナ等を使うケースが多く見られます。

選択肢のパラボラアンテナは、専らマイクロ波帯（約2GHz以上）で用いる空中線です。したがって、④は不適当となります。

（2級電気通信工事　令和1年後期　No.5）

〔解 答〕 ①適当

3-5 電波伝播② ［他周波数帯］

演習問題 HF帯の電波の伝わり方に関する記述として、適当でないものはどれか。

①デリンジャ現象が発生することがある
②ラジオダクトによる見通し外への伝搬が起こりやすい
③フェージングが発生しやすい
④電離層と地表との間で反射を繰り返して、遠くまで伝搬する

ポイント▶ HFはHigh Frequency の略で、日本語訳は短波という。電波法による周波数帯の区分は、3MHz～30MHzと定義される。VHF帯より1つ波長が長い区分帯であり、短波ラジオ放送のほか、航空や船舶等採用例も多い。

解　説

デリンジャ現象は、HF帯にのみ発生します。発見者の名前にちなんで、この名称が付けられました。周波数が低いほど顕著で、おおむね21MHz以下で見られます。

太陽フレアによって増大した紫外線やX線が、多量に地球まで到達します。これによって、電離層のうちD層の電子密度が高くなり、HF帯の電波が吸収されてしまう現象です。

この影響で、本来なら通信できる遠距離において、通信障害を起こすことがあります。①は適当です。

ラジオダクトは、比較的下層の対流圏にて派生するもので、影響を受ける周波数帯は、主にUHF帯(300MHz～)以上になります。

HF帯ではほとんど影響を受けません。②が不適当です。

フェージングにはさまざまな種類がありますが、HF帯を含めて、広い周波数帯域で発生する可能性があります。③は適当です。

電離層に対しては、HF帯は電子密度が最も高いF層において反射が起こります。このF層と地表との間の反射を用いた、遠距離通信も可能です。④は適当です。

HF帯空中線の例

（2級電気通信工事　令和4年後期　No.6）

〔解 答〕 ②不適当

演習問題 マイクロ波帯（3GHz～30GHzの周波数帯）の電波の大気中での減衰に関する記述として、適当でないものはどれか。

①降雨、降雪、大気（水蒸気、酸素分子）、霧等による減衰を受ける
②降雨による減衰は、周波数が高いほど小さい
③降雨による減衰は、水蒸気による減衰より大きい
④降雨域では、雨滴による散乱損失や雨滴の中での熱損失により減衰する

ポイント▶ 広い周波数帯の中で、マイクロ波の電波を利用する用途として向いているのは、どういった通信需要なのか。その周波数帯域であるが故に、どのような伝播特性があるのか。デメリットも含めて理解しておきたい。

解　説

マイクロ波帯の電波はVHF帯以上に直進性が強いため、直接波による見通し伝播が原則です。送受信局間の空中線が互いに見えていないと、安定した通信は困難といえます。

このマイクロ波は、水分子等に衝突することで減衰を受けてしまいます。降雨だけでなく、降雪や霧、大気中の水蒸気、酸素分子等多岐にわたります。①は適当です。

降雨に限りませんが、水分子によるマイクロ波の電波の**減衰は、周波数が高いほど大きく**なります。雨滴の内部を通過すると考えた場合に、周波数の高低によって、どれだけ滞在するかの差が出てきます。

■降雨減衰の考え方

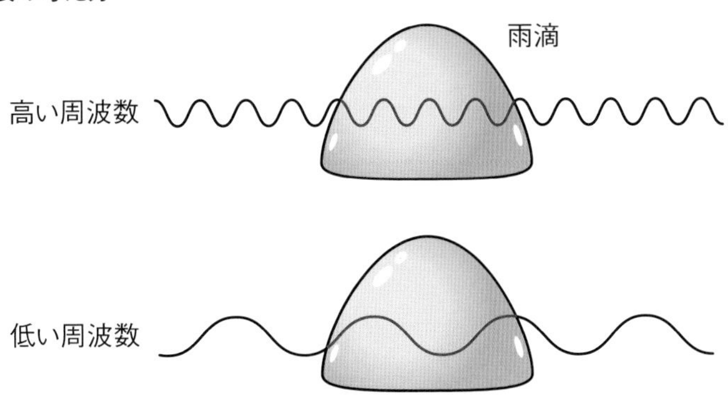

周波数がより高いほうが、水の中により長く滞在することになります。その分だけ進行を妨げられ、熱損失になる原理です。特に10GHz以上になると、降雨減衰は顕著になります。

したがって、②が不適当です。

（2級電気通信工事　令和1年後期　No.4）

〔解 答〕 ②不適当 → 周波数が高いほど大きい

3-6 受信特性 ［影像周波数］

演習問題 スーパヘテロダイン受信機において、受信周波数が990〔kHz〕、局部発信周波数が1,445〔kHz〕の場合、影像妨害を起こす周波数〔kHz〕の値として、適当なものはどれか。

①535〔kHz〕 ②1,900〔kHz〕 ③3,425〔kHz〕 ④3,880〔kHz〕

ポイント▶ スーパヘテロダイン方式は、受信した電波をいったん中間周波数に下げてから、増幅や復調等の処理を行う方式のことである。現代の受信機は、おおむねこの形が採用されている。この方式に特有の妨害波について理解したい。

解　説

周波数が低いほうが処理を行いやすいため、下図のように局部発信器で作った周波数を受信波にぶつけ、それらの差分を吐き出す構成になっています。

■スーパヘテロダイン受信機の構成例

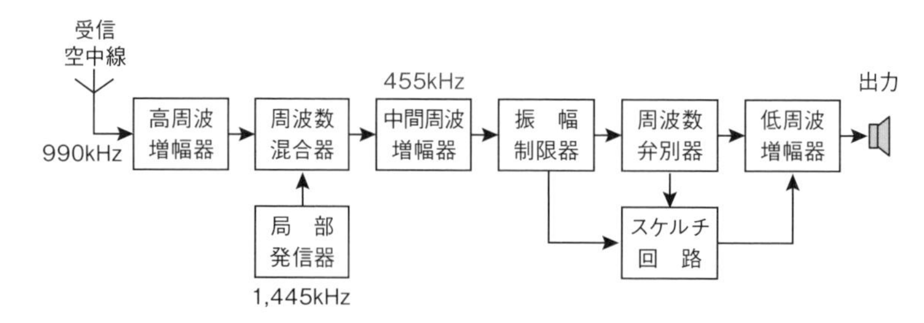

題意より、受信周波数と局部発信周波数との差分は、

1,445 − 990 = 455〔kHz〕

となります。

このときの吐き出された455 kHzを、中間周波数といいます。これを後段のステップにおいて、増幅や復調等の処理を行います。

横軸に周波数をとったスペクトル図で表すと、以下のような関係になります。

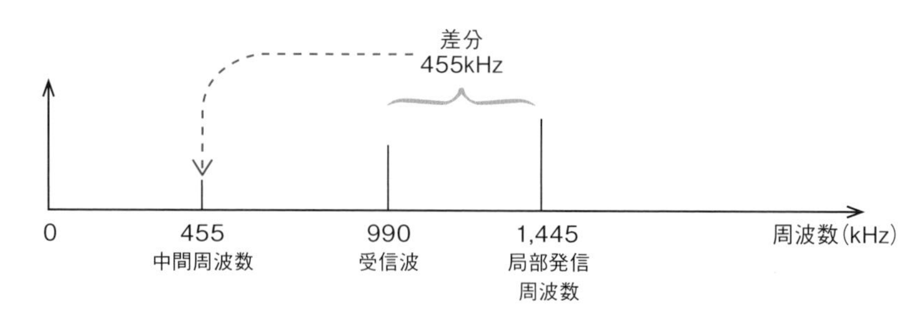

しかし、これは順調に処理できた場合の話です。もしも、受信可能な範囲内に、1,900kHzを使用する送信局が存在した場合には、どうなるでしょう。

受信機の回路内では同じように処理が行なわれ、受信周波数と局部発信周波数との差分は、
1,900 − 1,445 = 455〔kHz〕
となります。

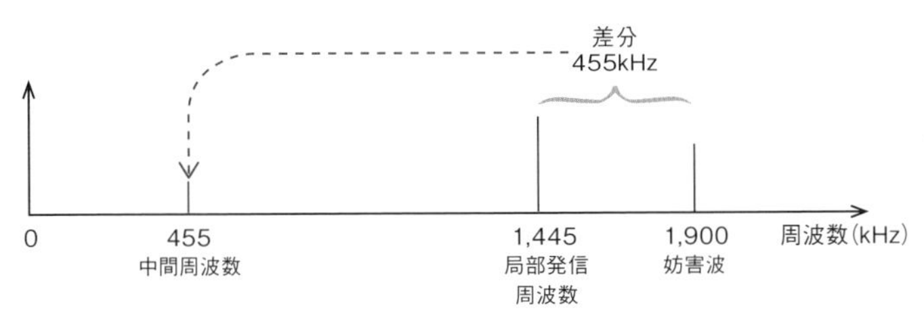

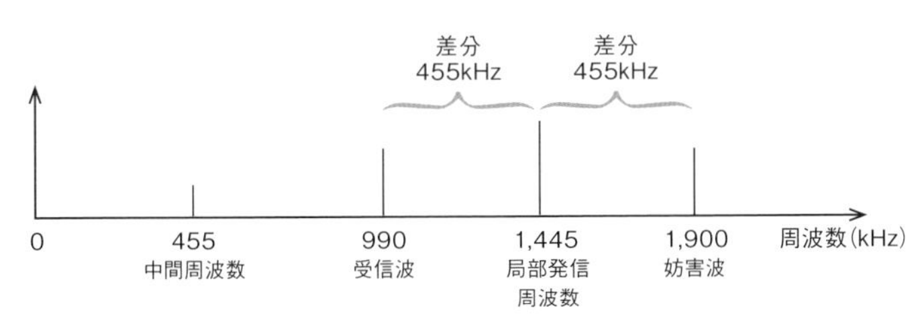

このように、1,900kHzを受信した場合でも、周波数混合器は455kHzを吐き出してしまいます。これでは、本来の990kHzの受信波から生成した中間周波数と、区別ができなくなります。

このときの**1,900kHzを、影像による妨害周波数**(または単に、影像周波数)と呼びます。

局部発信周波数を中心にして、あたかも鏡に写したかのように、左右に鏡像として立っているように見えます。この例題では左に受信波が位置していますが、左右が逆になる場合もあります。

(2級電気通信工事　令和1年後期　No.6)

〔解 答〕 ②適当

演習問題

スーパヘテロダイン受信機において、受信周波数が2,110〔kHz〕、局部発信周波数が1,655〔kHz〕の場合、影像妨害を起こす周波数〔kHz〕の値として、適当なものはどれか。

①455〔kHz〕 ②745〔kHz〕 ③1,200〔kHz〕 ④2,565〔kHz〕

ポイント▶ 前ページと同様に、影像による妨害周波数の設問である。解き方をマスターすれば、難易度の高い設問ではないため、得点源としておきたい。

解　説

解法は同じですが、この例題では受信波の周波数が局部発信周波数より高くなっています。つまり、スペクトル図で見ると右に位置する形になります。

題意より、受信周波数と局部発信周波数との差分は、
2,110 − 1,655 = 455〔kHz〕

したがって、影像周波数は、
1,655 − 455 = 1,200〔kHz〕
と算出できます。

(2級電気通信工事　令和5年前期　No.6改)

〔解 答〕 ③適当

3-7 情報源符号化① ［PCM方式］

人間の音声等、アナログ信号をデジタル回線にて伝送する場合には、まずアナログ信号をデジタル信号へ変換する手段が必要となる。この代表格がPCM方式であるが、各手順にてどのような処理を行っているかを理解する。

演習問題 アナログ・デジタル（AD）変換に関する次の記述の［　　］に当てはまる語句の組合わせとして、適当なものはどれか。

「AD変換では、まずアナログ入力信号が［(ア)］され、その値が［(イ)］された後、［(ウ)］される。」

	（ア）	（イ）	（ウ）
①	量子化	標本化	符号化
②	量子化	符号化	標本化
③	標本化	符号化	量子化
④	標本化	量子化	符号化

ポイント▶ アナ・デジ変換の基本、PCMはPulse Code Modulationを略したもの。連続したアナログの生データを、0と1のみによって表現する不連続なバイナリ形式の2値符号に変換する手段のこと。3つの手順からなる。

解　説

送信方では、入力されたアナログ信号をPCM方式で処理を行ってデジタル化します。一方の受信方ではこれらデジタルデータを、人間が扱える形に戻すプロセスが必要です。

まず第1段階は標本化です。デジタルデータは連続的には扱えないため、処理をすべきタイミングを一定の時間間隔で定義する必要があります。

その上で、それぞれの時間ごとにそのときの振幅の値を読みますが、これは少数点以下の桁を多く含んだ巨大なデータです。このデータはパルス長(つまり棒の長さ)で表現することができますが、このような形式をPAMともいいます。

■標本化

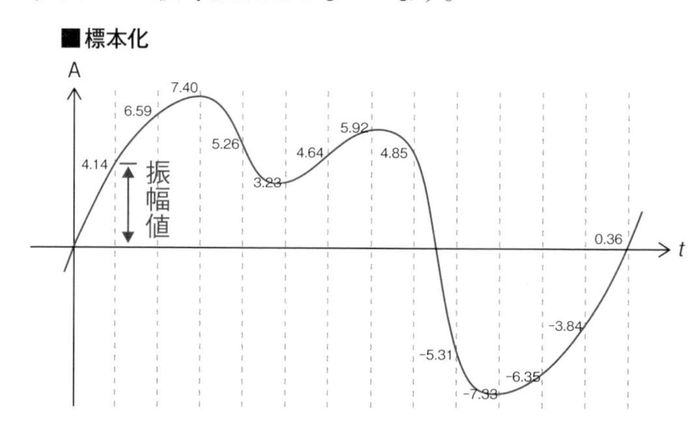

次が第2段階の量子化です。前述にて標本化された各データを、スリムにしていく手順となります。標本化されただけのデータは小数点以下の桁を多く含んでいるために、データとしては非常に大きなものになっています。

例えば左ページの図では最初の処理時間の箇所では「4.14」という値ですが、実際には「4.142584169･･･」という桁の深いデータかもしれません。これをデジタルで扱うならば、大きな処理能力が要求されます。通信回線で伝送する際も、膨大なデータ量です。

そこでデータの精度にあまり影響を与えない、低い桁を省略する手順が量子化になります。一例として「少数点第2位で四捨五入」という手法を採用すれば、当該のデータは「4.1」という小さな文字列で表現できます。これは、代表値で近似しているともいえます。

最後が符号化です。上記にて量子化された「4.1」という10進数のデータを、バイナリ形式の2進数に変換する手順です。ここではじめてデジタルデータの姿になります。

したがってPCM方式の手順は、**標本化→量子化→符号化**になります。④が適当です。

（2級電気通信工事　令和1年前期　No.12）

〔解 答〕 ④ 適当

演習問題

パルス符号変調（PCM）に関する次の記述の［　　］に当てはまる語句の組合わせとして、適当なものはどれか。

「アナログ信号の信号波形を一定の時間間隔で抜き取り、パルス波形に置き換えることを［(ア)］といい、この時間間隔の逆数を［(ア)］周波数という。もとのアナログ信号に含まれる［(イ)］周波数の2倍以上の［(ア)］周波数で抜き取ると、もとのアナログ信号を再現できる。」

	(ア)	(イ)
①	量子化	最高
②	量子化	最低
③	標本化	最高
④	標本化	最低

ポイント▶ パルス符号変調方式の理論を、さらに深掘りした応用問題である。PCM方式の各ステップにおける具体的なメカニズムは、理解しておく必要がある。

解　説

アナログの信号波形を、一定の時間間隔で抜き取る作業は**標本化**です。この際に、標本化の時間間隔を狭くすれば、より精度の高いデータを生成できます。

この間隔の逆数が**標本化周波数**です。具体的には、標本化の間隔がT＝1〔ms〕であれば、標本化周波数は$f=1$〔kHz〕となります。③が適当です。

（2級電気通信工事　令和3年後期　No.5）

〔解 答〕 ③適当

3-7　情報源符号化②　［標本化定理］

演習問題　最高周波数が、4〔kHz〕のアナログ信号をサンプリングする場合、元のアナログ信号を再現するために必要なサンプリング周波数の値として、適当なものはどれか。

①1〔kHz〕　②2〔kHz〕　③4〔kHz〕　④8〔kHz〕

ポイント▶　PCM方式でアナログ信号をデジタル化する際の、最初の手順である標本化。一定の時間間隔でサンプリングしていくが、この時間間隔をどのように決定しているのか。どのようなデータでも一律に同じ間隔で処理してよいのか。

解　説

元となるアナログ信号に含まれている成分の中で最高の周波数を探し出し、これの2倍以上の周波数で標本化（サンプリング）を行います。こうすれば、復号後に人間の耳で違和感なく聞くことができます。

この考え方を、標本化定理と呼んでいます。

具体的には人間が発する音声は、個人差はありますがおおむね300〔Hz〕～3.4〔kHz〕の間です。余裕を見て最高4〔kHz〕とすると、2倍の周波数は8〔kHz〕です。

この例では、1秒間に8000回もの標本化、つまり振幅値の抽出を行っていることになります。これがサンプリング周波数です。④が適当です。

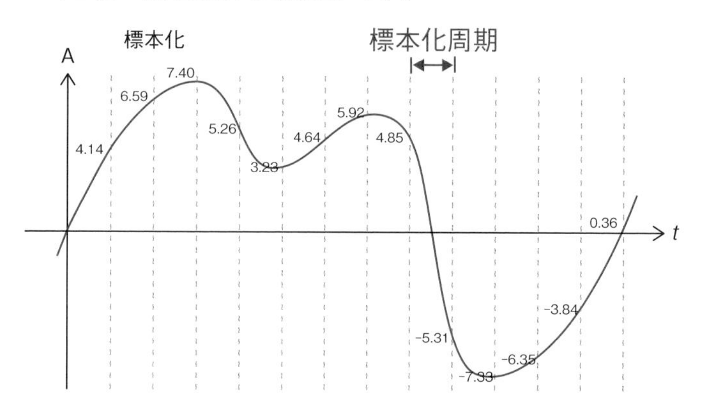

さらに踏み込んで、周波数と周期とは逆数の関係です。上記のサンプリング周波数を周期に直すと、1/（8k）＝0.125ミリ秒。これがサンプリングすべき最小の時間間隔で、標本化周期と呼びます。

逆の流れでも出題される可能性があります。標本化周波数が与えられていて、この条件の下で再現することが可能な入力信号の最高周波数を求めよ、という形です。

例えば、標本化周波数が8〔kHz〕であるならば、その半分以下の信号としなければなりません。つまり、入力されるアナログ信号に含めてよい最高周波数は、8k/2＝4〔kHz〕となります。

（2級電気通信工事　令和1年前期　No.6改）

〔解答〕　④適当

演習問題 アナログ・デジタル（AD）変換に関する次の記述の［　］に当てはまる数値として、適当なものはどれか。

「最高周波数が20〔kHz〕のアナログ信号をサンプリングする場合、元のアナログ信号を再現するために必要なサンプリング時間は、［　］〔μs〕以下となる。」

① 25
② 50
③ 100
④ 200

ポイント▶ 標本化定理は、アナログ信号をデジタル化する手法であるPCM方式において、原信号の周波数と標本化周波数との関係を結びつける概念である。その応用として、サンプリング周期を求める設問も出題されている。

解　説

まずは、標本化定理によってサンプリング周波数は以下のように算出されます。

$20\mathrm{k} \times 2 = 40$〔kHz〕

これを周期に変換します。周波数と周期とは逆数の関係ですから、

$$T = \frac{1}{f} \text{〔s〕}$$

これに代入すると、

$$T = \frac{1}{40 \times 10^{3}} = 25 \times 10^{-6} \text{〔s〕}$$
$$= 25 \text{〔}\mu\text{s〕}$$

したがって、①が適当となります。

ここで、標本化定理を満足するときの時間間隔をナイキスト間隔といいます。標本化周期がナイキスト間隔よりも長くなると、デジタルデータの質が粗くなってしまいます。

また、どんなに精度を高めたとしても、いったんデジタル化されたデータからもともとのアナログ信号を完全に再生することはできません。あくまで、人間の耳で聞いて違和感のないレベルの近似値を再現できるだけです。

（2級電気通信工事　令和3年前期　No.5）

〔解 答〕 ①適当

学習のヒント

人間の音声信号を8〔kHz〕で標本化を行い、量子化を経て、8ビットで符号化をすると、
8k × 8 = 64〔kbps〕
となり、これを満足する伝送回線が必要となる。

3-8 通信方式 ［ISDN］

通信方式はアナログとデジタルに大別できるが、デジタル回線の1つにISDNがある。ISDNはIntegrated Services Digital Networkの頭文字をとったもので、加入者線のデジタル化を推進した。日本語訳ではサービス総合デジタル網。

演習問題

ISDN基本ユーザ・網インタフェースにおける端末アダプタが持つ主な機能として、電気/物理インタフェース変換、速度変換と、＿＿変換を有している。

①位相　②光/電気（O/E）　③記録　④プロトコル

ポイント▶ ISDNネットワークを構成する主要な機器の1つに、端末アダプタがある。ターミナルアダプタ（略してTAと呼ばれることも多い）とも呼ばれ、ISDNに準拠していない端末をネットワークに接続する際に必須となる機器である。

解　説

ISDNに準拠している標準端末は、ネットワーク終端装置（NT）に直接接続して使用することができます。しかしアナログ端末等、ISDNに準拠していない非標準端末を用いる場合には、NTへの直接の接続ができません。そのため、端末アダプタを経由しなければなりません。

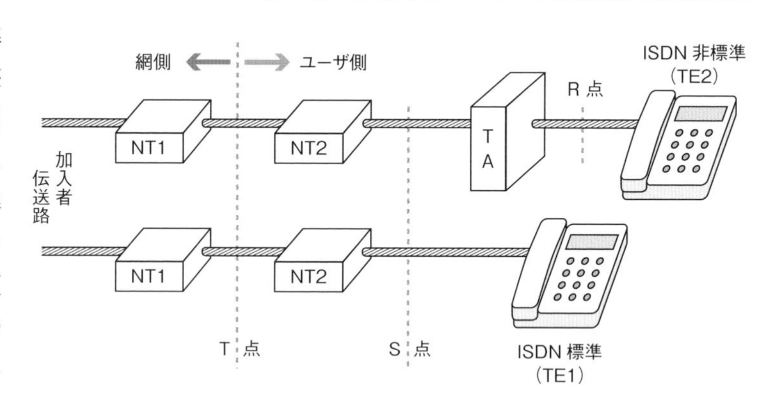

端末アダプタでは両者の接続にあたって、ハード面およびソフト面の読み替えの処理を行います。このうちソフト面の読み替えについては、

- ISDN非標準端末のユーザデータ速度を、64kbpsまたは16kbpsへ速度変換
- パケットモード端末側のLAPBと、Dチャネル側のLAPDとの間でプロトコルの変換

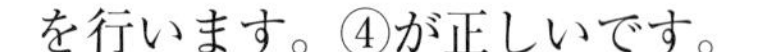

を行います。④が正しいです。

ネットワーク終端装置の例

ISDN機能を内包する電話機の例

〔解 答〕 ④正しい

演習問題 ISDNの特徴に関する記述として、適当でないものはどれか。

①Dチャネルは、主にダイヤル信号や呼出信号等の呼制御に使われる
②Bチャネルの速度は、64kbpsである
③基本インタフェースでは、電話局から加入者宅までの通信回線に電話用の2線メタルケーブルを利用する
④一次群速度インタフェースは、2本のBチャネルと1本のDチャネルで構成される

ポイント▶ ISDN回線を構成する要素において、ノード間をつなぐチャネルにはBとDの2タイプがある。これらを組み合わせて、インタフェースを構築している。

解　説

まず、ISDNユーザ･網インタフェースで使用されるチャネルタイプは、次の2種類があります。

	チャネル種別	伝送内容	伝送速度
	Bチャネル	ユーザ情報	64kbps
	Dチャネル	呼制御情報が主 ユーザ情報も伝送可	16kbps （基本インタフェースの場合） 64kbps （一次群速度インタフェースの場合）

Bチャネルは情報チャネルとも呼ばれ、デジタル音声やデータ等の、ユーザ情報を伝送するための64kbpsのチャネルです。複数本のBチャネルを束ねて伝送ルートを構築します。

Dチャネルは信号チャネルです。主たる役割は、回線交換のための呼制御情報の伝送です。1つのDチャネルで、複数の端末の呼制御が可能です。また呼制御情報の他に、ユーザ情報を伝送することも可能です。

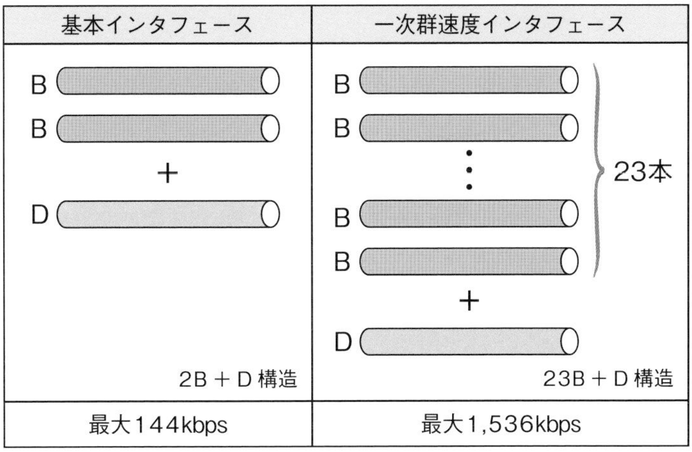

次に、これらのチャネルを組合わせて、インタフェースを構築します。

基本インタフェースは、Bチャネル2本とDチャネル1本を有する構造（2B＋Dという）で、最大144kbpsの伝送能力を持ちます。

基本インタフェース	一次群速度インタフェース
B B ＋ D 2B＋D構造	B B ⋮ B B　（23本） ＋ D 23B＋D構造
最大144kbps	最大1,536kbps

一方で、より高速の一次群速度インタフェースは、23本のBチャネルと1本のDチャネルで構成（23B＋D）されます。したがって、④が不適当です。　（2級電気通信工事　令和3年前期　No.6）

〔解 答〕　④不適当

3-9 計算機① [ハードウェア]

プロトコルを介して行われる通信手順は、その制御をコンピュータに大きく依存している。もはや、コンピュータありきの通信システムといっても過言ではない。

演習問題 コンピュータの基本構成に関する記述として、適当でないものはどれか。

①中央処理装置は、プログラムの命令を解読して実行する働きをもち、キーボードとディスプレイからなる
②主記憶装置は、プログラムやデータ、演算処理結果等を一時的に記憶する装置で、半導体記憶装置が使われる
③コンピュータと周辺装置の接続に用いられるインタフェースには、シリアル伝送方式とパラレル伝送方式がある
④補助記憶装置は、比較的大きなプログラムやデータの記憶に用いられ、ハードディスク装置等が使われる

ポイント▶ コンピュータを構成する各要素のうち、ハードウェアに関しての設問である。紛らわしい表現もあるため、しっかりと読み解くことが大切である。

解　説

中央処理装置は、下図のように制御装置と演算装置から成ります。①は明らかに不適当です。

主記憶装置は補助記憶装置と混同しがちですが、しっかり区別しておきましょう。あくまでデータ等を、一時的に記憶するためのものです。

高速での読み書きが要求されるため、半導体記憶装置が用いられています。②は適当です。

インタフェースは、直列に伝送する方式と、並列に伝送する方式があります。前者をシリアル方式、後者をパラレル方式ともいいます。③も適当です。

一時的な記憶に用いられる主記憶装置に対して、中長期的に保存する役割のものを、補助記憶装置と呼びます。かつてはハードディスク装置が主流でしたが、近年は一気にSSDがシェアを奪っています。④も適当。

（2級電気通信工事　令和5年前期　No.7）

■ コンピュータの基本構成

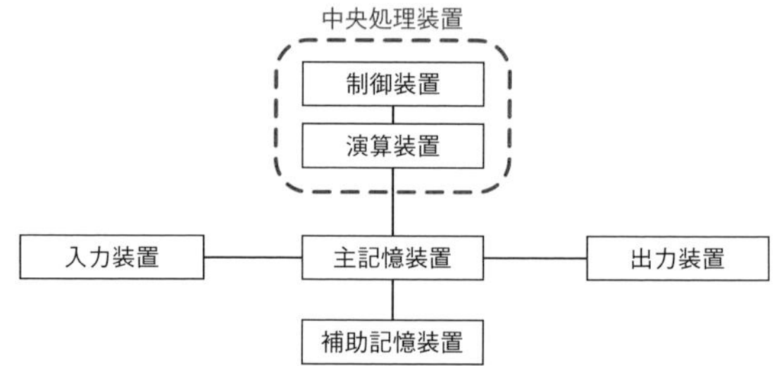

ハードディスクの例

〔解 答〕 ①不適当 → 制御装置と演算装置

学習のヒント

・主記憶装置（メインメモリ）：プログラムやデータを一時的に記憶
・補助記憶装置（ハードディスク等）：プログラムやデータを恒久的に記憶

演習問題 コンピュータの基本構成に関する記述として、適当でないものはどれか。

①入力装置は、コンピュータに命令やデータを入力する装置で、キーボードやマウス等がある
②出力装置は、コンピュータによって処理されたデジタル信号を人間にわかる文字や図形に変換する装置で、ディスプレイやプリンタ等がある
③演算装置は、制御装置からの制御信号により算術演算や論理演算等の演算を行う
④主記憶装置は、プログラムやデータを一時的に記憶する装置で、ハードディスク装置が使われる

ポイント▶ コンピュータが持つ各機能を区分すると、大きく3つに分類できる。まずはコンピュータ内部にて行われるデジタル処理。次に、外部に位置する他のサーバやコンピュータ等との連携。そして人間とのインタフェース部分である。

解　説

極めて初歩的な事項になりますが、コンピュータの各機能の概略は右図のようになっています。このうち、入力装置と出力装置の部分が、人間とのやりとりを仲介するインタフェースになります。

入力装置とは命令やデータを入力する装置であって、キーボードやマウスの他に、スキャナやマイク、カメラ等が挙げられます。一方で出力装置とは、処理されたデジタル信号を人間が認識可能な文字や図形に変換する装置のことです。ディスプレイやプリンタの他には、スピーカが代表的な例です。

次に、コンピュータの内部では入力された情報に対してデジタル処理が行われています。その際に、演算装置で処理する前段階として、プログラムやデータを一時的に記憶する受け皿が必要になります。これが記憶装置です。また、処理した結果のデータも同様に、記憶装置に一時的に置くことになります。

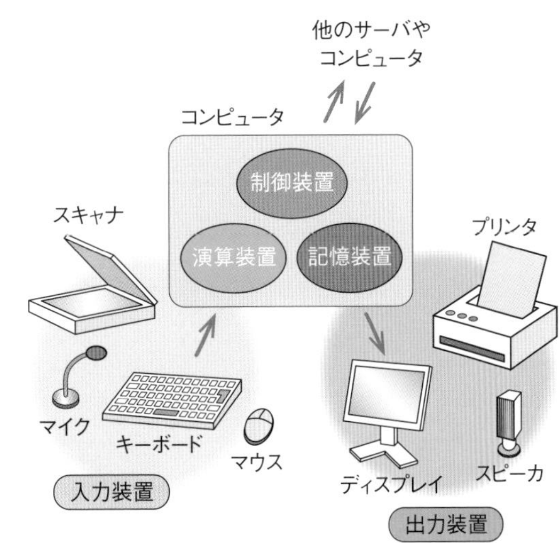

メインメモリ（主記憶装置）の例

これらのときに用いる一時的な記憶デバイスを主記憶装置といい、メインメモリがこれに該当します。ハードディスクではありません。ハードディスクは処理された結果を中長期的に保存するための媒体で、こちらは補助記憶装置と呼ばれます。（2級電気通信工事　令和3年前期　No.8）

〔解 答〕 ④不適当 → メインメモリが使われる

学習のヒント

・主記憶装置（メインメモリ）　：プログラムやデータを一時的に記憶
・補助記憶装置（ハードディスク等）　：プログラムやデータを恒久的に記憶

演習問題 平均命令実行時間が0.5〔μs〕であるCPUの性能として、適当なものはどれか。

①0.5〔MIPS〕　②2〔MIPS〕　③5〔MIPS〕　④20〔MIPS〕

ポイント▶ コンピュータの中枢に据えられるCPUは、中央処理装置と訳される。CPUの性能を測る材料として、1つの命令を処理するのに要する時間がある。これは裏を返せば、単位時間あたりに処理できる命令数ともいえる。

解　説

平均命令実行時間は、CPUが1つの命令を完了するのに必要な時間の平均値です。命令の種類や、扱うデータの大きさ等によって多少のバラツキはありますが、平均して0.5〔μs〕かかると解釈します。

次にMIPSとは、処理能力を示す指標です。CPUが1秒間に実行できる100万単位の命令数を表しています。つまり、ミリオンI/sの意です。

1秒間に実行できる命令数をI/sとすれば、MIPSはこれの100万分の1の数値になります。

CPUの例

さて、1秒間に実行可能な命令数は、前述の平均命令実行時間の逆数で表せます。

$$\frac{1}{0.5\ \mu} = \frac{1}{0.5 \times 10^{-6}} = 2 \times 10^{6}〔\mathrm{I/s}〕$$

これの1/100万ですから、

2〔M I/s〕

となります。②が適当です。（2級電気通信工事　令和4年後期　No.9）

〔解 答〕 ②適当

学習のヒント

CPU：Central Processing Unit
MIPS：Million Instructions Per Second

3-9 計算機② ［ソフトウェア］

演習問題 ソフトウェアの種類に関する記述として、適当でないものはどれか。

①アプリケーションソフトウェアは、特定の目的や業務等で利用されるソフトウェアである
②言語プロセッサは、データベースの定義・操作・制御等の機能をもち、データベースを統合的に管理するためのソフトウェアである
③ミドルウェアは、オペレーティングシステムとアプリケーションソフトウェアの間で動作する汎用的な機能を提供するソフトウェアの総称である
④オペレーティングシステムは、コンピュータを動かすための基本的なソフトウェアであり、ハードウェアやアプリケーションソフトウェアを管理、制御するソフトウェアである

ポイント▶ コンピュータの中で目標を実現するための手段であるソフトウェアは、ハードウェアと違って、外部からその姿を視認することができない。そして、ソフトウェアには階層ごとに与えられた役割が存在することを理解する。

解　説

言語プロセッサとは、プログラミング言語で記述されたソースコードを読み込んで、機械語等の別の言語に変換するソフトウェアの総称です。

具体的には、アセンブラ、コンパイラ、インタプリタ等がこれに該当します。

一方で、データベースを統合的に管理するためのソフトウェアは、データベース管理システム（DBMS）です。したがって、②が不適当となります。

■ コンピュータの内部階層の考え方

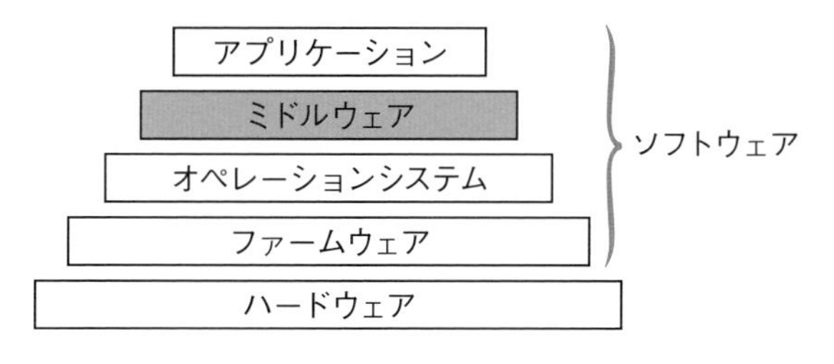

ソフトウェアは、一律ではありません。上図のように、用途によって主に4階層になっています。この中で、上から2層目に位置するものが、ミドルウェアです。

このミドルウェアは、アプリケーションとOSとの間で動作し、汎用的な機能を提供するものです。具体的には、データベース管理システムや開発支援環境等があります。③は適当です。

ちなみに図中のファームウェアとは、ハードウェアのROM等に固定的に組み込まれるソフトウェアで、そのハードウェアを制御する働きがあります。

ファームウェアの代表格として有名なのが、BIOSです。

その他、①と④の記載は適当です。

（2級電気通信工事　令和3年前期　No.7）

〔解 答〕 ②不適当

演習問題 オペレーティングシステムの機能に関する次の記述に該当する名称として、適当なものはどれか。

「限られた容量の主記憶装置を効果的に利用し、容量の制約をカバーする機能である。」

①タスク管理
②入出力管理
③ファイル管理
④記憶管理

ポイント▶ コンピュータにとって、特にオペレーティングシステムは重要である。コンピュータ内の多くの物理デバイスを司り、アプリケーションが安定して動作できる環境を構築するための、基盤たるソフトウェアといえる。

解　説

まずは、タスク管理です。これはOSが、CPUや記憶装置を活用して、アプリケーションが要求するタスク（単位化された処理）を実行管理するための機能です。

したがって、①は不適当となります。

次に、入出力管理です。キーボードやマウス等の入力装置、あるいはプリンタやディスプレイといった出力装置との、データの入出力を制御するための機能がこれに該当します。②も不適当。

3つ目のファイル管理は、OSが得意としているもので、コンピュータ上で扱うデータを司る機能のことです。どの記憶媒体の何処の場所に、どのような形式で保存するか等を管理します。

他のファイルと区別するために、ユニークなファイル名を付けたり、保存された時間等の情報記録も行います。③も不適当です。

最後の、**記憶管理**。これは実記憶管理と、仮想記憶管理の2つに区分できます。前者は狭いけれど高速な、主記憶装置を、効果的に使用するための管理方法です。題意の文章はこれに該当します。

後者の仮想記憶管理は、低速ながら広い補助記憶装置の一部を用いて、あたかも主記憶装置を拡大させたように見せかける技術です。

したがって、④が適当です。　（2級電気通信工事　令和4年前期　No.7）

〔解答〕 ④適当

演習問題 コンパイラに関する記述として、適当なものはどれか。

①BASIC 等の高水準言語で書かれたソースプログラムを、1行ずつ読み込んでは解釈して実行することを繰り返す
②C 等の高水準言語で書かれたソースプログラムを、一括して機械語に翻訳する
③入出力条件や処理条件をパラメータで指定することによって、プログラムを自動的に生成する
④アセンブリ言語で書かれたプログラムを機械語に翻訳する

ポイント▶ 人間が読み書きできるような言語は、コンピュータは理解できない。逆も同様で、コンピュータが内部で用いる言語を、人間が解読することは極めて困難である。したがって、これら両者の翻訳をしなければならない。

解　説

私たち人間が読み書きできるような形式の言語を、高水準言語と呼びます。しかしこのまま読み込ませても、コンピュータは動作できません。

そのため、人間が書いたプログラムを、コンピュータが理解できる機械語(マシン語)に変換する必要があります。これには言語プロセッサが用いられます。

■高水準言語で書かれたソースプログラムの例(C++)

```
// OLR動作
void CMain::OLR(void)
{
        if(OverLoad == false)
        {
                OverLoad = 1;
                m_lboff = ATS_SOUND_PLAY;
                *PowerNotch = 0;
        }
}
```

まず、「ソースを、1行ずつ読み込んで解釈し実行」は、インタプリタといいます。代表例として、BASICやPerl、Python等がこれに該当します。①は不適当です。

次に、「ソースを、一括して機械語に翻訳」は、コンパイラです。コンパイラとは、コンパイルするためのツールになります。

プログラムの全てを翻訳(コンパイル)してから実行する形なので、動作速度が速い利点があります。CやC++、FORTRAN、COBOL等が代表例です。

したがって、②の記載が適当となります。

■コンパイラで機械語に変換されたプログラムの例

```
49 C7 D3 4A AB 46 09 78
34 6D B5 C7 27 9B B2 1F
55 FC C6 F3 01 FF DB 9F
85 54 93 AA 59 C1 24 2F
FD 13 5E DC DC 64 2B CF
AB 46 71 46 5A 23 CD 4A
```

最後の、「アセンブリ言語で書かれたプログラムを機械語に翻訳」は、アセンブラと呼ばれます。④は不適当です。

(2級電気通信工事　令和3年後期　No.7)

〔解 答〕 ②適当

3-10 進数変換① ［10進基軸変換］

我々は日常的には、10進数を主体的に用いている。しかし曜日は7進数だったり、月は12進数、秒や分は60進数だったりと、10進数以外にも、生活の中に紛れ込む進数は多く存在する。それらの変換手法も把握しておきたい。

演習問題 10進数の666を2進数に変換したものとして、適当なものはどれか。

①1001011110　②1001111010　③1010011010　④1010111010

ポイント▶ 通信の分野で扱う進数は、2進、8進、10進、16進あたりを網羅しよう。2進から16進への変換等、対象の片方が10進でない場合は、計算が複雑となる。そのため、いったん10進を経由して段階的に変換するとよい。

解　説

10進数から2進数への変換は、比較的簡単です。まず準備として、1から始めて、これを順に2倍にした数字を、右から並べていきます。命題の666を超えないところまで並べます。

512　256　128　64　32　16　8　4　2　1

次に、命題の666から、これら数値を左から順に引いていきます。その際に引ければ1を立て、引けなければ0を立てます。引いた残りは、1つ右の引かれるべき数へスライドします（赤矢印）。引けなかった場合は、そのまま右へスライドです（青矢印）。

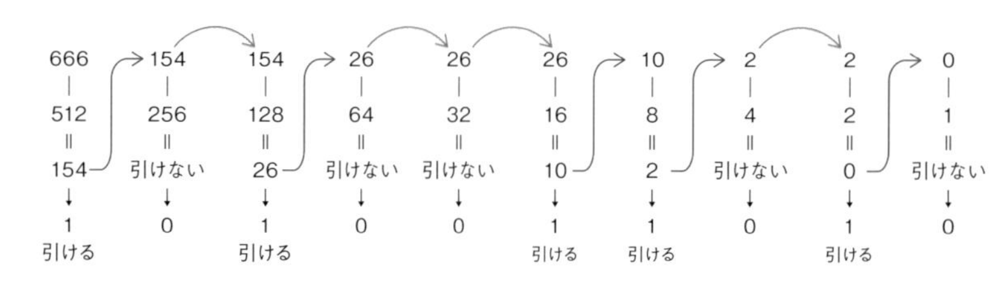

この結果、「1010011010」が現れました。これが2進数に変換した解です。したがって、③が適当です。

今回の設問にはありませんが、逆方向の2進数の「1010011010」を10進数に変換するプロセスも紹介しておきます。上記の1～512を、同じように並べます。

続いて、命題の「1010011010」を下に並べます。このとき、必ず右端を揃えてください。左端ではありません。

512	256	128	64	32	16	8	4	2	1	
×	×	×	×	×	×	×	×	×	×	
1	0	1	0	0	1	1	0	1	0	
‖	‖	‖	‖	‖	‖	‖	‖	‖	‖	
512 +	0 +	128 +	0 +	0 +	16 +	8 +	0 +	2 +	0	= 666

これらを上下で掛け算します。そして掛けた結果を、横方向に足し算します。これが10進数に変換した解になります。666に戻りましたね。

（2級電気通信工事　令和3年前期　No.9）

〔解 答〕 ③適当

演習問題 16進数のCFAを10進数に変換したものとして、適当なものはどれか。

①3322　②3595　③53152　④57520

ポイント▶ 16進数は、0～15までの16通りの要素で表現するものである。つまり、0から9までの数値だけでは1桁で表現できない。そのため表記方法として、10に相当する数値以降は、A～Fのアルファベットを用いている。

解　説

16進数の読み方として、0～9は10進数と同じです。10以降は以下のように読み替えます。

- 10 ⇔ A　　・13 ⇔ D
- 11 ⇔ B　　・14 ⇔ E
- 12 ⇔ C　　・15 ⇔ F

つまり「CFA」とは、12、15、10の3桁という意味になります。

さて変換の準備として、1から始めて、これを順に16倍にした数字を、右から並べていきます。今回は3桁なので、実際の計算場面では、右から256まであれば十分です。

65536　4096　256　16　1

次に、命題の「12」、「15」、「10」を下に並べます。このとき、必ず右端を揃えてください。左端ではありません。

65536		4096		256		16		1		
×		×		×		×		×		
0		0		12		15		10		
‖		‖		‖		‖		‖		
0	+	0	+	3072	+	240	+	10	=	3322

これらを上下で掛け算します。そして掛けた結果を、横方向に足し算します。これが10進数に変換した解になります。3322が現れました。つまり、①が適当です。

設問にはありませんが、逆方向の10進数の「3322」を16進数に変換するプロセスを示します。上記の1～65536を、命題の3322を超えないところまで並べます。

次に、命題の3322に対して、これらの数値で左から順に割っていきます。商には小数点以下の端数が出ますので、切り捨てます。これがこの桁の変換値です。

ここからは少々複雑です。その変換値と、先ほどの「割った数」を掛け算します（赤矢印）。掛け算の結果を、最初の「割られる前の数」から引き算します。この差分を右へスライドします（青矢印）。

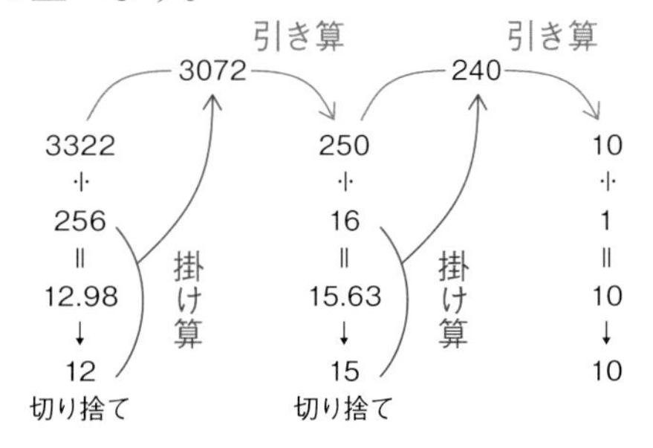

この結果、「12」、「15」、「10」が現れました。これが16進数に変換した解です。

（2級電気通信工事　令和4年前期　No.8）

〔解答〕①適当

3-10 進数変換② ［2進16進変換］

演習問題 2進数の「1101100101101010」を、16進数に変換したものとして、適当なものはどれか。

①D96A ②B748 ③C859 ④EA7B

ポイント▶ 2進数と16進数は、コンピュータ内での処理を行う上で、実行しやすい数値表現としてお馴染みである。しかし、これは人間には理解しにくい。各進数の相互変換は、ぜひともおさえておきたい概念でもある。

解 説

2進数を16進数に変換する場合には、まずは準備として、元となる2進数のデータを4桁ずつの組みに分割します。

1101　1001　0110　1010

この1つの4桁の数値が、16進数の1つの値に変換されることになります。

次に、これら4桁の数値に対して重み付けとして、左からそれぞれ「8」、「4」、「2」、「1」を乗算します。具体的には、以下のようになります。

$1 \times 8 = 8$

$1 \times 4 = 4$

$0 \times 2 = 0$

$1 \times 1 = 1$

この4つの積を、縦に足し算します。すなわち、

$8 + 4 + 0 + 1 = 13$

このように、10進数での表現に変換できました。これを16進数に変換（前ページを参照）すると、「D」になります。

同様に、残り3つの組も10進数に変換し、さらに16進数へと処理します。

1001 ⇒ 9（10進数）⇒ 9（16進数）

0110 ⇒ 6（10進数）⇒ 6（16進数）

1010 ⇒ 10（10進数）⇒ A（16進数）

以上で、16進数への変換は完了です。

結論としては、2進数の「1101100101101010」は、16進数の「D96A」と同値となります。したがって、①が適当です。

（2級電気通信工事　令和3年後期　No.9）

〔解 答〕 ①適当

演習問題 16進数の14Bを、2進数に変換したものとして、適当なものはどれか。

①11101011 ②101001011 ③110100101 ④1100110001

ポイント▶ 16進数を2進数に変換するにあたっては、いったん10進数に直したほうが処理しやすい。今回の例題では、掲出の3桁の数値、「14B」をそれぞれの桁に区分し、各値をまずは10進数に変換してみる。

解説

まずは、最初の桁の「1」に関してです。これら進数変換の概念においては、0と1については、どのような進数であっても、必ず0と1になります。

つまり、16進数の1は、10進数でも1であり、2進数でも1です。

次に、2桁目の「4」を変換します。16進数で9以下は、10進数でもそのまま同値です。つまり4は、10進数でも4です。

この10進数の4を2進数に変換していきます。

当該の数値から8を引いてみて、引ければ「1」を立て、引いた残りを次段へ送ります。

4 − 8 = -4

引けません。引けない場合には、頭の桁には「0」が立ちます。数値は引き算をせずに、そのまま次段へスライドします。次に、当該の数値から4を引きます。

4 − 4 = 0

引けました。2つ目の桁には「1」が立ちます。以後も同様に処理します。次は、残った値から2を引きます。

0 − 2 = -2

引けません。3つ目の桁は「0」のようです。最後に、残った値から1を引きます。

0 − 1 = -1

引けません。末尾の桁には「0」が立ちます。

この結果、16進数の「4」は、2進数の「0100」であることがわかります。

最後に、3桁目の「B」を変換しましょう。16進数のBは、10進数だと11になります（前々ページを参照）。

この10進数の11を2進数に変換していきます。前述の2桁目と同様の手順で処理していきます。

11 − 8 = 3　　3 − 4 = -1　　3 − 2 = 1　　1 − 1 = 0

この結果、16進数の「B」は、2進数の「1011」となりました。

これら3桁の数値群を、左から順に配置して、

1　0100　1011

となり、②が適当となります。

なお、表現の形として、頭の「1」の部分を「0001」と表記しても同値となるので、注意が必要です。

（2級電気通信工事　令和5年後期　No.9）

〔解答〕 ②適当

3-11 半導体① [原 理]

電流を通す物質が導体で、通さない物質が絶縁体。この中間的存在が半導体である。半導体は条件によって電流を通したり、通さなかったりとその性質を変化させる。この作用によって整流や増幅、スイッチング等を実現している。

演習問題 半導体に関する記述として、適当でないものはどれか。

①半導体は、常温で導体と絶縁体の中間の抵抗率を持っている物質である
②N 形半導体では、自由電子が多く正孔が少ない
③PN 接合面では、キャリアがほとんど存在しない空乏層ができる
④半導体の抵抗率は、温度が上昇すると増加する

ポイント▶ 半導体素子はシンプルな構造から複雑なものまで、さまざまなものが存在する。これらのベースとなる考え方は、半導体内部における「電子の移動」である。電子がどのように移動したがるかを理解すると、半導体が見えてくる。

解　説

半導体素子は単一の物質によるものではなく、電気的にプラスに傾いた物質と、マイナスに傾いた物質とを組合わせて構成されています。

これらの物質の原料となる、中性たる位置づけの物質が「真性半導体」であり、4価のシリコン（ケイ素）がその代表格として知られています。

4価の真性半導体をベースとして、隣に位置する3価や5価の物質をごく微量混ぜることによってP形半導体やN形半導体を作ります。

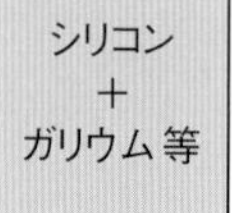

P 形半導体

シリコン

真性半導体

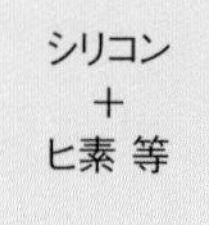

N 形半導体

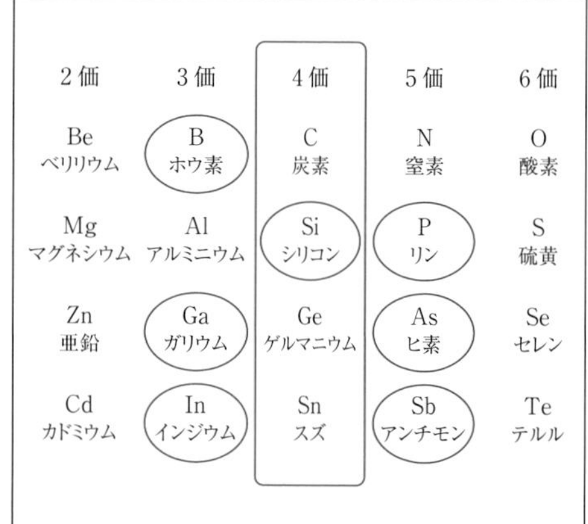

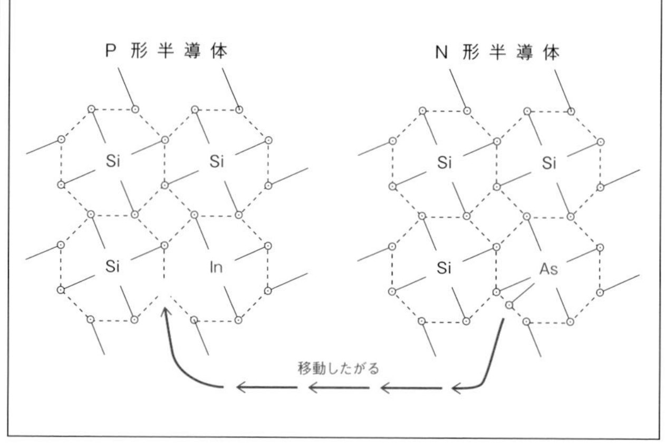

最もシンプルな半導体素子は、PN接合ダイオードです。これはP形とN形の両半導体を密接させたもので、電流はP→Nへの一方通行です。

■PN接合ダイオード

A　　K

P ┆ N

電流

ダイオードの例

キャリアは、「電流を流すための運び手」です。電流の流れはつまり電子の移動（向きは逆）ですが、電子が進むためには、進む先に電子が収まる「席」が空いていなければなりません。

この席を「正孔」といいます。P形半導体の多数キャリアは、電子の到着を待つ正孔です。逆に、N形の多数キャリアは自由電子になります。②は適当です。

P形半導体とN形半導体とを接合させると、接合面付近の自由電子が正孔に入り込み、電気的にどちらにも傾いていない「空乏層」が現れます。

電子を失ったN形半導体の元素（電気的にプラス）と、電子を過剰に持ったP形半導体の元素（電気的にマイナス）とが引き合うためで、このゾーンにはキャリアがほとんど存在しなくなります。③は適当。

抵抗でなくとも、導体には若干の抵抗率が存在します。導体の抵抗率は、温度にほぼ比例して増加します。一方で半導体の抵抗率は、温度が上昇すると減少します。

したがって、④が不適当です。

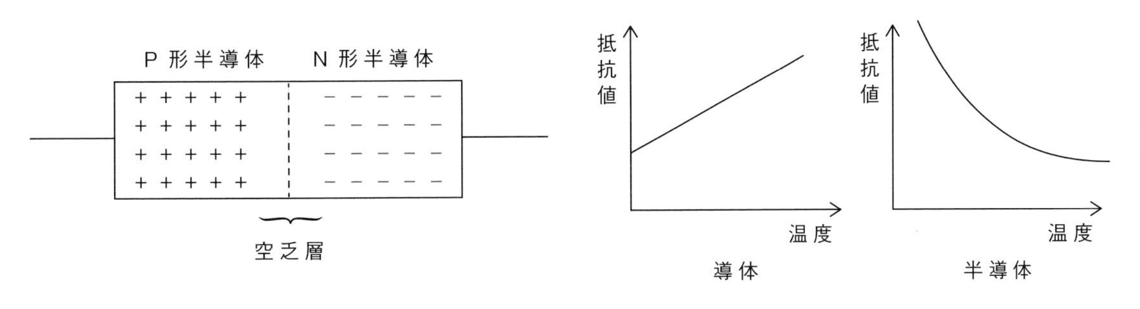

（2級電気通信工事　令和1年後期　No.11）

〔解答〕 ④不適当 → 減少する

優先度
優先度
優先度
優先度
優先度
優先度
索引

3-11 半導体② [各種の半導体]

演習問題 ダイオードに関する記述として、適当でないものはどれか。

①トンネルダイオードは、マイクロ波からミリ波帯の発信回路に用いられる
②定電圧ダイオードは、加える逆方向電圧がある値を超えると急激に電流が流れ出す降伏現象を生じる
③ガンダイオードは、HF 波の発信に用いられる
④可変容量ダイオードは、加える逆方向電圧の大きさが変化すると、静電容量の大きさも変化する

ポイント▶ ダイオードは数ある半導体の中でもシンプルな構造の素子であるが、性質や用途によって実にさまざまな種類が存在する。記号も似ていて紛らわしいが、名称と記号、性質、用途とをセットにしてマスターしておきたい。

解　説

「トンネルダイオード」は、一般的なPN接合ダイオードよりも不純物の濃度を高くしたもの。負性抵抗が電子のトンネル現象に由来するため、高速動作が可能であることを利用して、マイクロ波からミリ波帯の発信回路に用いられます。

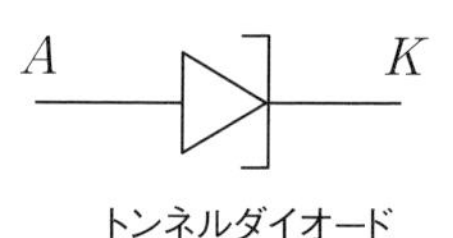

トンネルダイオード

ノーベル賞を受賞した物理学者、江崎玲於奈氏によって発明され、エサキダイオードとも呼ばれます。①は適当です。

A　K
ツェナーダイオード

「定電圧ダイオード」に逆方向の電圧を加えると、飽和領域と呼ばれる範囲ではほとんど電流は流れません。これは他のダイオードの性質と同じです。

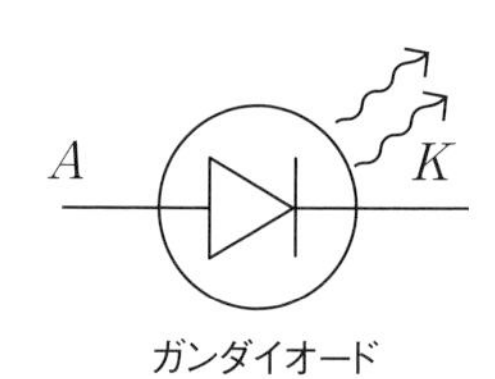

ガンダイオード

しかし飽和領域を超えて降伏領域に入ると、一気に大きな電流が流れ出します。その後は加圧しても、電圧が上がらない性質があります。別名をツェナーダイオードともいいます。

A　K
バラクタダイオード

■ツェナーダイオードの特性

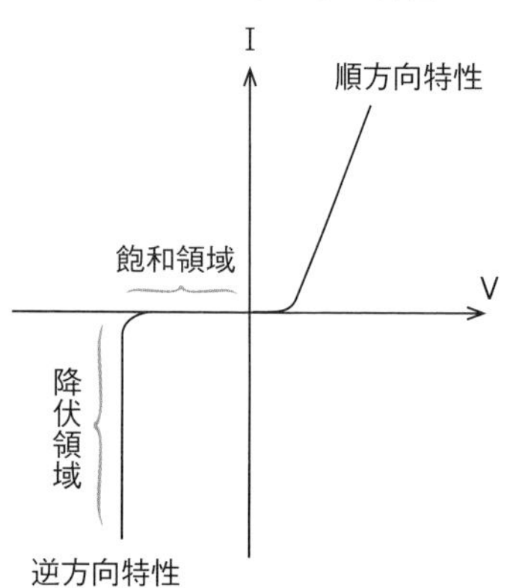

「ガンダイオード」は、接合型ではなくN形半導体のみによるものです。物理学者J.B.ガン氏によって考案されました。素子に電圧を加えると、負電極から正電極へと電子が高速で移動する現象が反復します。

ツェナーダイオードの例

この現象を利用して、<u>マイクロ波の発信</u>に用いられます。HF帯ではありません。③が不適当です。

バラクタダイオードの例

「可変容量ダイオード」は、逆方向の電圧を加えると電流は流れません。しかしこのとき、PN接合部付近にキャリア（電子や正孔）のない空乏層ができます。この空乏層はコンデンサと等価の働きをしますが、逆方向電圧の大きさに従って空乏層の領域が変化することから、可変容量コンデンサとして機能します。

この性質を応用してVCO（電圧制御発信機）等に用いられています。別名としてバラクタダイオード、あるいはバリキャップダイオードとも呼ばれます。④は適当です。

（2級電気通信工事　令和4年前期　No.11改）

〔解 答〕 ③不適当

演習問題 下図に示すNPNトランジスタ回路の動作に関する記述として、適当でないものはどれか。

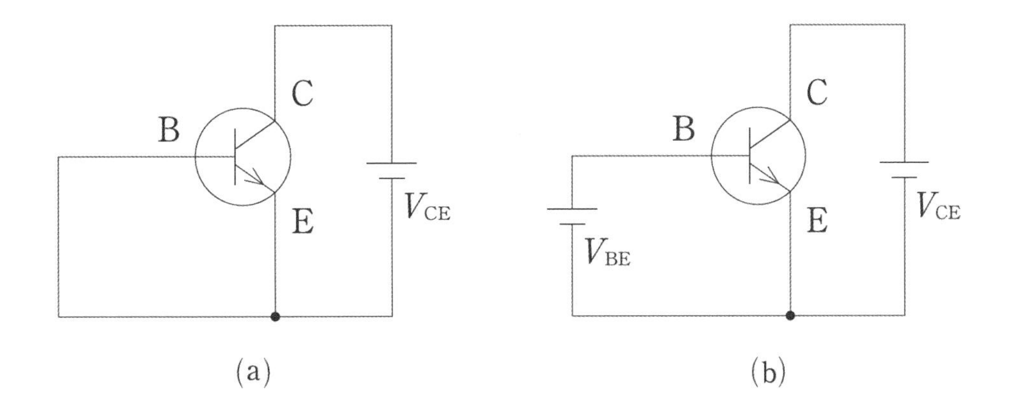

① (a)の回路は、C-B 間に逆電圧が加わるため、C-B 接合面付近の空乏層が広くなる
② (a)の回路は、コレクタに電流が流れない
③ (b)の回路は、B-E 間に順電圧が加わるため、B-E 接合面付近の空乏層が広くなる
④ (b)の回路は、コレクタに電流が流れる

ポイント▶ 半導体は2素子のダイオードだけではない。3素子のトランジスタや4素子のサイリスタと、多数の素子によって構成されるものも存在する。トランジスタも細かく分類すると多くの種類があるが、NPN形が最も身近である。

解　説

3つの素子からなるトランジスタは、理論上はNPNとPNPの二種のつなぎ方があります。ここではより一般的なNPN形をとり上げています。

なお図中のE、C、Bの記号は、それぞれエミッタ、コレクタ、ベースと読みます。

まず理解しやすいのは、右の(b)の図です。トランジスタは増幅作用を持つことが知られています。これは次ページの図（上）のように、ベース電流（青矢印）がコレクタ電流（赤矢印）

を引っ張ることで、増幅を行います。

このときの両電流の大きさは、比例の関係にあります。左の青ルートに微弱な信号を入力すると、右の赤ルートにそれに比例した大きな電流が現れます。これを出力とすることで、増幅の機能を実現しています。

トランジスタ記号の矢印からもわかるように、このときにB-E間にかかる電圧は順方向電圧です。順電圧では、接合面の空乏層は拡大しません。したがって、③は不適当です。

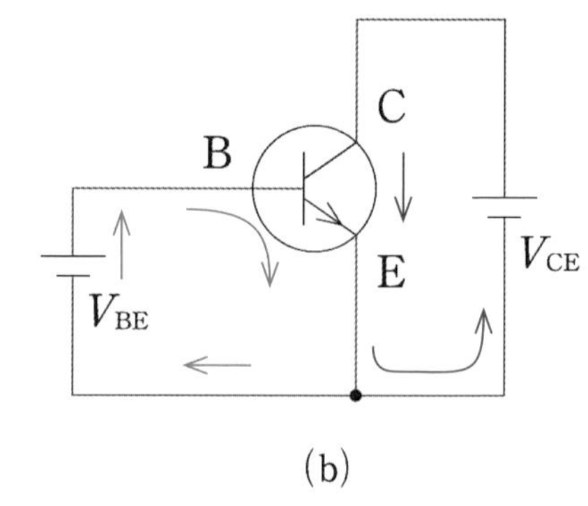

(b)

青が赤を比例関係で引っ張る

次に、設問左の(a)の図を見ていきます。こちらは上の(b)と異なり、左ルートに電源がありません。つまり、青矢印となるはずの引っ張る要素が存在しません。その結果、右ルートの赤矢印の電流も流れません。ベース電流が0〔A〕のため、これに比例してコレクタ電流も0〔A〕のままです。

しかし、右の電源によってトランジスタの各端子には、電圧だけはかかっています。右の下の図がそれらの位置関係です。

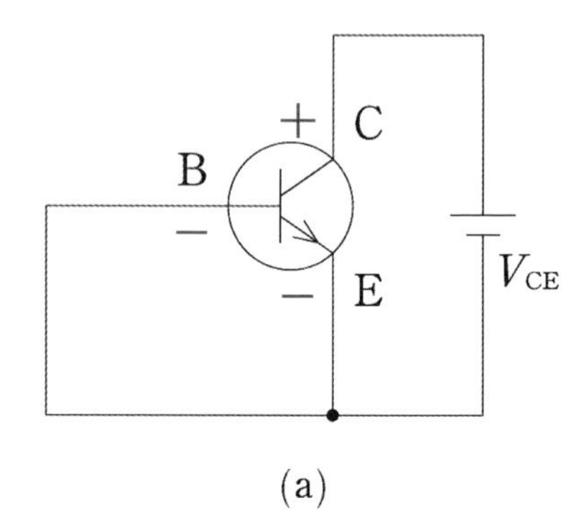

(a)

各端子に印加される電圧

PからNに向かうほうが正電圧ですから、このケースでのC-B間には、逆方向の電圧がかかっていることになります。この逆電圧の作用によって、C-B間の接合面の空乏層は拡大します。①は適当です。

トランジスタの例

(2級電気通信工事　令和2年後期　No.11)

〔解答〕 ③不適当

演習問題 下図に示すエンハンスメント形MOS-FETに関する記述として、適当でないものはどれか。

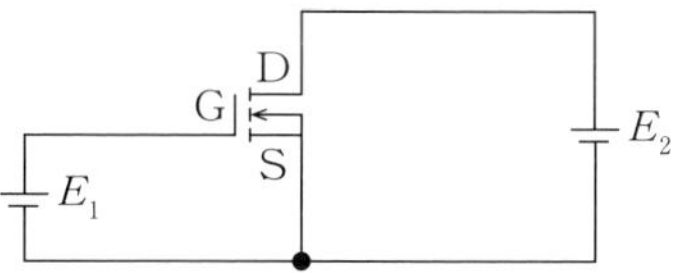

①ゲートに電圧を加えなくてもドレイン電流が流れる
②ゲート電圧を大きくするとドレイン電流が増加する
③ゲートにかける電圧が正の領域で動作する
④ゲート電圧を加えるとゲート直下に反転層が形成される

ポイント FETとはField effect transistorの略であり、電界効果トランジスタのこと。MOS（Metal-Oxide-Semiconductor）とは、金属膜で絶縁されているという意味で、絶縁ゲート形と呼ばれる。

解　説

トランジスタにはさまざまな種類がありますが、総じていえる特徴は、ゲート（あるいはベース）と本流とが比例関係になっている点です。比例関係にない素子のサイリスタとは、ここが異なるところです。

■代表的なトランジスタ

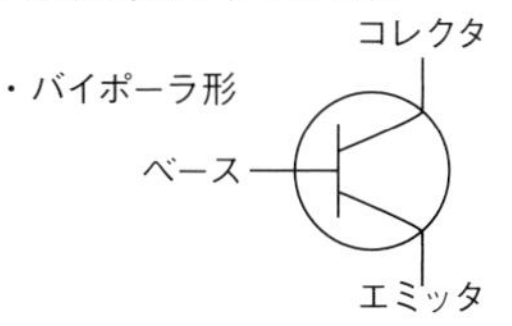

電流で制御するバイポーラ形と、電圧で制御するユニポーラ形とがあり端子の名称が異なりますが、本質的な役割は両者で似ています。本問のMOS-FETはユニポーラ形です。

バイポーラ形はコレクタ－エミッタ間が本流であり、ユニポーラ形はドレイン－ソース間が本流となります。

一般的には、ゲート端子に正や負の電圧を加えることで、それに比例した電流が本流を通過します。エンハンスメント形は、ゲートに電圧を印加することでドレイン電流が流れ出します。これに対して、ゲート電圧を加えなくても電流が流れるようにしたものは、デプレッション形といいます。したがって、①が不適当です。　（2級電気通信工事　令和1年前期 No.11）

〔解 答〕 ①不適当 → 流れない

学習のヒント

■トランジスタの分類

- トランジスタ
  - バイポーラ形（電流制御）
    - バイポーラトランジスタ BJT
    - 絶縁ゲート形・バイポーラトランジスタ IGBT
  - ユニポーラ形（電圧制御）
    - 電界効果トランジスタ FET
      - 接合形・電界効果トランジスタ JFET
      - 絶縁ゲート形・電界効果トランジスタ MOS-FET

● COLUMN ●

フレミングの法則

フレミングの左手の法則と、右手の法則。この両者を混同している受験者も多いはず。

- 左手の法則は、磁界のある場に電流を流すことで、外部に力を作用させるもの
- 右手の法則は、磁界のある場に外部から力を加えて、電流を発生させるもの

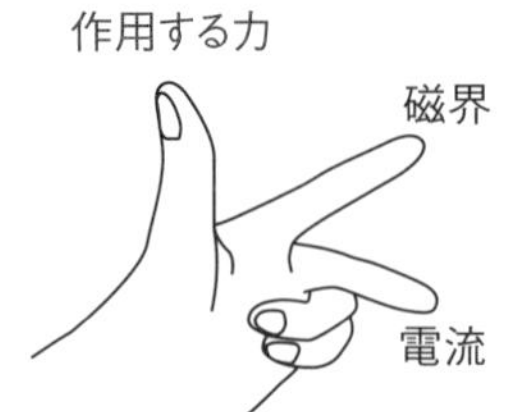

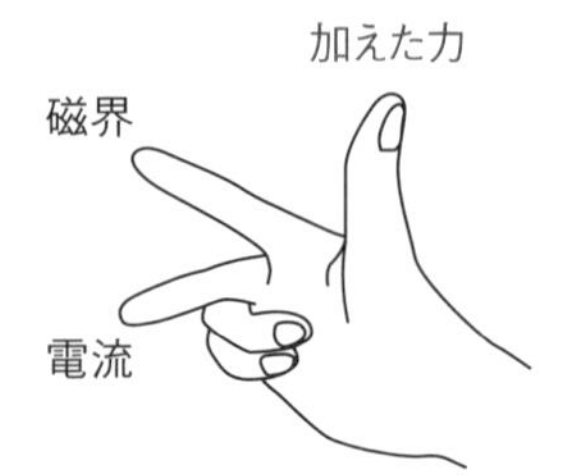

つまり、言い換えると、

- 左手の法則は、電動機(モータ)としての働き
- 右手の法則は、発電機としての働き

と解釈することができる。これらの左右のポジションは、実は電気車の運転席に置き換えると理解しやすい。

電気車の運転席には、左右に2つのハンドルがあり運転操作を行う。左手が加速の際に操作する主幹制御器(しゅかんせいぎょき)であり、右手が減速の際に操作する制動弁である。新幹線電気車を除き、国内の電気車はこの配置が標準となっていた。近年は、左右の両ハンドルを1本化したものも実用化されている。

加速時はいうまでもなくモータに電流を送り込み、運動エネルギーに変えている。逆に減速時にはモータを発電機として用いることで電流を発生させ、抵抗器で消費するか、または電路に戻す回生ブレーキとして作用させる。

この両手の位置関係が、左手がモータ、右手が発電機というフレミングの法則と一致する。これなら覚えやすいのではないだろうか。

それでもイメージし難い場合は、非常時にはより素早く操作し、そして停車時には絶妙なブレーキ操作が求められるために、利き手である右に配置されている。そう考えれば、もう迷わない。

4章

着手すべき優先度❹

選択問題の領域

引き続き4章も選択問題の領域である。選択制であるから苦手な設問は後回しとし、得意な問題から優先して取り組むとよいだろう。12問が出題されて、7問に解答。逃げてよい問題は5問ある。
解答すべき全40問のうち、この7問は18％を占める。

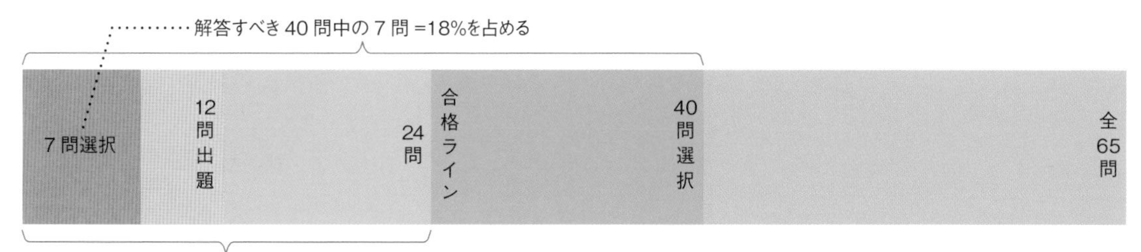

合格に必要な24問に対して7問は、29％を占めている。法令関係の設問が集中して出題される領域であるため、得意・不得意がハッキリ分かれる分野といえる。
4章では、イメージ的には本書の約半分が理解できていればよい。不得意なジャンルに必要以上に時間をかけてはいけない。

4-1 労働安全衛生法令①　［作業主任者］

建設工事には、危険作業や有害作業が含まれる場面が多々ある。このような状況でも事故の発生は未然に食い止めなければならず、法令の定めに応じて事前の教育を行い、必要とする有資格者を配置する等の措置が求められる。

演習問題　作業主任者の選任を必要とする作業に関する記述として、「労働安全衛生法令」上、誤っているものはどれか。

①高さ4mの構造の足場の組立ての作業
②雨水が滞留しているマンホールの内部の作業
③高さが5mのコンクリート造の無線局舎の解体の作業
④土止め支保工の切りばり、又は腹起しの取付けの作業

ポイント▶　作業を実施するにあたり、所要の資格が必要となる場合がある。これは作業者本人のみならず、有資格者を監視役として置かなければならない等、ケースによっていくつかの条件がある。紛らわしい部分なので注意したい。

解　説

危険・有害作業の監視者である作業主任者になれる者は、当該作業に関する技能講習等を修了した者だけです。誤解されがちですが、特別教育の修了だけでは、作業主任者には選任できません。

まず、足場の組立て作業については、5m以上の現場が対象です。5m未満の場合は該当しません。解体の場合も同様です。したがって、①は誤りです。

5m以上の足場の例

マンホールの内部は酸欠の危険作業に該当しますので、選任は必要です。雨水が滞留しているかどうかは、問題ではありません。

土止め支保工の切りばり、あるいは腹起しの取付け作業も、作業主任者が求められます。これは取外しの際も同様です。

選択肢の②～④は正しいです。

土止め支保工の例

（2級電気通信工事　令和4年前期　No.38）

〔解答〕①誤り → 5m以上が該当

演習問題 作業主任者の選任を必要とする作業に関する記述として、「労働安全衛生法令」上、誤っているものはどれか。

①橋梁に通信用配管を取り付けるために使用するつり足場の組立ての作業
②高さが4mのコンクリート造の無線局舎の解体の作業
③掘削面の高さが3mの地山の掘削（ずい道およびたて抗以外の抗の掘削を除く）の作業
④地下に設置されたマンホール内部での通信ケーブルの敷設の作業

ポイント▶ 作業主任者は主任技術者と名称が似ているが、これらは全く別のものである。作業主任者は、ある1つの作業に対して「その作業の専門家」に、その場で監視させるものである。混同しないようにしておきたい。

解　説

「足場」と「つり足場」は異なるものです。また「張り出し足場」も違います。足場は5m以上が対象でしたが、つり足場と張り出し足場は、高さによる条件がありません。常に作業主任者の選任が必要となります。①は正しいです。

コンクリート造の構造物の解体の作業は、高さ5m以上が対象です。5m未満の場合は選任不要となります。なお無線局舎に限らず、全ての構造物に適用されます。②が誤りです。

マンホールの内部は、酸素の濃度が低くなっている可能性があります。これは酸欠危険作業に該当しますので、選任は必要です。ケーブルの敷設だけでなく、どのような作業でも対象となります。④は正しい。

高架下に設けられた、つり足場の例

マンホール作業の例

（2級電気通信工事　令和4年後期　No.38）

〔解 答〕 ②誤り → 5m以上が該当

演習問題 作業主任者の選任を必要とする作業に関する記述として、「労働安全衛生法令」上、誤っているものはどれか。

①橋梁に通信用配管を取り付けるために使用するつり足場の組立ての作業
②高さ5mの無線通信用鉄塔の組立ての作業
③掘削面の高さが1.5mの地山の掘削（ずい道およびたて抗以外の抗の掘削を除く）の作業
④地下に設置された暗きょ内部における通信ケーブルの敷設の作業

ポイント▶ 作業主任者を選任すべき作業とは、有害や危険を伴うもので、労働災害を防止するために専門家による管理を必要とする作業のことである。これらは当該作業の技能講習等を修了した者による直接の監視を要する。

解　説

まず、鉄塔の組立て作業については、高さ5m以上が該当します。5m未満の場合は対象外です。また、解体する作業の場合も同様です。

例題では無線通信用に限定されていますが、用途を問わず、どのような鉄塔でも5m以上であれば選任が必要です。②は正しいです。

地山の掘削作業は、高さ（あるいは深さ）が**2m以上**となる場合は、作業主任者の選任が必要です。これらは数字が絡む部分で紛らわしいので、しっかり理解しておきましょう。③は誤りです。

暗きょの内部は、マンホールと同様に酸素欠乏危険作業に該当します。ケーブルの敷設に限らず、暗きょ内での作業にあたっては、選任が求められます。④は正しい。

作業主任者の選任を必要とする作業は、労働安全衛生法施行令第6条（作業主任者を選任すべき作業）にて定められています。これは全34項目にも上ります。

そのうち、電気通信工事に密接に関係する項目を、特に重要ポイントとして抽出しました。

5m以上の無線通信用鉄塔の例

2m以上の地山掘削作業の例

暗きょの例

（2級電気通信工事　令和3年後期　No.38）

〔解 答〕 ③誤り → 2m以上が該当

【重要】▶この8項目は暗記必須です。優先的に覚えておきましょう。

5m 以上	足場の組立・解体	条件なし	暗きょ内作業
〃	鉄塔の組立・解体	〃	マンホール内作業
〃	コンクリート構造物の解体	〃	つり足場の組立・解体
2m 以上	地山の掘削	〃	土止め支保工

根拠法令等

労働安全衛生法
（作業主任者）

第14条　事業者は、高圧室内作業その他の労働災害を防止するための管理を必要とする作業で、政令で定めるものについては、都道府県労働局長の免許を受けた者又は都道府県労働局長の登録を受けた者が行う技能講習を修了した者のうちから、厚生労働省令で定めるところにより、当該作業の区分に応じて、作業主任者を選任し、その者に当該作業に従事する労働者の指揮その他の厚生労働省令で定める事項を行わせなければならない。

労働安全衛生法施行令
（作業主任者を選任すべき作業）

第6条　法第14条の政令で定める作業は、次のとおりとする。（抜粋）

1　高圧室内作業
2　アセチレン溶接装置又はガス集合溶接装置を用いて行う金属の溶接、溶断又は加熱の作業
8の2　コンクリート破砕器を用いて行う破砕の作業
9　掘削面の高さが2m以上となる地山の掘削の作業
10　土止め支保工の切りばり又は腹起こしの取付け又は取り外しの作業
14　型枠支保工の組立て又は解体の作業
15　つり足場、張出し足場又は高さが5m以上の構造の足場の組立て、解体又は変更の作業
15の2　建築物の骨組み又は塔であって、金属製の部材により構成されるもの（その高さが5m以上であるものに限る）の組立て、解体又は変更の作業
15の5　コンクリート造の工作物（その高さが5m以上であるものに限る）の解体又は破壊の作業
21　別表第6に掲げる酸素欠乏危険場所における作業
23　石綿若しくは石綿をその重量の0.1％を超えて含有する製剤その他の物を取り扱う作業又は石綿等を試験研究のため製造する作業若しくは第16条第1項第4号イからハまでに掲げる石綿で同号の厚生労働省令で定めるもの若しくはこれらの石綿をその重量の0.1％を超えて含有する製剤その他の物を製造する作業

型枠支保工の例

張り出し足場の例

4-1 労働安全衛生法令② ［安全衛生］

演習問題 安全委員会、衛生委員会、安全衛生委員会に関する記述として、「労働安全衛生法」上、誤っているものはどれか。

①事業者は、常時30人以上の労働者を使用する建設業の事業場には、安全委員会を設けなければならない

②安全委員会および衛生委員会のそれぞれの設置に代えて、安全衛生委員会を設置してもよい

③安全衛生委員会は、毎月1回以上開催しなければならない

④事業者は、常時50人以上の労働者を使用する建設業の事業場には、衛生委員会を設けなければならない

ポイント▶ 建設業を営んでいる事業者は、その事業場の規模に応じて、安全衛生に関する委員会を設置しなければならない。この事業場の規模とは、具体的には常駐する従業者の人数で区分することになる。

解　説

アルバイトや他社からの派遣者も含めて、所属する従業員が常時50人以上となる建設業者は、安全管理者と衛生管理者を選任しなければなりません。

これと同一の条件で、安全委員会と衛生委員会の設置も義務付けられます。これらは月1回以上開催しなければならず、両委員会を統合して、安全衛生委員会としても構いません。

30人の場合には不要なので、①は誤りとなります。

蛇足ですが、常時49人以下の場合には、通称「安全衛生懇談会」を設ける努力義務が規定されています。

（2級電気通信工事　令和5年前期　No.39）

〔解 答〕 ①誤り → 50人以上で設置

根拠法令等

労働安全衛生法施行令
（安全委員会を設けるべき事業場）
第8条　法第17条第1項の政令で定める業種及び規模の事業場は、次の各号に掲げる業種の区分に応じ、常時当該各号に掲げる数以上の労働者を使用する事業場とする。
1　林業、鉱業、建設業、製造業のうち木材・木製品製造業、化学工業、鉄鋼業、金属製品製造業及び輸送用機械器具製造業、運送業のうち道路貨物運送業及び港湾運送業、自動車整備業、機械修理業並びに清掃業　50人
〔中略〕
（衛生委員会を設けるべき事業場）
第9条　法第18条第1項の政令で定める規模の事業場は、常時50人以上の労働者を使用する事業場とする。

演習問題 特別教育を必要とする業務として、「労働安全衛生法令」上、誤っているものはどれか。

①低圧（交流100V）の充電電路の敷設の業務
②吊り上げ荷重が5トンのクレーンの玉掛けの業務
③作業床の高さが8mの高所作業車の運転の業務（道路上を走行させる運転を除く）
④高圧の充電電路の支持物の敷設の業務
⑤酸素欠乏の危険性があるマンホール内での業務

ポイント▶ しかるべき特別教育を修了していなければ、従事してはならない業務がある。この特別教育とは特に危険性を伴う業務を実施する際に、事故を未然に防ぐ目的で必要となる、専門的な教育のことである。

解　説

玉掛け業務とはクレーンで荷を吊り上げる際に、吊り具を取り付けたり、取り外したりする作業のことです。これには重量による区分があって、資格要件が異なります。

下図のように、吊り上げ荷重1トン未満であれば特別教育の修了のみで構いません。しかし1トン以上の場合には、より上位である技能講習の修了が必要となります。したがって、②が誤りです。

その他の選択肢で示されている業務は、いずれも特別教育の修了のみで従事可能です。これら特別教育と技能講習との住み分けは、数字が絡むケースも多いため、しっかりと理解しておきましょう。

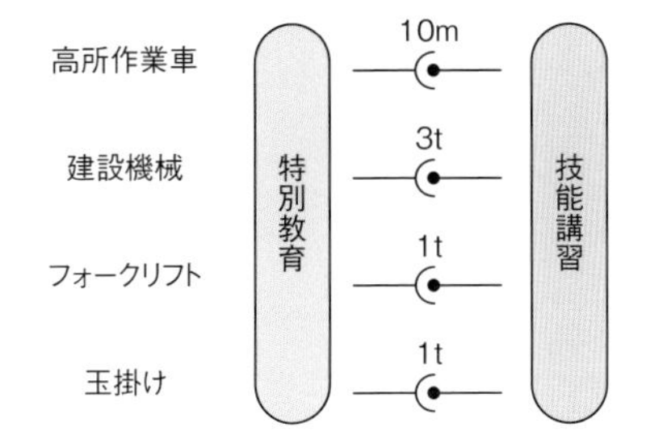

危険有害業務の特別教育の例（酸欠・硫化水素）

（2級電気通信工事　令和2年後期　No.39改）

〔解 答〕 ②誤り → 技能講習が必要

根拠法令等

労働安全衛生法
第六章　労働者の就業に当たっての措置
（安全衛生教育）
第59条　事業者は、労働者を雇い入れたときは、当該労働者に対し、厚生労働省令で定めるところにより、その従事する業務に関する安全又は衛生のための教育を行なわなければならない。
〔中略〕
3　事業者は、危険又は有害な業務で、厚生労働省令で定めるものに労働者をつかせるときは、厚生労働省令で定めるところにより、当該業務に関する安全又は衛生のための特別の教育を行なわなければならない。

演習問題 店社安全衛生管理者の選任条件に関する次の記述の［　］に当てはまる語句の組合わせとして、「労働安全衛生法令」上、正しいものはどれか。

「学校教育法による大学又は高等専門学校を卒業した者で、その後［(ア)］以上建設工事の施工における［(イ)］の実務に従事した経験を有するもの。」

(ア)	(イ)
①1年	安全衛生
②1年	施工管理
③3年	安全衛生
④3年	施工管理

ポイント▶ 建設業において、現場代理人等に対する指導等を行う必要がある。規模の大きな現場では、統括安全衛生責任者を選任してこれを行う。中小規模の現場では、代わりに店社安全衛生管理者を選任することになる。

解　説

店社安全衛生管理者は、統括安全衛生責任者を選任するほどの規模でない中小規模の建設現場において、元請が選任すべき管理者になります。

具体的には、下請業者を含めて現場に20～49人となるケースで選任が必要となります。

この店社安全衛生管理者になれる要件は、卒業後に建設工事の施工における**安全衛生**の実務に従事した経験があることです。経験年数は、学歴ごとに以下のように定められています。

- 大学、高専の卒業者　：3年以上
- 高校、中学校の卒業者：5年以上
- その他の者　　　　　：8年以上

したがって、③が正しいです。

■関係請負人（下請）を含めて、20~49人になる建設現場

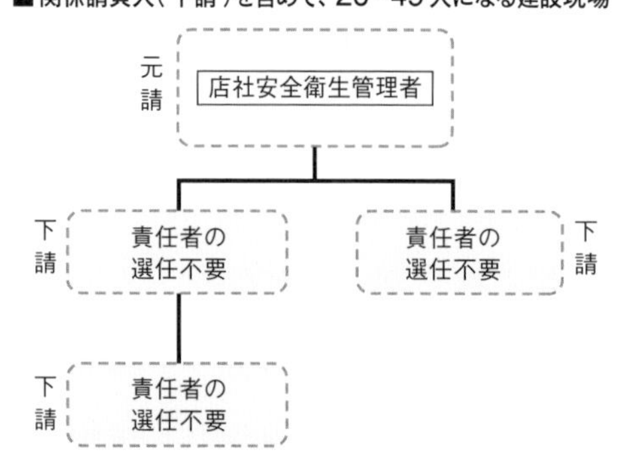

■関係請負人（下請）を含めて、50人以上になる建設現場

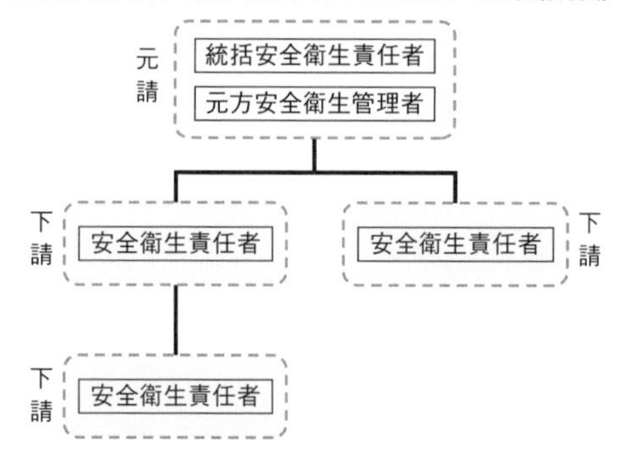

（2級電気通信工事　令和1年後期　No.39）

〔解 答〕 ③正しい

演習問題 安全衛生責任者の職務に関する記述として、「労働安全衛生法令」上、誤っているものはどれか。

①統括安全衛生責任者との連絡
②統括安全衛生責任者から連絡を受けた事項の関係者への連絡
③協議組織の設置および運営
④当該請負人がその仕事の一部を他の請負人に請け負わせている場合における当該他の請負人の安全衛生責任者との作業間の連絡および調整

ポイント▶ 建設現場の安全衛生に関わる、人物の配置についての設問である。これらはさまざまな「管理者」や「責任者」が登場するため、混同しないように注意が必要である。

解　説

安全管理者や衛生管理者等は建設業以外の職場でも対象となりますが、本設問で登場する人物ポジションは、主に建設現場にて配置すべき管理者や責任者となります。

特に「総括安全衛生管理者」と「統括安全衛生責任者」は、名称が似ているため注意しましょう。

選択肢の「協議組織の設置および運営」は、特定元方事業者（つまり元請）が講ずべき措置です。したがって、統括安全衛生責任者や元方安全衛生管理者の役目になります。

安全衛生責任者は、あくまで下請業者の中で選任すべきポジションです。元請の中に置く人物ではありません。

③の記述が誤りとなります。

■安全衛生管理者の役割

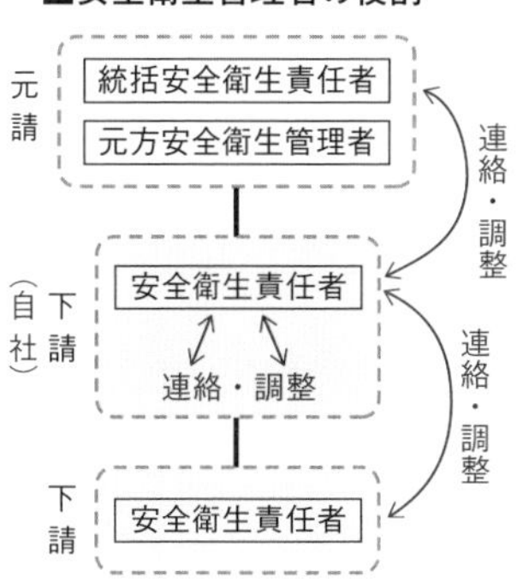

（2級電気通信工事　令和1年前期 No.39）

〔解答〕 ③誤り → 対象外

根拠法令等

労働安全衛生規則 （安全衛生責任者の職務）

第19条　法第16条第1項の厚生労働省令で定める事項は、次のとおりとする。

1　統括安全衛生責任者との連絡
2　統括安全衛生責任者から連絡を受けた事項の関係者への連絡
3　前号の統括安全衛生責任者からの連絡に係る事項のうち当該請負人に係るものの実施についての管理
4　当該請負人がその労働者の作業の実施に関し計画を作成する場合における当該計画と特定元方事業者が作成する法第30条第1項第5号の計画との整合性の確保を図るための統括安全衛生責任者との調整
5　当該請負人の労働者の行う作業及び当該労働者以外の者の行う作業によって生ずる法第15条第1項の労働災害に係る危険の有無の確認
6　当該請負人がその仕事の一部を他の請負人に請け負わせている場合における当該他の請負人の安全衛生責任者との作業間の連絡及び調整

4-2 建設業法令① [建設業許可]

建設業法令は、建設業法とそれに付帯する諸法令の総称である。試験では労働安全衛生法と並んでよく目にする、お馴染みの法令である。施工管理技士が所属する組織に関する設問を扱う。選択問題であるが、注目しておきたい。

演習問題 「建設業法」を根拠法として、指定建設業として定められていないものを選べ。

①建築工事業　②電気工事業　③電気通信工事業　④管工事業

ポイント▶ 建設業は建設業法にて定められた許可制の事業区分であるが、実に29種に分類されている。さらに建設業の中で、指定建設業なるものが定められている。指定建設業に該当するものはどの工事業種で、建設業との違いは何か。

解　説

建設業許可の区分は、以下の29種です(建設業法　別表第一より)。

土木工事業	鋼構造物工事業	熱絶縁工事業
建築工事業	鉄筋工事業	電気通信工事業
大工工事業	舗装工事業	造園工事業
左官工事業	しゅんせつ工事業	さく井工事業
とび・土工工事業	板金工事業	建具工事業
石工事業	ガラス工事業	水道施設工事業
屋根工事業	塗装工事業	消防施設工事業
電気工事業	防水工事業	清掃施設工事業
管工事業	内装仕上工事業	解体工事業
タイル・れんが・ブロック工事業	機械器具設置工事業	

上表を全て覚える必要はありませんが、このうち、指定建設業として定められているのは以下の7種のみです。この7種は覚えておきましょう。

・土木工事業　・建築工事業　・電気工事業　・管工事業
・鋼構造物工事業　・舗装工事業　・造園工事業

したがって、電気通信工事業は該当しません。

〔解 答〕 ③定められていない

さらに詳しく

指定建設業：施工技術の総合性、施工技術の普及状況その他の事情を考慮して政令で定める建設業。

演習問題 建設業の許可に関する記述として、「建設業法令」上、誤っているものはどれか。

①建設業を営もうとする者は、軽微な建設工事のみを請け負うことを営業とする者を除き、建設業の許可を受けなければならない
②1の都道府県の区域内にのみ営業所を設けて営業する場合は、当該営業所の所在地を管轄する都道府県知事の許可を受けなければならない
③建設業の許可は、10年ごとに更新を受けなければ、その期間の経過によって、その効力を失う
④2以上の都道府県の区域内に営業所を設けて営業する場合は、国土交通大臣の許可を受けなければならない

ポイント▶ 建設業許可は建設業法令の中でも基本的な設問であり、優先的にマスターすべき項目である。知事許可と大臣許可の違い、一般建設業と特定建設業との違いは特に重要。これらは、混同することのないようにしたい。

解　説

建設業許可には考え方に2つの軸があり、計4種の許可形態に分けられます。まずは大臣許可と知事許可の区分です。

これは、工事の規模や受注体制とは関係ありません。営業所をどこに置いているかのみで区別されます。意外に思うかもしれませんが、両許可の間に上下関係はありません。

営業所(本店や支店等も含む)を1つの都道府県内のみに置いている場合は、当該の都道府県の知事による許可を受ければ営業できます。

一方で、営業所が2つ以上の都道府県に置かれている場合には、それぞれの知事ではなく、国土交通大臣の許可が必要となります。

大臣許可を受けた場合には、知事の許可は必要ありません。

都道府県知事許可のみでOK

大臣許可が必要

なお、いずれの許可区分であっても、営業所が置かれていない他の都道府県に出張しての営業、および工事は可能です。

建設業の許可は、5年ごとに更新を受ける必要があります。10年ではありませんので、③の記載が誤りとなります。

（2級電気通信工事　令和2年後期　No.34）

〔解答〕 ③誤り → 5年ごと

演習問題　建設業の許可に関する記述として、「建設業法」上、誤っているものはどれか。

①建設業を営もうとする者は、政令で定める軽微な建設工事のみを請け負う者を除き、建設業の許可を受けなければならない
②建設業の許可は、建設工事の種類に対応する建設業ごとに与えられる
③都道府県知事から建設業の許可を受けた建設業者は、許可を受けた都道府県と異なる都道府県での建設工事の施工を行うことができる
④建設業の許可は、発注者から直接請け負う１件の建設工事の請負代金の額により、特定建設業と一般建設業に区分される

ポイント▶　建設業許可のもう１つの軸は、一般建設業と特定建設業との分類である。こちらは実質的に上下の関係であり、特定建設業のほうがより上位といえる。金額が関わってくる部分でもあり、しっかり理解しておきたい。

解　説

特定建設業と一般建設業の区分は、下請業者に再発注する金額の規模によって線が引かれます。元請の受注金額がいくらであっても、建設業許可には関係ありません。

電気通信工事業の場合は、発注者から直接請け負った際（自分が元請）に、下請に再発注する総額が4,500万円未満であれば一般建設業で構いません。

下請業者が複数ある場合には、その合計金額で算定します。また自分が下請の場合には、金額にかかわらず一般建設業でよいとされています。

一方で、再発注額が4,500万円以上となる場合には、特定建設業の許可が必要となります。④が誤りとなります。

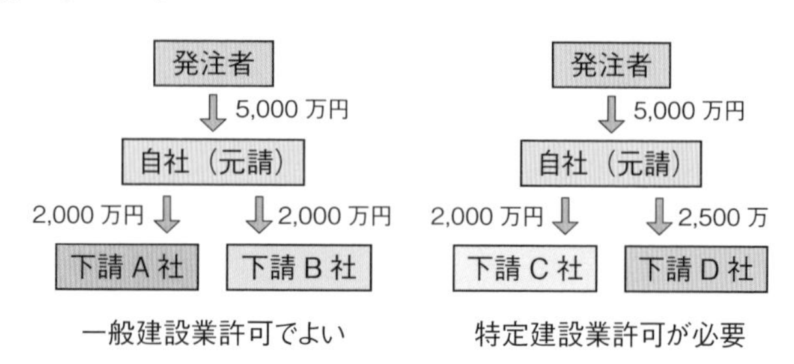

なお、選択肢①の「政令で定める軽微な工事」は、一件の請負代金が500万円未満のケースです。この場合は許可を必要とせずに、誰でも実施できます。　（2級電気通信工事　令和3年後期　No.35）

〔解 答〕　④誤り → 請負金額は無関係

根拠法令等

建設業法
第二章　建設業の許可
第三節　特定建設業の許
（下請契約の締結の制限）
第16条　特定建設業の許可を受けた者でなければ、その者が発注者から直接請け負った建設工事を施工するための次の各号の一に該当する下請契約を締結してはならない。
1　その下請契約に係る下請代金の額が、一件で、第3条第1項第2号の政令で定める金額以上である下請契約
2　その下請契約を締結することにより、その下請契約及びすでに締結された当該建設工事を施工するための他のすべての下請契約に係る下請代金の額の総額が、第3条第1項第2号の政令で定める金額以上となる下請契約

演習問題 一般建設業に関する記述として、「建設業法令」上、誤っているものはどれか。

①発注者から直接請け負った建設工事を施行する場合、総額が政令で定める金額以上の下請契約を締結することができない

②一般建設業の許可を受けた者が、当該許可に係る建設業について特定建設業の許可を受けたときは、その者に対する当該建設業に係る一般建設業の許可は効力を失う

③建設業の許可は、5年ごとに更新を受けなければ、その期間の経過によって、その効力を失う

④2級土木施工管理技士の資格を有する者は、電気通信工事業の営業所ごとに置かなければならない専任の技術者になることができる

ポイント▶ 1つの工事の種類に関して、一般建設業の許可と特定建設業の許可を両立することはできない。この場合には、より上位となる特定建設業のみが有効となり、一般建設業の許可は失効することになる。

解　説

建設業は、営業所ごとに専任の技術者を配置しなければなりません。これは現場に置く主任技術者、あるいは監理技術者になれる要件と同一です。ただし、営業所と現場の兼務はできません。

この専任技術者は、一般建設業であるか特定建設業であるか、また建設業の種類により、それぞれ必要な資格等が異なります。

学校等の卒業後の実務経験も要件の対象ですが、ここでは割愛します。

さて、一般建設業の専任技術者になれる、国家資格による要件は以下の5種になります。

- 1級電気通信工事施工管理技士
- 2級電気通信工事施工管理技士
- 技術士（電気電子・総合技術監理）
- 電気通信主任技術者 ＋ 実務経験5年
- 工事担任者 ＋ 実務経験3年

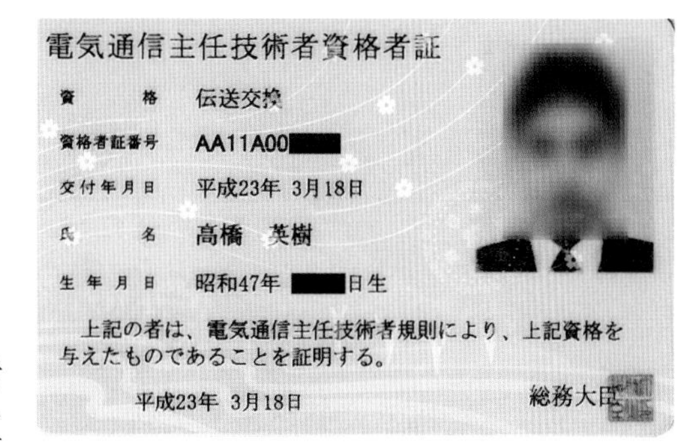

電気通信主任技術者の例

ただし工事担任者は令和3年4月以降の合格者であり、かつ2級は対象外です。ここに土木施工管理技士は含まれていません。したがって、④が誤りです。

（2級電気通信工事　令和3年前期　No.33）

〔解 答〕 ④誤り → できない

4-2 建設業法令②　［配置すべき技術者］

演習問題　「建設業法」を根拠法とし、建設工事の施工技術の確保に関して、誤っているものを選べ。

①監理技術者および主任技術者は、建設工事の施工計画の作成、品質管理、工程管理その他の技術上の管理を行わなければならない
②公共性のある施設に関する重要な建設工事で政令で定めるものを請け負った場合、その現場に配置する監理技術者又は主任技術者は、工事現場ごとに専任の者でなければならない
③電気通信工事業者が一般建設業の許可を受けている場合、下請負人として電気通信工事を請け負った際は、その請負金額によらず、当該工事現場に主任技術者を配置しなければならない
④電気通信工事業者が一般建設業の許可を受けている場合、発注者から直接電気通信工事を請け負い、その一部を下請負人に請け負わせた際は、当該工事現場に監理技術者を配置しなければならない

ポイント▶ 建設業の許可を受けた電気通信工事業者は、受注した工事にあたり現場に法定の技術者を置かなければならない。これが主任技術者または監理技術者であるが、それぞれの技術者は、どういったケースで求められるのか理解したい。

解　説

主任技術者または監理技術者として選任された者は、遂行すべき職務が定められています。主なものとして上記の他「当該建設工事の施工に従事する者の技術上の指導監督の職務を誠実に行わなければならない」等があります。①は正しいです。

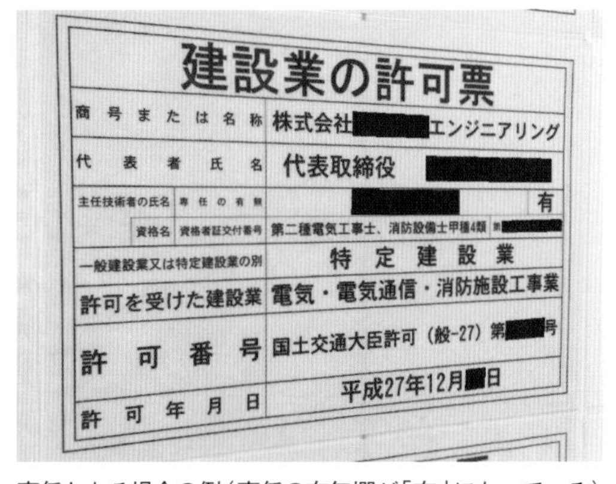

専任となる場合の例（専任の有無欄が「有」になっている）

「公共性のある施設に関する重要な建設工事で政令で定めるもの」とは、国または地方公共団体が発注する工事、公共施設の工事、公衆・多数の者が使用する施設の工事で、請負代金が4,000万円（建築一式にあっては8,000万円）以上の工事、と定められています。

この場合には、主任技術者または監理技術者は他の工事現場との兼任は不可となり、当該の工事現場に専任として配置されなければなりません。②も正しいです。

一般建設業に限らず、特定建設業であっても、下請として工事に参加する場合には、主任技術者を置かなければなりません。この技術者は、より上位クラスである監理技術者でも代用で

一般建設業
〇〇電工
又は監理技術者
主任技術者

下請への発注額
合計 4,500 万円未満

下請への発注額
限度なし

きます。

例外は受注金額500万円未満の場合です。このケースではそもそも建設業許可を必要としないため、許可のない者は主任技術者の配置も要求されません。ただし建設業許可を受けている業者であれば、500万円未満であっても主任技術者を置くことが義務付けられます。③も正しい。

一般建設業の許可を受けた電気通信工事業者が下請に再発注できる合計金額は、4,500万円未満です。この金額では、そもそも監理技術者の配置は要求されません。

したがって誤りは④です。配置義務があるのは主任技術者です。

逆に監理技術者の配置が求められるケースは特定建設業に限定され、かつ元請であり、かつ下請業者への発注額の総額が4,500万円以上となる場合です。

■現場に配置すべき技術者の早見表

・特定建設業			
	下請への再発注額 4,500万円以上	下請への再発注額 4,500万円未満	受注額 500万円未満
自分が元請の場合	監理技術者	監理技術者または 主任技術者	監理技術者または 主任技術者
自分が下請の場合	監理技術者または 主任技術者	監理技術者または 主任技術者	監理技術者または 主任技術者

・一般建設業			
	下請への再発注額 4,500万円以上	下請への再発注額 4,500万円未満	受注額 500万円未満
自分が元請の場合	実行不可	監理技術者または 主任技術者	監理技術者または 主任技術者
自分が下請の場合	監理技術者または 主任技術者	監理技術者または 主任技術者	監理技術者または 主任技術者

・建設業許可を受けていない業者			
	下請への再発注額 4,500万円以上	下請への再発注額 4,500万円未満	受注額 500万円未満
自分が元請の場合	実行不可	実行不可	選任不要
自分が下請の場合	実行不可	実行不可	選任不要

〔解 答〕 ④誤り

演習問題 「建設業法」を根拠法とし、建設工事の施工技術の確保に関して、誤っているものを選べ。

①監理技術者は、監理技術者資格者証の交付を受けている者であって、かつ国土交通大臣の登録を受けた講習を受講した者でなければならない
②建築一式工事の元請の監理技術者は、電気通信工事のみを下請けに出した場合、その電気通信工事の主任技術者を兼ねることができる
③電気通信工事の主任技術者になることができる者として、2級電気通信工事施工管理技士の資格を有する者が該当する
④電気通信工事の施工に従事する者は、工事現場において、監理技術者または主任技術者がその職務として行う指導に従わなければならない

ポイント▶ 主任技術者または監理技術者は誰でもなれるわけではなく、国家試験への合格や実務経験等、一定の条件が必要である。これらの技術者になれる者の要件は何か。そして選任された技術者に課せられる義務とは何か。

解　説

監理技術者になれる要件はいくつか存在しますが、いずれにしても要件を満足するだけでは不可です。要件を満たした上に監理技術者としての登録申請を行い、資格者証の交付を受けなければ監理技術者を名乗ることができません。さらに選任されるにあたっては、国土交通大臣による講習を定期的に受講する義務を負います。①は正しいです。

もう1つ、監理技術者の代表的な義務として資格者証の携帯があります。そして発注者から求められた際には、これを提示しなければなりません。ただし、これは監理技術者の場合だけです。主任技術者はそもそも資格者証自体が存在しないため、これらの義務はありません。

自社が請け負った工事についてその工事の一部を下請業者に再発注した場合、自社の人間がその再発注した内容の主任技術者を兼務することはできません。下請の主任技術者は、下請業者の中で直接雇用している者から選任しなければなりません。②が誤りです。

番号 T192000■

2級技術検定合格証明書

本籍 神奈川県
氏名 高橋英樹
昭和47年 ■月 ■日生

建設業法の規定に基づく令和元年度電気通信工事施工管理に関する2級の技術検定に合格したことを証し、2級電気通信工事施工管理技士と称することを認める。

令和2年3月27日
国土交通大臣 赤羽 一嘉

2級の合格証明書の例

2級電気通信工事施工管理技術検定に合格し、合格証明書の交付を受けることで「2級電気通信工事施工管理技士」を名乗ることができます。この時点で主任技術者になることができるのです。主任技術者としての登録申請は不要であり、資格者証も存在しません。また、講習の受講義務もありません。③は正しいです。

〔解答〕 ②誤り

演習問題 建設工事現場に配置する主任技術者や監理技術者に関する記述として、建設業法令上、誤っているものはどれか。

①発注者から直接建設工事を請け負った特定建設業者は、当該建設工事を施工するために締結した下請契約の請負代金の額にかかわらず、監理技術者を当該工事現場に配置しなければならない

②1級電気通信工事施工管理技士の資格を有する者は、電気通信工事の監理技術者になることができる

③主任技術者および監理技術者は、当該建設工事の施工計画の作成、工程管理、品質管理その他の技術上の管理および当該建設工事の施工に従事する者の技術上の指導監督を行わなければならない

④工事現場における建設工事の施工に従事する者は、主任技術者又は監理技術者がその職務として行う指導に従わなければならない

ポイント▶ 主任技術者や監理技術者の責務や役割、管理者になれる条件。あるいは、工事現場にどの技術者を配置しなければならないのか。全体像を把握したい。

解　説

一般か特定かを問わず、工事の一部を下請に出す場合は、少なくとも主任技術者が要求されます。ここで自社が下請であれば金額にかかわらず、主任技術者の配置で足ります。

問題は自社が元請の場合です。このケースでは、下請への再発注の金額によって、配置すべき技術者を区別することになります。再発注の金額（複数社ある場合にはその合計）が4,500万円以上の場合は、監理技術者の配置が必要です。①が誤りです。

■主任技術者および監理技術者への選任フロー

２級検定合格 → 合格証明書 → 主任技術者

１級検定合格 → 合格証明書 → 監理技術者資格者証 → 監理技術者

2級電気通信工事施工管理技士の資格を有する者は、電気通信工事の主任技術者になれます。これは2級検定の合格後に合格証明書の発行を申請し、受領した場合が該当します。

1級は流れが異なります。検定に合格後、合格証明書を申請して受領しますが、ここまでは2級と同じです。1級はこの後で、監理技術者資格者証の申請/受領が必須条件になります。

選択肢の②で、「1級電気通信工事施工管理技士の資格を有する者は、電気通信工事の監理技術者になることができる」とあります。紛らわしい表現ではありますが、これは最低限の要件は満たしているという意味では正しいです。　（1級電気通信工事　令和2年午前 No.45）

〔解 答〕 ①誤り → 4,500万円以上の場合のみ

4-2 建設業法令③ [主任技術者]

演習問題 電気通信工事の工事現場に置く主任技術者に関する記述として、「建設業法令」上、誤っているものはどれか。

①発注者から直接請け負った建設工事を下請契約を行わずに自ら施工する場合は、当該工事現場における建設工事の施工の技術上の管理をつかさどるものは、主任技術者でよい
②第3級陸上特殊無線技士の資格を有する者は、電気通信工事の主任技術者になるための要件を満たしている
③工事現場における建設工事の施工に従事する者は、主任技術者がその職務として行う指導に従わなければならない
④主任技術者は、当該建設工事の施工計画の作成、工程管理、品質管理その他の技術上の管理を行わなければならない

ポイント▶ 建設業法をはじめ、関連する諸法令では建設業者の責務が定められている。さらには建設業者が営業所や現場に置く技術者についても細かく決められており、特に主任技術者に関する情報は理解しておく必要がある。

解　説

主任技術者の配置は元請か下請かは問わず、原則として参加する全ての建設業者に課せられます。自社が元請の場合で、下請への再発注を行わないときは、監理技術者を置く必要がありません。つまり、主任技術者の配置で足りることになります。①は正しいです。

電気通信工事の場合で、主任技術者として選任できる要件は、いくつか存在します。代表的なものに国家資格者がありますが、現時点では以下の資格に限定されています。

・1級電気通信工事施工管理技士
・2級電気通信工事施工管理技士
・技術士（電気電子･総合技術監理）
・電気通信主任技術者 ＋ 実務経験5年
・工事担任者 ＋ 実務経験3年

ここに無線従事者は含まれていません。したがって、第3級陸上特殊無線技士は対象外となります。②が誤り。

なお、上記の国家資格者でなくとも、実務経験により主任技術者として選任することもできます。その際は、学歴により下記の3区分となっています。施工管理技術検定の受験資格とは異なるため、注意しましょう。

・大学、高専の指定学科の卒業者：3年以上
・高校の指定学科の卒業者　　　：5年以上
・その他の者　　　　　　　　　：10年以上

（2級電気通信工事　令和3年後期　No.34）

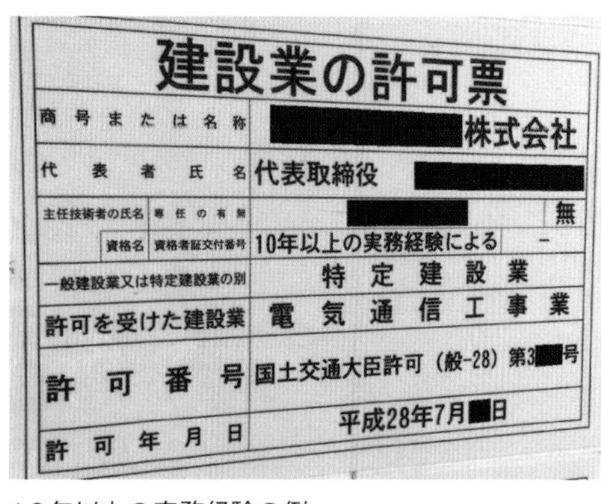

10年以上の実務経験の例

〔解答〕②誤り

演習問題 主任技術者の職務に関する記述として、「建設業法」上、誤っているものはどれか。

①当該建設工事の施工計画の作成
②当該建設工事の施工体制台帳の作成
③当該建設工事の品質管理
④当該建設工事の工程管理

ポイント▶ 建設工事にて選任された主任技術者の、果たすべき職務についての問題である。ここでの職務は、上級の監理技術者についても同様である。

解　説

建設業法の第26条の4において、主任技術者および監理技術者の職務等が定められています。主任技術者および監理技術者は、工事現場における建設工事を適正に実施するために、以下の職務を誠実に行わなければならないとされています。

・施工計画の作成
・工程管理
・品質管理
・その他の技術上の管理
・当該建設工事の施工に従事する者の技術上の指導監督

したがって、施工体制台帳の作成は対象ではありません。②が誤りです。

（2級電気通信工事　令和1年後期 No.35）

〔解答〕②誤り → 実施義務はない

4-2 建設業法令④ ［建設業者の責務］

演習問題 建設工事における元請負人と下請負人の関係に関する記述として、「建設業法」上、誤っているものはどれか。

①元請負人は、前払い金の支払いを受けたときは、下請負人に対して、建設工事の着手に必要な費用を前払金として支払うよう適切な配慮をしなければならない

②元請負人は、請け負った建設工事の施工に必要な工程の細目、作業方法等を定めようとするときは、あらかじめ、下請負人から意見をきかなければならない

③元請負人は、請負代金の工事完成後における支払いを受けたときは、下請負人に対して、下請代金を、当該支払いを受けた日から２か月以内に支払わなければならない

④元請負人は、検査によって、下請負人の建設工事の完成を確認したのち、下請負人が申し出たときは、直ちに、当該建設工事の目的物の引渡しを受けなければならない

ポイント▶ 一般的に、下請は元請より企業規模が小さい場合が多い。自転車操業的に、目の前の案件をやり繰りして、なんとか経営をつないでいる零細企業も少なくない。こうした下請業者に配慮することも、元請の大切な役割である。

解　説

発注者から元請への代金支払いは、一般的には竣工引渡し後の後払いか、月次ごとの出来形に応じた部分払いになるケースが多いといえます。

しかしまれに、代金の一部が着工前に前払金として支払われることがあります。この場合には前払金を受領した元請は、下請の各社に対して資材の購入、労働者の募集費用等を前払金として支払うよう努めなければなりません。

これは、事業者としての規模がより小さい下請負人を保護する措置です。①は正しい。

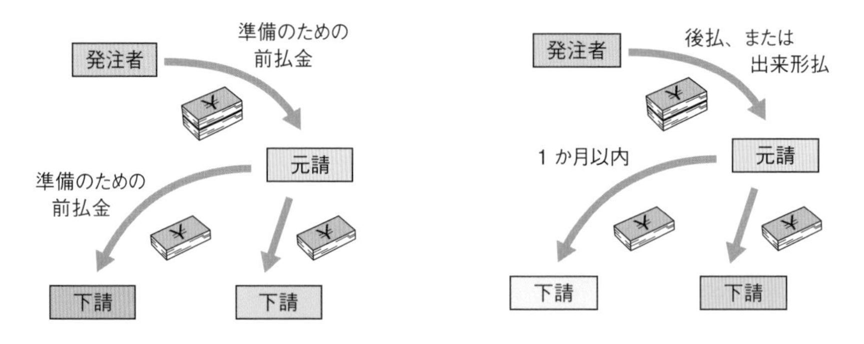

また、竣工後の後払い、あるいは月次ごとの出来形払いの場合であっても、発注者から支払いを受けてから**1か月以内**に下請負人に支払いをしなければなりません。

したがって、③が誤りです。　（2級電気通信工事　令和1年後期　No.34）

〔解 答〕 ③誤り → 1か月以内

演習問題 建設工事の請負契約に関する記述として、「建設業法令」上、正しいものはどれか。

①建設業者は、建設工事の注文者から請求があったときは、請負契約が成立するまでの間に、建設工事の見積書を交付しなければならない
②請負人は、請負契約の履行に関し工事現場に現場代理人を置く場合は、書面により注文者の承諾を得なければならない
③電気通信工事の施工にあたり、1次下請の建設業者が総額3,500万円以上の下請契約を締結する場合、その1次下請の建設業者は特定建設業の許可を受けていなければならない
④元請負人は、下請負人より建設工事の完成通知を受けた日から30日以内に完成検査を完了しなければならない

ポイント▶ 建設業者の役割は、単に安全に、要求品質で、期日通りに竣工できればよいだけではない。ステークホルダーとの共存も重要な役割の1つである。例えば、協力関係にある他の建設業者との関わり等が挙げられる。

解　説

受注者は、当該の案件を請負う意思がある場合には、注文者に対して、見積書を交付します。予定金額によって期間の違いはありますが、少なくとも、契約までには交付する必要があります。①は正しいです。

現場代理人は、元請が代表者（社長等）の代理として現場に配置するべき人物です。これは発注者に通知しなければなりませんが、承諾を得る必要はありません。②は誤り。

特定建設業の許可が要求されるのは、元請になる場合だけです。金額に左右されず、下請であれば一般建設業で十分です。③も誤りです。

元請は、完成時の検査について下請から通知を受けてから、20日以内に完了しなければなりません。したがって、④は誤りとなります。

ただし、この20日という数字は建設業法に準拠したものです。公共工事標準請負契約約款では14日と謳われている等、解釈が異なるケースがあります。どの法令を根拠に問われているのか、見極めましょう。

（2級電気通信工事　令和1年後期　No.33）

〔解答〕 ①正しい

 **根拠法令等**

建設業法
第三章　建設工事の請負契約
第二節　元請負人の義務
（検査及び引渡し）
第24条の4　元請負人は、下請負人からその請け負った建設工事が完成した旨の通知を受けたときは、当該通知を受けた日から20日以内で、かつ、できる限り短い期間内に、その完成を確認するための検査を完了しなければならない。

演習問題 建設工事における元請負人と下請負人の関係に関する記述として、「建設業法令」上、誤っているものはどれか。

①下請工事の予定価格が300万円に満たないため、元請負人が下請負人に対して、当該工事の見積期間を1日とした
②追加工事等の発生により当初の請負契約の内容に変更が生じたので、追加工事等の着工前にその変更契約を締結した
③下請契約締結後に元請負人が下請負人に対し、資材購入先を一方的に指定し、下請負人に予定より高い価格で資材を購入させた
④元請負人は、見積条件を提示のうえ見積を依頼した建設業者から示された見積金額で当該建設業者と下請契約を締結した

ポイント▶ 元請負人と下請負人とでは、客観的に見て下請負人が立場的に弱者である。こうした場合に再発注者である元請負人の横暴な要求によって下請負人に損害が生じないよう、建設業法令によってルールが定められている。

解　説

工事の注文者が建設業者に対して見積を依頼するときは、適正な積算活動が行えるように一定の期間を待たなければなりません。これは元請が下請に再発注する場合だけでなく、工事発注者が元請に依頼するときも同様です。

見積期間は以下のように3段階に定められています。①は正しいです。

・予定価格 500万円未満　　　　　　　　　：中1日以上
・予定価格 500万円以上～5,000万円未満：中10日以上
・予定価格 5,000万円以上　　　　　　　　：中15日以上

工事業者は仕様に基づく資材を、どの店から幾らで購入するかの目途を付けた上で見積書を作成します。これに対して、発注者側が見積価格よりも高額で資材を購入させることを強要すると、業者側は金銭的な損失が発生します。この行為は法令で禁止されています。

また事前に仕様で指定されている場合を除いて、発注者が資材の購入先を一方的に指定することも禁止されています。

したがって、③の記述が誤りとなります。

（2級電気通信工事　令和1年前期　No.34）

〔解 答〕 ③誤り→禁止行為である

演習問題 施工体制台帳の記載事項として、建設業法令上、誤っているものはどれか。

①作成建設業者の許可を受けて営む建設業の種類
②下請負人の資本金
③作成建設業者の健康保険等の加入状況
④下請負人の健康保険等の加入状況

ポイント▶ 施工体制台帳に記載すべき事項は、建設業法施行規則の第14条の2にて定められている。しかし、これらの項目数は非常に多いため、全てを覚えることは現実的ではない。ここでは、重要な項目に特化して把握しておきたい。

解　説

施工体制台帳に記載すべき事項は、多岐にわたります。その中でも特に理解しておきたい項目を、下記に示します。

1．作成建設業者（元請）に関する事項
・許可を受けて営む建設業の種類
・健康保険等の加入状況

2．下請負人に関する事項
・商号または名称および住所
・下請負人の許可番号および建設業の種類
・健康保険等の加入状況

3．元請、下請ともに建設工事に関する事項
・建設工事の名称、内容および工期
・当該発注者の名称、請負契約の内容
・発注者の監督員の氏名
・現場代理人の氏名
・主任技術者または監理技術者の氏名、専任の有無
・監理技術者補佐資格

掲出の選択肢にある下請負人の資本金は、施工体制台帳の記載事項には含まれません。②が誤りです。

（2級電気通信工事　令和2年後期　No.35）

〔解答〕　②誤り → 不要

4-3 労働基準法① [労働契約]

施工管理技士は指導・監督的な立場に立つ場合が多く、現場での人間関係においても、優位的な位置に座ることになる。それゆえ、労働基準法は熟知しておく必要がある。

演習問題 労働契約の締結に際し、使用者が労働者に対して明示しなければならない労働条件に関する記述として、「労働基準法令」上、誤っているものはどれか。

①労働契約の期間に関する事項
②従事すべき業務に関する事項
③賃金の決定に関する事項
④福利厚生施設の利用に関する事項

ポイント▶ 事業者が作業者を雇う場合に、どのような条件で稼働するのかを、本人に対して明らかにする必要がある。ここで明示すべき労働条件についての設問である。

解　説

作業者に対して明示しなくてはならない事項は、全14項目になります。具体的な各項目については、下記の根拠法令の欄を参照してください。

例題に示された選択肢の中で、契約期間や業務の内容、賃金等は特に重要な事項と考えられます。これらは両当事者間で齟齬(そご)がないように、作業に着手する前にしっかりと確認しなければなりません。

一方で福利厚生施設の利用については、それほど重要性の高い事項とは思えません。したがって、これが対象外となります。④が誤り。

(2級電気通信工事　令和1年後期　No.36)

〔解 答〕 ④誤り → 対象外

根拠法令等

労働基準法
第二章　労働契約
(労働条件の明示)
第15条　使用者は、労働契約の締結に際し、労働者に対して賃金、労働時間その他の労働条件を明示しなければならない。この場合において、賃金及び労働時間に関する事項その他の厚生労働省令で定める事項については、厚生労働省令で定める方法により明示しなければならない。
労働基準法施行規則
第5条　使用者が法第15条第1項前段の規定により労働者に対して明示しなければならない労働条件は、次に掲げるものとする。
〔中略〕
1　労働契約の期間に関する事項
1の2　期間の定めのある労働契約を更新する場合の基準に関する事項
1の3　就業の場所及び従事すべき業務に関する事項
2　始業及び終業の時刻、所定労働時間を超える労働の有無、休憩時間、休日、休暇並びに労働者を二組以上に分けて就業させる場合における就業時転換に関する事項
3　賃金の決定、計算及び支払の方法、賃金の締切り及び支払の時期並びに昇給に関する事項
4　退職に関する事項(解雇の事由を含む。)
4の2　退職手当の定めが適用される労働者の範囲、退職手当の決定、計算及び支払の方法並びに退職手当の支払の時期に関する事項
5　臨時に支払われる賃金、賞与及び第8条各号に掲げる賃金並びに最低賃金額に関する事項

6　労働者に負担させるべき食費、作業用品その他に関する事項
7　安全及び衛生に関する事項
8　職業訓練に関する事項
9　災害補償及び業務外の傷病扶助に関する事項
10　表彰及び制裁に関する事項
11　休職に関する事項

演習問題　就業規則に必ず記載しなければならない事項として、「労働基準法」上、誤っているものはどれか。

①賃金(臨時の賃金等を除く。)の決定に関する事項
②始業および終業の時刻に関する事項
③休職に関する事項
④退職に関する事項(解雇の事由を含む。)

ポイント▶ 施工管理技士は専ら、主任技術者や監理技術者になるための資格であり、これは使用者側の立ち位置である。現場の作業者に対する管理責任が発生する。

解　説

就業規則は、経営側が都合の良い職場ルールを定めて、従業員側へ一方的に押し付けるものではありません。法令への準拠は無論のこと、内容を労働基準監督署に届け出る必要があります。

記載すべき内容は、全11項目に上ります。具体的には、下記の根拠法令等を参照して下さい。ここには休職に関する事項は含まれませんので、③が誤りとなります。

(2級電気通信工事　令和2年後期　No.36改)

〔解 答〕 ③誤り → 対象外

根拠法令等

労働基準法
第九章　就業規則
(作成及び届出の義務)
第89条　常時10人以上の労働者を使用する使用者は、次に掲げる事項について就業規則を作成し、行政官庁に届け出なければならない。次に掲げる事項を変更した場合においても、同様とする。
1　始業及び終業の時刻、休憩時間、休日、休暇並びに労働者を二組以上に分けて交替に就業させる場合においては就業時転換に関する事項
2　賃金(臨時の賃金等を除く。)の決定、計算及び支払の方法、賃金の締切り及び支払の時期並びに昇給に関する事項
3　退職に関する事項(解雇の事由を含む。)
3の2　退職手当の定めをする場合においては、適用される労働者の範囲、退職手当の決定、計算及び支払の方法並びに退職手当の支払の時期に関する事項
4　臨時の賃金等(退職手当を除く。)及び最低賃金額の定めをする場合においては、これに関する事項
5　労働者に食費、作業用品その他の負担をさせる定めをする場合においては、これに関する事項
6　安全及び衛生に関する定めをする場合においては、これに関する事項
7　職業訓練に関する定めをする場合においては、これに関する事項
8　災害補償及び業務外の傷病扶助に関する定めをする場合においては、これに関する事項
9　表彰及び制裁の定めをする場合においては、その種類及び程度に関する事項
10　前各号に掲げるもののほか、当該事業場の労働者のすべてに適用される定めをする場合においては、これに関する事項

演習問題 解雇の予告に関する次の記述の［　］にあてはまる数値と語句の組合わせとして、労働基準法上、正しいものはどれか。

「使用者は、労働者を解雇しようとする場合においては、少なくとも［(ア)］日前にその予告をしなければならない。［(ア)］日前に予告をしない使用者は、［(ア)］日分以上の［(イ)］を支払わなければならない。」

	（ア）	（イ）
①	10	標準報酬
②	10	平均賃金
③	30	標準報酬
④	30	平均賃金

ポイント▶ 建設業に限らず全ての業種において、経営者が従業員に対して解雇を実施する場合の基本的なルールである。我が国は労働基準法の中でも、従業員の解雇については特に厳しい制約が設けられていることが知られている。

解　説

日雇い等の一部の特殊な雇用形態の従業員は除きますが、原則的には、従業員の解雇に関しては高いハードルが存在するといえるでしょう。例えば、企業の業績が悪化した際に人件費を抑制したいケースでも、まずは無駄を排除して、さらには役員報酬のカット等、「相当の」経営努力をした後でなければ、解雇は認められないのが一般的です。

こうした経営努力の結果、それでもなお従業員の解雇を実施したい場合には、「解雇の予告」を行わなければなりません。この解雇の予告は、労働基準法で**30日前**と定められています。この解雇予告が困難な場合には、**平均賃金を30日分**支払わなければなりません。したがって、④が正しいです。

解雇の予告、あるいは平均賃金の支払いを怠る経営者は、悪質な場合には刑事罰に問われる可能性もあります。監督者の立場としては、留意しておきましょう。

なお、例外として予告手当を支払うことなく従業員を即時に解雇できるのは、次の事由によって労働基準監督署長の認定を受けた場合だけです。

・天災事変その他やむを得ない事由
・労働者の責に帰すべき事由

1つ目の天災事変とは、東日本大震災級の津波被害等によって、実質的に経営そのものが継続できないようなケースです。単なる業績の悪化程度では認められません。

2つ目の労働者の責に帰すべき事由とは、現実的には刑法に抵触して刑事罰に問われた場合等、懲戒解雇に相当するものが該当します。単に成績不良や欠勤が多い等の軽微な理由では解雇できません。

（2級電気通信工事　令和3年後期　No.37）

〔解 答〕 ④正しい

演習問題 労働契約に関する次の記述の［　］にあてはまる語句の組合わせとして、労働基準法上、正しいものはどれか。

「使用者は、労働契約の不履行について［(ア)］を定め、又は［(イ)］を予定する契約をしてはならない。」

	(ア)	(イ)
①	違約金	損害賠償額
②	違約金	労働期間の延長
③	科料	損害賠償額
④	科料	労働期間の延長

ポイント▶ 労働基準法の中でも、お馴染みの有名な規程である。特に経営幹部や現場の監督者としての立場にある者にとっては、知らないと恥ずかしい条文ともいえる。これに違反した場合には罰則規程もあるため、特に留意しておきたい。

解　説

極めて初歩的な話ではありますが、労働契約において、賠償の予定は禁じられています。具体的には、「○日までにこれを達成できない場合には、△△円支払うこと。」といった条件を事前に定める行為です。

これらは書面に記載することは無論のこと、口頭でも重大な違反になります。ですから部下を従える管理職諸氏は、勢いのままに発言しないように注意しましょう。①が正しい。

なお、選択肢にある「科料」ですが、これは刑事罰の一種です。「罰金」も同様です。これらを課すことができるのは司法（裁判所）であって、一般の民間人が請求できる根拠はありません。（2級電気通信工事　令和3年前期　No.37）

〔解 答〕 ①正しい

さらに詳しく

「○年以内に退職した場合には、△△手当を返還すること。」といった、違法な条件を押し付けている悪質な経営者はいませんか。就業規則等で明文化している場合は、完全にアウトです。

根拠法令等

労働基準法
第二章　労働契約
（賠償予定の禁止）
第16条　使用者は、労働契約の不履行について違約金を定め、又は損害賠償額を予定する契約をしてはならない。
第十三章　罰則
第119条　次の各号のいずれかに該当する者は、6箇月以下の懲役又は30万円以下の罰金に処する。
〔抜粋〕
1　第16条ほか

4-3 労働基準法② [年少者]

演習問題 年少者の就業に関する記述として、「労働基準法」上、誤っているものはどれか。

①使用者は、満18歳に満たない者を坑内で労働させてはならない
②使用者は、交替制によって使用する満16歳以上の男性を除き、満18歳に満たない者を午後10時から午前5時までの間において使用してはならない
③使用者は、満18歳に満たない者について、その年齢を証明する戸籍証明書を事業場に備え付けなければならない
④使用者は、児童が満17歳に達する日まで、この者を使用してはならない

ポイント▶ 少年は絶対的に若いがゆえに、人生経験も社会経験も極端に少ない。法令の把握も乏しいであろう。そのため、労働基準法では年少者を雇用するにあたっては、厳しい条件を設けている。これらを理解しておきたい。

解　説

満18歳に満たない人を「年少者」として、労働基準法では特別に保護しています。危険作業に就かせてはならない等、いろいろな制約があります。

使用者側のポジションに立つ機会の多い施工管理技士としては、年少者に関するルールは特に熟知しておく必要があります。知らないでは済まされません。

満18歳未満の従業者を雇用している場合には、戸籍証明書の備え付けといった義務が発生します。③の記載は正しいです。

就業が可能となるのは、**満15歳に達した後の4月1日以降**になります。中学校卒業の年齢ですが、誕生日が基準ではないため、注意が必要です。

したがって、④は誤りです。　（2級電気通信工事　令和3年前期　No.36）

〔解 答〕 ④誤り → 満15歳に達した後の4月1日以降

根拠法令等

労働基準法
第六章　年少者
（最低年齢）
第56条　使用者は、児童が満15歳に達した日以後の最初の3月31日が終了するまで、これを使用してはならない。
（年少者の証明書）
第57条　使用者は、満18才に満たない者について、その年齢を証明する戸籍証明書を事業場に備え付けなければならない。
（深夜業）
第61条　使用者は、満18才に満たない者を午後10時から午前5時までの間において使用してはならない。ただし、交替制によって使用する満16才以上の男性については、この限りでない。
（坑内労働の禁止）
第63条　使用者は、満18才に満たない者を坑内で労働させてはならない。

演習問題 満18歳に満たない者を就かせてはならない業務として、「労働基準法令」上、誤っているものはどれか。

①交流200Vの電圧の充電電路の点検の業務
②深さが5mの地穴における業務
③クレーンの運転の業務
④足場の組立の業務(地上または床上における補助作業の業務を除く。)

ポイント▶ 満18歳未満の年少者には危険有害業務に対する就業制限が設けられているが、施工管理技術検定ではこれらに関する設問も出題される。表現が紛らわしい箇所もあり、しっかり読み解いて理解する必要がある。

解　説

年少者等に対しては、就かせてはならない業務が多く指定されています。特に有害な業務や、危険を伴う業務はこれに該当する場合が多いため、注意が必要です。

年少者労働基準規則の第8条にて、満18歳未満の者に就かせてはならない業務が、実に40種以上も定められています。

下記の根拠法令等に、これらのうち電気通信工事に関連しそうな項目を抜粋してあります。

充電電路に関しての規制も存在しますが、電圧の設定値は比較的高めとなっています。交流の場合には300V超えが対象となります。

したがって、①が誤りです。

(2級電気通信工事　令和4年後期　No.36)

足場の例

〔解答〕 ①誤り → 300Vが対象

根拠法令等

年少者労働基準規則
(電気通信工事に関連しそうな項目の抜粋)
(年少者の就業制限の業務の範囲)
第8条　法第62条第1項の厚生労働省令で定める危険な業務及び同条第2項の規定により満18歳に満たない者を就かせてはならない業務は、次の各号に掲げるものとする。
〔中略〕
3　クレーン、デリック又は揚貨装置の運転の業務
8　直流にあっては750Vを、交流にあっては300Vを超える電圧の充電電路又はその支持物の点検、修理又は操作の業務
10　クレーン、デリック又は揚貨装置の玉掛けの業務
23　土砂が崩壊するおそれのある場所又は深さが5m以上の地穴における業務
24　高さが5m以上の場所で、墜落により労働者が危害を受けるおそれのあるところにおける業務
25　足場の組立、解体又は変更の業務(地上又は床上における補助作業の業務を除く。)

4-3 労働基準法③ [労働時間・休日]

演習問題 労働時間、休日、休暇に関する記述として、「労働基準法」上、誤っているものはどれか。

①使用者は、労働者に、休憩時間を除き1週間について48時間を超えて、労働させてはならない

②使用者は、1週間の各日については、労働者に、休憩時間を除き1日について8時間を超えて、労働させてはならない

③使用者は、労働者に対して、毎週少くとも1回の休日を与えなければならない。この規定は、4週間を通じ4日以上の休日を与える使用者については適用しない

④使用者は、その雇入れの日から起算して6か月以上継続勤務し全労働日の8割以上出勤した労働者に対し、有給休暇を与えなければならない

ポイント▶ 作業に従事する者の労働時間の管理は重要な概念であるが、これは工事現場だけに限ったものではなく、公務員を除くあらゆる業種に適用される基本的なルールである。これを知らずに監督者を名乗るのは恥ずかしい。

解　説

1日の稼働時間の限度は、休憩時間を除いて原則的には8時間です。監督者は部下に対して、これを超える稼働をさせてはなりません。②は正しいです。

次に、1週間の累計の稼働時間の限度は、40時間です。実態として多くの職場の例では、1日8時間の稼働で5日間勤務としているケースが多く、これで既に40時間に到達してしまいます。

したがって、①の記載は誤りとなります。　（2級電気通信工事　令和1年前期　No.36）

〔解 答〕 ①誤り → 40時間

 **根拠法令等**

労働基準法
第四章　労働時間、休憩、休日及び年次有給休暇
（労働時間）
第32条　使用者は、労働者に、休憩時間を除き1週間について40時間を超えて、労働させてはならない。
　2　使用者は、1週間の各日については、労働者に、休憩時間を除き1日について8時間を超えて、労働させてはならない。
（休憩）
第34条　使用者は、労働時間が6時間を超える場合においては少くとも45分、8時間を超える場合においては少くとも1時間の休憩時間を労働時間の途中に与えなければならない。
（年次有給休暇）
第39条　使用者は、その雇入れの日から起算して6箇月間継続勤務し全労働日の8割以上出勤した労働者に対して、継続し、又は分割した10労働日の有給休暇を与えなければならない。

演習問題 労働時間、休憩等に関する記述として、「労働基準法」上、誤っているものはどれか。

①使用者は、原則として、労働者に休憩時間を除き1週間について、40時間を超えて労働させてはならない

②使用者は、原則として、1週間の各日については、労働者に休憩時間を除き、1日について8時間を超えて労働させてはならない

③使用者は、その雇入れの日から起算して6ヶ月間継続勤務し全労働日の8割以上出勤した労働者に対して10労働日の有給休暇を与えなければならない

④使用者は、労働時間が6時間を超え8時間以内の場合においては、少なくとも40分の休憩時間を労働時間の途中に与えなければならない

ポイント▶ 休憩や有給休暇に関する定めも、労働基準法の中で大切な概念である。これらが、特定の者に対して不利になるような取り扱いは、絶対にあってはならない。施工管理技士として、確実に把握しておきたい。

解　説

休憩時間に関しては状況によって数字が変わってくるため、注意が必要です。まずは、1日の稼働が6時間以下の場合です。この条件では、法令上は休憩時間を設ける義務はありません。

6時間を超過して、8時間以下となるケースでは、稼働時間の途中に45分以上の休憩を与えなければなりません。40分ではありませんので、④が誤りとなります。

さらに8時間を超える場合には、1時間の休憩が必要になってきます。結果として、下図のように3段階になっていることを理解しましょう。

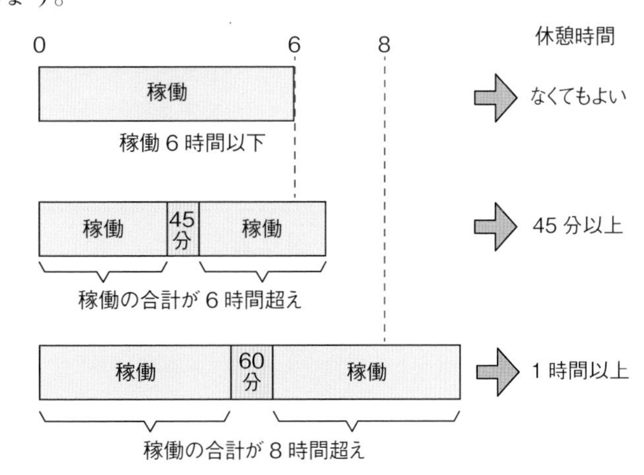

ここで矛盾が発生します。1日における稼働時間は、最長で8時間です。まずはこれが大原則です。しかし上記のように、8時間を超える場合の休憩時間が法令に規定されています。

経営側と労働組合等との間に合意があり、かつこれを行政官庁(労働基準監督署等)への届け出を行っている場合の特例です。これによって、8時間を超えての稼働が可能になる場合があります。いわゆる36協定です。

（2級電気通信工事　令和4年前期　No.36）

〔解 答〕 ④誤り → 45分以上

4-3 労働基準法④ ［賃 金］

演習問題 労働者に支払う賃金に関する記述として、「労働基準法」上、誤っているものはどれか。

①使用者は、労働者が女性であることを理由として、賃金について、男性と差別的取り扱いをしてはならない
②使用者は、前借金その他労働することを条件とする前貸の債権と賃金を相殺することができる
③賃金は臨時の賃金等を除き、毎月1回以上、一定の期日を定めて支払わなければならない
④使用者の責に帰すべき事由による休業の場合においては、使用者は、休業期間中当該労働者に、その平均賃金の100分の60以上の手当を支払わなければならない

ポイント▶ 労働基準法では、賃金に関するルールは特に細かく定められている。賃金の対象となる範囲、支払い方法、支払う時期、禁止事項等、経営者側が知っておかなくてはならない項目は多い。しっかりマスターしたい。

解　説

賃金とは基本給や手当等、名称の如何によらず、雇用主から従業員に支払われる全ての金銭のことを指します。賞与もこれに含まれます。

逆に交通費や宿泊費等は必要諸経費ですから、従業員が一時的に立て替えているだけなので、これらは賃金には含まれません。

さて、雇用される前段階として、従業員が雇用主から借金をしている場合を考えます。従業員へ支払う賃金の中から、雇用主がこの借金の返済分として、**一方的に差引くことは禁止**されています。②は誤りです。

労働組合の組合費や任意の積立金等、一部の例外を除いて、雇用主は従業員に賃金の全額を支払わなければなりません。

賃金と前借金の相殺は禁止

経営者側の責任によって、その企業が事業の一部を休業せざるを得ない状況が発生したとします。例えば、売上が大きく落ち込む等、業績が著しく悪化したようなケースです。

勘違いしがちですが、業績の悪化は従業員の責任ではありません。その事業に参入する決断をした、経営者の責任です。こういった場合に、一部の従業員を休業させる際には、経営者は休業補償をしなくてはなりません。

この補償は、平均賃金の6割以上とすることが定められています。④は正しいです。

（2級電気通信工事　令和4年前期　No.37）

〔解 答〕 ②誤り

根拠法令等

労働基準法
第一章　総則
（男女同一賃金の原則）
第4条　使用者は、労働者が女性であることを理由として、賃金について、男性と差別的取扱いをしてはならない。
第二章　労働契約
（前借金相殺の禁止）
第17条　使用者は、前借金その他労働することを条件とする前貸の債権と賃金を相殺してはならない。
第三章　賃金
（賃金の支払）
第24条　賃金は、通貨で、直接労働者に、その全額を支払わなければならない。ただし、法令若しくは労働協約に別段の定めがある場合又は厚生労働省令で定める賃金について確実な支払の方法で厚生労働省令で定めるものによる場合においては、通貨以外のもので支払い、また、法令に別段の定めがある場合又は当該事業場の労働者の過半数で組織する労働組合があるときはその労働組合、労働者の過半数で組織する労働組合がないときは労働者の過半数を代表する者との書面による協定がある場合においては、賃金の一部を控除して支払うことができる。
2　賃金は、毎月1回以上、一定の期日を定めて支払わなければならない。ただし、臨時に支払われる賃金、賞与その他これに準ずるもので厚生労働省令で定める賃金については、この限りでない。
（休業手当）
第26条　使用者の責に帰すべき事由による休業の場合においては、使用者は、休業期間中当該労働者に、その平均賃金の100分の60以上の手当を支払わなければならない。

演習問題

平均賃金に関する次の記述の［　　］の（ア）、（イ）に当てはまる語句の組合わせとして、「労働基準法」上、正しいものはどれか。

「この法律で平均賃金とは、これを算定すべき事由の発生した日以前［（ア）］にその労働者に対し支払われた賃金の総額を、その期間の［（イ）］で除した金額をいう。」

	（ア）	（イ）
①	2か月間	総日数
②	2か月間	月数
③	3か月間	総日数
④	3か月間	月数

ポイント▶ 労働者の生活を守るための休業手当や解雇予告手当、年次有給休暇取得時の賃金等を算出する際に基準となるもの。これが平均賃金である。

解　説

平均賃金は、従業者の生活を保障するためのものです。ですから、通常の生活賃金をありのままに算定することを基本とします。

具体的には、事由の発生した日の以前**3か月間**に、その従業者に支払われた賃金の総額を、その期間の**総日数**（全暦日数）で割った金額になります。

ここで「総日数」とは、稼働した日数のことではありません。出勤日数とは関係なく、単純に総暦日数、つまりカレンダー上で数えた全日数であり、休日や欠勤日も含まれます。

したがって、③が正しいです。　（2級電気通信工事　令和5年前期　No.36）

〔解答〕③正しい

4-3 労働基準法⑤ ［補 償］

演習問題 労働者が業務上負傷し、又は疾病にかかった場合の災害補償に関する記述として、「労働基準法」上、誤っているものはどれか。

①使用者は、療養補償により必要な療養を行い、又は必要な療養の費用を負担しなければならない

②使用者は、労働者が治った場合において、その身体に障害が残ったとき、その障害の程度に応じた金額の障害補償を行わなければならない

③使用者は、労働者の療養中平均賃金の全額の休業補償を行わなければならない

④療養補償を受ける労働者が、療養開始後３年を経過しても負傷又は疾病が治らない場合においては、使用者は、打切補償を行い、その後は補償を行わなくてもよい

ポイント▶ 建設業に限らず、従業者が業務上で負傷したり、病気にかかった場合は労働災害となる。この場合は従業者の側に重大な過失がない限り、全て事業者（経営者）側の責任である。

解　説

労働災害が発生した後の、災害補償に関しての設問です。特に建設現場の指導・監督的な立場にある者としては、知らないでは済まされない、とても重要な事項になります。下記に示す根拠法令の欄を、熟読して理解しましょう。

従業者が労災によって療養している間の休業補償は、平均賃金の全額ではなく、6割になります。③が誤りです。

（2級電気通信工事　令和１年前期　No.37）

〔解 答〕 ③誤り → 平均賃金の６割

 **根拠法令等**

労働基準法
第八章　災害補償

（療養補償） 第75条　労働者が業務上負傷し、又は疾病にかかった場合においては、使用者は、その費用で必要な療養を行い、又は必要な療養の費用を負担しなければならない。

（休業補償） 第76条　労働者が前条の規定による療養のため、労働することができないために賃金を受けない場合においては、使用者は、労働者の療養中平均賃金の100分の60の休業補償を行わなければならない。

（障害補償） 第77条　労働者が業務上負傷し、又は疾病にかかり、治った場合において、その身体に障害が存するときは、使用者は、その障害の程度に応じて、平均賃金に別表第2に定める日数を乗じて得た金額の障害補償を行わなければならない。

（打切補償） 第81条　第75条の規定によって補償を受ける労働者が、療養開始後3年を経過しても負傷又は疾病がなおらない場合においては、使用者は、平均賃金の1200日分の打切補償を行い、その後はこの法律の規定による補償を行わなくてもよい。

演習問題 労働者が業務上負傷し、または疾病にかかった場合の災害補償に関する記述として、「労働基準法」上、正しいものはどれか。

①使用者は、労働者の療養中平均賃金に等しい額の休業補償を行わなければならない
②労働者が業務上負傷し、治った場合において、その身体に障害が残ったときは、使用者はその障害が最も重度な場合に限って、障害補償を行わなければならない
③労働者が重大な過失によって業務上負傷し、かつ使用者がその過失について産業医の認定を受けた場合においては、休業補償または障害補償を行わなくてもよい
④補償を受ける権利は、労働者の退職によって変更されることはない

ポイント▶ 従業員が業務上の負傷、あるいは疾病にかかった際には、使用者である経営者側には補償を行う義務が課せられる。まずはこれが大前提である。

解　説

業務上負傷して身体に障害が残った場合は、使用者は障害補償を行わなければなりません。このとき、障害の程度は関係しません。

軽い障害であっても、障害補償の対象になります。②は誤り。

労災は経営者の責任ですが、例外があります。これは従業員側に重大な過失がある場合です。この重大な過失とは、文字通り「重大」な過失です。

例えば、「会社側が安全帯を貸与したにもかかわらず、正当な理由なく使用を拒否した」等といったレベルの、極めて重大な事案のみが対象です。

単なる不注意や勘違い等は、軽度の過失であって対象外です。そしてこれを認定するのは、「行政官庁」です。産業医ではありませんので、③は誤りです。

従業員が補償を受ける権利は、その従業員の退職によって消滅することはありません。④が正しいです。

安全帯使用喚起の例

（2級電気通信工事　令和4年後期　No.37）

〔解 答〕 ④正しい

 **根拠法令等**

労働基準法
第八章　災害補償
（休業補償及び障害補償の例外）
第78条　労働者が重大な過失によって業務上負傷し、又は疾病にかかり、且つ使用者がその過失について行政官庁の認定を受けた場合においては、休業補償又は障害補償を行わなくてもよい。
（補償を受ける権利）
第83条　補償を受ける権利は、労働者の退職によって変更されることはない。

4-4 道路法令 ［道路関係諸法］

建設工事を進めていく上で、道路との関りは深い。まずは重機の移動や資材の搬入にあたっては、道路上の移動は避けられない。それに加えて工事進捗の都合上、作業区画が一時的に道路上にせり出すケースも少なくない。

演習問題 「車両制限令」で規定されている車両の幅等の最高限度（一般的制限値）を、超えているものはどれか。

①車両の総重量が、15ｔである　②車両の幅が、3.5ｍである
③車両の高さが、3ｍである　④車両の長さが、10ｍである

ポイント▶ 道路（一部の私道を含む公道全般）を走行する車両には、構造上の規格の制限がある。これは長さや幅、高さは無論のこと、重さや回転半径に関しても定めがある。特に重さに関する規定は、どこの箇所を見た重さなのか注意が必要。

解　説

まずは、車両に関する規格について、重さに関する制限値は以下の通りです。

- 総重量：20ｔ
- 軸　重：10ｔ
- 輪荷重：5ｔ

最大寸法いっぱいに作られた自動車の例

総重量は人を定員まで乗車させ、かつ貨物を最大積載量まで積み込んだ状態の、車両全体の重量のことです。特例として25ｔまで許容される場合もありますが、原則は20ｔです。

その上で、軸重とは車両を側面から見た場合の、1本の軸にかかる重量のことです。そして輪荷重とは、その1本の軸の左右の片側にかかる重量を指します。

次に、三次元上の3つの寸法の最大値です。

- 全長：12ｍ
- 全幅：2.5ｍ
- 全高：3.8ｍ

これらを1つでも超過する場合には、許可を得ずに道路上を走行することはできません。
車両の**全幅は2.5ｍ以内**に収める必要があります。3.5ｍとしている②が超過の状態です。

（2級電気通信工事　令和4年後期　No.40）

〔解 答〕　②超過 → 2.5ｍ以下

演習問題 道路占用許可申請書の記載事項として、「道路法」上、定められているものはどれか。

①交通規制の方法
②施設の維持管理方法
③施設の点検方法
④道路の復旧方法

ポイント▶ 中長期にわたって継続的に道路施設の一部を占用する場合の、道路管理者へ提出する申請書に関する設問である。申請書に記載すべき項目は、道路法によって具体的に規定されている。

解　説

道路占用申請書に記載すべき事項は、以下の7項目になります。

・目的
・期間
・場所
・工作物、物件又は施設の構造
・工事実施の方法
・工事の時期
・道路の復旧方法

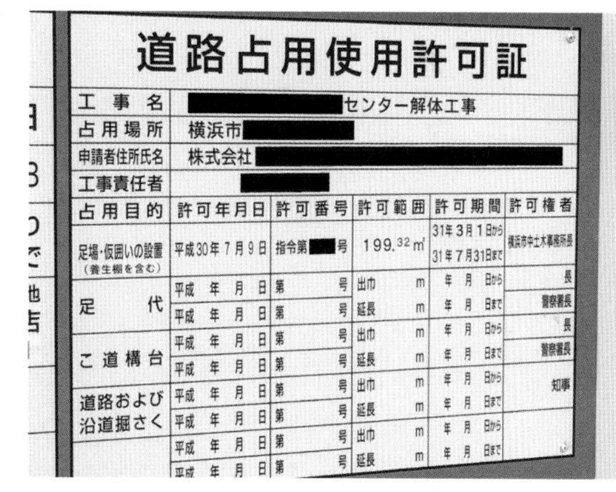

道路占用許可の例

したがって、選択肢の中では④の「道路の復旧方法」が該当します。

（2級電気通信工事　令和1年前期 No.40）

〔解答〕　④定められている

根拠法令等

道路法
第三章　道路の管理　第三節　道路の占用
（道路の占用の許可）
第32条　道路に次の各号のいずれかに掲げる工作物、物件又は施設を設け、継続して道路を使用しようとする場合においては、道路管理者の許可を受けなければならない。
〔中略〕
二　前項の許可を受けようとする者は、左の各号に掲げる事項を記載した申請書を道路管理者に提出しなければならない。

1　道路の占用の目的　　2　道路の占用の期間　　3　道路の占用の場所
4　工作物、物件又は施設の構造　　5　工事実施の方法　　6　工事の時期　　7　道路の復旧方法

4-5 河川法 ［河川法］

有線通信線路が河川を横断するケースや、一時的に河川の敷地を借用して作業を実施する場合等、河川とその周辺の環境においては、工事を進める上での権利関係が生じることがある。河川関係の法令は知っておきたい。

演習問題 河川法に関する記述として、誤っているものはどれか。

①2級河川は、市町村長が管理する
②河川法上の河川には、ダム、堰、堤防等の河川管理施設も含まれる
③1級河川は、国土保全上又は国民経済上特に重要な水系に係る河川で、国土交通大臣が指定した河川である
④河川は、公共用物である

ポイント▶ 河川に関する定義の問題である。特に河川に付与される等級と、これを指定する者、さらには管理を行う者との関係はしっかり理解しておきたい。河川の法的な位置づけや物理的な範囲についても、把握しておいたほうが得策である。

解　説

河川には、その規模に応じた等級が指定されています。洪水等の災害を勘案し、特に重要な水系として国（国土交通大臣）が指定した河川を、1級河川と呼びます。この1級河川の管理者は原則的には国ですが、状況によって都道府県に委任している区間も多く見られます。

1級に次ぐ中規模な河川で、都道府県が指定したものが2級河川です。2級河川の管理者は、当該の都道府県知事になります。なお、3級という区分は存在しません。①が誤りです。

その他の中小規模の河川は、市町村長が指定して管理することになります。その中でも、河川法を準用して管理するものを準用河川と呼びます。一方で、河川法を準用するまでもない小規模のものは普通河川と呼ばれ、こちらは市町村が条例を作って管理しています。

（2級電気通信工事　令和3年後期　No.40）

都道府県知事が管理する2級河川の例

〔解答〕①誤り → 都道府県知事

さらに詳しく

■4つの河川区分

等級	根拠法令	指定者	管理者
1級河川	河川法	国土交通省	国土交通省/都道府県
2級河川	〃	都道府県	都道府県
準用河川	〃	市町村	市町村
普通河川	条例	市町村	市町村

演習問題 河川管理者の許可が必要な事項に関する記述として、河川法令上、誤っているものはどれか。

①河川区域内で仮設の資材置場を設置する場合は、河川管理者の許可は必要ない
②河川区域内に設置した工作物を撤去する場合は、河川管理者の許可が必要である
③一時的に少量の水をバケツで河川からくみ取る場合は、河川管理者の許可は必要ない
④電線を河川区域内の上空を通過して設置する場合は、河川管理者の許可が必要である

ポイント▶ 河川区域の内方において永続的に用地を占有して施設を構築する場合には、当然に河川管理者の許可を必要とする。また一時的な用地の借用についても、原則的に許可が必要となる。許可を要する事象について理解したい。

解　説

河川区域とは、堤防の箇所を含み、両岸の堤防の内側のことです。この河川区域は一部に民有地のケースもありますが、原則的には国や都道府県等河川管理者が所有する敷地となります。

したがって、河川区域において建造物や送電鉄塔等の永続的な構造物を構築するにあたっては、河川管理者の許可が必要となるのは当然のことです。また一時的に仮設の資材置場を設ける場合も占有にあたるため、河川管理者の許可は必要となります。①は誤り。

逆に、取水口や排水口の付近に堆積した土砂を排除する等の保守的な作業については、許可は必要ありません。河川から少量の水をくみ取る場合も同様です。（2級電気通信工事　令和1年後期　No.40）

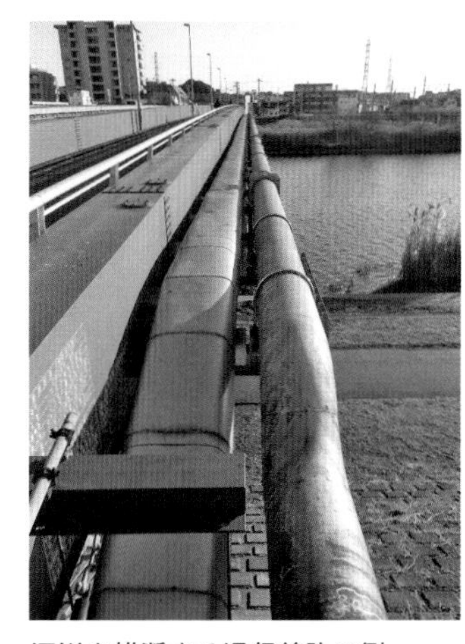

河川を横断する通信線路の例
（右から2本目の管）

〔解 答〕 ①誤り → 許可必要

根拠法令等

河川法
第二章　河川の管理
第三節　河川の使用及び河川に関する規制
第一款　通則

（土地の占用の許可）
第24条　河川区域内の土地を占用しようとする者は、国土交通省令で定めるところにより、河川管理者の許可を受けなければならない。
（工作物の新築等の許可）
第26条　河川区域内の土地において工作物を新築し、改築し、又は除却しようとする者は、国土交通省令で定めるところにより、河川管理者の許可を受けなければならない。河川の河口附近の海面において河川の流水を貯留し、又は停滞させるための工作物を新築し、改築し、又は除却しようとする者も、同様とする。
〔以下略〕

4-6 電気通信事業法① ［用 語］

公衆電話回線等の事業用の電気通信設備は、公共性の高いものである。これらを運用する事業者は社会的な責任も大きく、公平で安定性の高い運用能力が要求される。

演習問題 「電気通信事業法」で規定されている用語に関する記述として、誤っているものはどれか。

①電気通信とは、有線、無線その他の電磁的方式により、音声を伝えることをいう
②電気通信設備とは、電気通信を行うための機械、器具、線路その他の電気的設備をいう
③電気通信事業とは、電気通信役務を他人の需要に応ずるために提供する事業をいう
④電気通信業務とは、電気通信事業者の行う電気通信役務の提供の業務をいう

ポイント▶ 電気通信事業法では冒頭の第２条（定義）にて、電気通信に関連する用語の意義が定められている。微妙な言い回しがあるため、注意しておきたい。

解　説

同法では、電気通信は、「有線、無線その他の電磁的方式により、符号、音響又は影像を送り、伝え、又は受けることをいう。」と定義されています。

つまり音声だけではなく、アナログであれば、音響や影像、デジタルであれば符号も取り扱います。さらには、伝えるだけでなく、送信と受信もその範囲に含んでいます。①が誤りです。

他の選択肢は、いずれも条文と一致しています。紛らわしい表現が多いですが、下記の根拠法令に示した6項目は、優先的に覚えておきましょう。

（2級電気通信工事　令和1年後期　No.41）

音響を送受信する電気通信設備の例

〔解 答〕 ①誤り → 符号、音響、影像を送り、伝え、受ける

根拠法令等

電気通信事業法
第一章　総則
（定義）
第2条　この法律において、次の各号に掲げる用語の意義は、当該各号に定めるところによる。
1　電気通信　有線、無線その他の電磁的方式により、符号、音響又は影像を送り、伝え、又は受けることをいう。
2　電気通信設備　電気通信を行うための機械、器具、線路その他の電気的設備をいう。
3　電気通信役務　電気通信設備を用いて他人の通信を媒介し、その他電気通信設備を他人の通信の用に供することをいう。
4　電気通信事業　電気通信役務を他人の需要に応ずるために提供する事業をいう。
5　電気通信事業者　電気通信事業を営むことについて、第9条の登録を受けた者及び第16条第1項の規定による届出をした者をいう。
6　電気通信業務　電気通信事業者の行う電気通信役務の提供の業務をいう。

演習問題 「電気通信事業法」に規定されている用語に関する記述として、誤っているものはどれか。

①電気通信とは、有線、無線その他の電磁的方式により、符号、音響または影像を送り、伝え、または受けることをいう
②電気通信設備とは、有線電気通信を行うための機械、器具、線路その他の電気的設備（無線通信用の有線連絡線を含む）をいう
③電気通信役務とは、電気通信設備を用いて他人の通信を媒介し、その他電気通信設備を他人の通信の用に供することをいう
④電気通信事業者とは、電気通信事業を営むことについて、総務大臣の登録を受けた者および、総務大臣に届け出をした者をいう

ポイント▶ 同じく定義の設問である。厄介な言い回しが多く困惑しがちであるが、実際に1次検定にて複数回出題されている。是非とも把握しておきたい。

解　説

法による定義では、電気通信設備は、「電気通信を行うための機械、器具、線路その他の電気的設備をいう。」と定められています。

文面を見ての通り、範囲を有線通信には限定していません。つまり、無線通信等も含む広い概念と解釈できます。したがって、②が誤りとなります。

その他の選択肢は、いずれも正しいです。前ページの下部に掲出した根拠法令の6項目は、一歩深めに取り組んでおきましょう。

有線電気通信設備の例

（2級電気通信工事　令和4年前期　No.41）

〔解 答〕 ②誤り → 有線に限らない

根拠法令等

電気通信事業法
第二章　電気通信事業
第二節　電気通信事業の登録等
（電気通信事業の登録）
第9条　電気通信事業を営もうとする者は、総務大臣の登録を受けなければならない。ただし、次に掲げる場合は、この限りでない。
1　その者の設置する電気通信回線設備の規模及び当該電気通信回線設備を設置する区域の範囲が総務省令で定める基準を超えない場合
2　その者の設置する電気通信回線設備が電波法第7条第2項第6号に規定する基幹放送に加えて基幹放送以外の無線通信の送信をする無線局の無線設備である場合

（電気通信事業の届出）
第16条　電気通信事業を営もうとする者（第九条の登録を受けるべき者を除く。）は、総務省令で定めるところにより、次の事項を記載した書類を添えて、その旨を総務大臣に届け出なければならない。
1　氏名又は名称及び住所並びに法人にあっては、その代表者の氏名
2　外国法人等にあっては、国内における代表者又は国内における代理人の氏名又は名称及び国内の住所
3　業務区域
4　電気通信設備の概要
5　その他総務省令で定める事項
〔以下略〕

4-6 電気通信事業法② [責 務]

演習問題 「電気通信事業法」に関する記述として、誤っているものはどれか。

①電気通信事業者の取り扱い中に係る通信は、検閲してはならない
②電気通信事業者の取り扱い中に係る通信の秘密は、侵してはならない
③電気通信事業者は、電気通信役務の提供について、不当な差別的取り扱いをしてはならない
④電気通信事業を営もうとする者は、経済産業大臣の登録を受けなければならない

ポイント▶ 電気通信を営む事業者は、他の産業と比べて社会的な責任が大きいといえる。それゆえに法的な枠組みも、ややハードルが高いものとなっている。電気通信に携わる者として、これらは知っておかないと恥ずかしい。

解 説

電気通信事業者は他人の通信を取り扱っているため、状況によっては、関係者はそれらの通信の存在や内容を読み取れる立場にあります。

しかし内容を検閲したり、通信の秘密を侵すような行動は厳に禁止されています。盗聴した内容を他者に漏らす等の行為は、さらに悪質です。もちろん重い罰則規定もあります。

これは法律のみならず、憲法によるものでもあります。「知られない権利」は、国民の基本的人権です。

電気通信事業に参入する際には、総務大臣に対して申請を行い、登録を受ける必要があります（小規模の場合は届出のみ）。経済産業大臣ではありません。④が誤りです。

根拠となる法律の条文は、前ページの下部を参照してください。

（2級電気通信工事　令和3年前期　No.41）

〔解 答〕 ④誤り → 総務大臣

根拠法令等

電気通信事業法
第一章　総則
（検閲の禁止）
第3条　電気通信事業者の取扱中に係る通信は、検閲してはならない。
（秘密の保護）
第4条　電気通信事業者の取扱中に係る通信の秘密は、侵してはならない。
2　電気通信事業に従事する者は、在職中電気通信事業者の取扱中に係る通信に関して知り得た他人の秘密を守らなければならない。その職を退いた後においても、同様とする。

第二章　電気通信事業
第一節　総則
（利用の公平）
第6条　電気通信事業者は、電気通信役務の提供について、不当な差別的取扱いをしてはならない。

演習問題 重要通信の確保に関する次の記述の[　　]に当てはまる語句の組合わせとして、「電気通信事業法」上、正しいものはどれか。

「電気通信事業者は、天災、事変その他の非常事態が発生し、又は発生するおそれがあるときは、[(ア)]、交通、通信若しくは電力の供給の確保又は[(イ)]のために必要な事項を内容とする通信を優先的に取り扱わなければならない。」

	(ア)	(イ)
①	機密情報の保全	秩序の維持
②	機密情報の保全	避難所の設置
③	災害の予防若しくは救援	秩序の維持
④	災害の予防若しくは救援	避難所の設置

ポイント▶ 事業用の電気通信設備を運用する事業者は、大災害等が発生した場合に備えて、通信の優先順位を設定することが要求されている。実際に回線が輻輳するおそれがあるときは、重要な通信を優先させなければならない。

解　説

大地震等、空前の大災害が発生した直後は、多くの人が電話等の通信媒体に殺到することが想定できます。記憶に新しいところでは、2011年の大震災のときに、各事業者の電話回線がパンクしました。

こういった場合に利用者に優先順位を設けて、まずは重要通信をスムーズにつなげる仕組みが法律で規定されています。ここで優先的に、重要通信として定義されているものは、下記の3種となります。

- 災害の予防、救援
- 交通、通信、電力の供給の確保
- 秩序の維持

「秩序の維持」とは、大規模な暴動等が発生した場合に、警察や自衛隊等が出動するケースを想定したものになります。

したがって、③が正しいです。　（2級電気通信工事　令和2年後期　No.41）

〔解 答〕 ③正しい

 **根拠法令等**

電気通信事業法
第二章　電気通信事業
第一節　総則
（重要通信の確保）
第8条　電気通信事業者は、天災、事変その他の非常事態が発生し、又は発生するおそれがあるときは、災害の予防若しくは救援、交通、通信若しくは電力の供給の確保又は秩序の維持のために必要な事項を内容とする通信を優先的に取り扱わなければならない。公共の利益のため緊急に行うことを要するその他の通信であって総務省令で定めるものについても、同様とする。
〔以下略〕

4-7 有線電気通信法令① [用語]

有線での通信設備を施設する場合には、その送受信間のルートの全長にわたって、実際の現場の特性に応じた構造物を、欠けることなく構築していく。そのために、有線電気通信設備に特有の規定が存在する。

演習問題 「有線電気通信設備令」に規定する用語に関する記述として、誤っているものはどれか。

①絶対レベルとは、1の皮相電力の1mWに対する比を、デシベルで表わしたものをいう
②線路とは、電柱、支線、つり線その他、電線または強電流電線を支持するための工作物をいう
③高周波とは、周波数が3,500Hzを超える電磁波をいう
④音声周波とは、周波数が200Hzを超え、3,500Hz以下の電磁波をいう

ポイント▶ 有線通信設備を構築するための、資機材等の用語についての設問である。省令にて用語が具体的に定義されているが、日常の業務では用いないような、慣れない言い回しも多い。丁寧に把握していきたい。

解　説

絶対レベルは、ややハードルの高い考え方です。ある皮相電力を測定したときに、1mWであれば、これは1mWと比較すると1倍です。これをデシベル値に換算すると、0〔dBm〕となります。

同様に1Wであれば、これは1mWと比べると1000倍です。この場合は30〔dBm〕と算出されますが、このときの数値を「絶対レベル」と呼んでいます。

したがって、①は正しいです。

■ 線路の定義

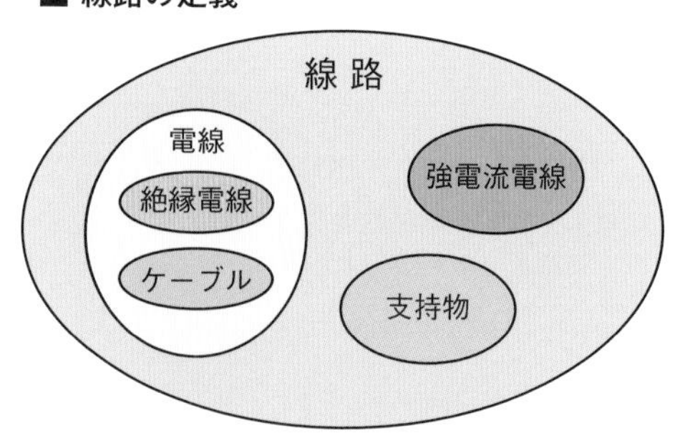

線路の正しい定義は、「送信の場所と受信の場所との間に設置されている電線、およびこれに係る中継器その他の機器(これらを支持し、または保蔵するための工作物を含む。)」になります。

選択肢②は、「支持物」の説明です。すなわち、これが誤りです。

その他の、高周波と音声周波の説明は、選択肢に示された形で正しいです。

（2級電気通信工事　令和2年後期　No.42改）

〔解 答〕 ②誤り

演習問題 「有線電気通信設備令」に規定する用語に関する記述として、誤っているものはどれか。

①電線とは、有線電気通信を行うための導体であって、強電流電線に重畳される通信回線に係るものを含めたものをいう
②ケーブルとは、光ファイバ並びに光ファイバ以外の絶縁物および保護物で被覆されている電線をいう
③線路とは、送信の場所と受信の場所との間に設置されている電線およびこれに係る中継器その他の機器（これらを支持し、又は保蔵するための工作物を含む）をいう
④支持物とは、電柱、支線、つり線その他電線又は強電流電線を支持するための工作物をいう

ポイント▶ 前ページの設問の類題である。同じように、下記に提示した「有線電気通信設備令・第１条」の定義を、把握しておきたい。

解　説

電線の定義は、「有線電気通信を行うための導体であって、強電流電線に重畳される通信回線に係るもの以外のもの」と定められています。

つまり、強電流電線に重畳される通信回線に係るものは含みません。①が誤りです。

その他の各選択肢の、ケーブル、線路、支持物の3つは示された通りです。

（2級電気通信工事　令和１年後期　No.42）

〔解 答〕 ①誤り → 含まない

根拠法令等

有線電気通信設備令
（定義）
第１条　この政令及びこの政令に基づく命令の規定の解釈に関しては、次の定義に従うものとする。
１　電線　有線電気通信を行うための導体であって、強電流電線に重畳される通信回線に係るもの以外のもの
２　絶縁電線　絶縁物のみで被覆されている電線
３　ケーブル　光ファイバ並びに光ファイバ以外の絶縁物及び保護物で被覆されている電線
４　強電流電線　強電流電気の伝送を行うための導体
５　線路　送信の場所と受信の場所との間に設置されている電線及びこれに係る中継器その他の機器（これらを支持し、又は保蔵するための工作物を含む。）
６　支持物　電柱、支線、つり線その他電線又は強電流電線を支持するための工作物
７　離隔距離　線路と他の物体（線路を含む。）とが気象条件による位置の変化により最も接近した場合におけるこれらの物の間の距離
８　音声周波　周波数が200Hzを超え、3,500Hz以下の電磁波
９　高周波　周波数が3,500Hzを超える電磁波
10　絶対レベル　一の皮相電力の1mWに対する比をデシベルで表わしたもの
11　平衡度　通信回線の中性点と大地との間に起電力を加えた場合におけるこれらの間に生ずる電圧と通信回線の端子間に生ずる電圧との比をデシベルで表わしたもの

4-7 有線電気通信法令②［諸規定］

演習問題　「有線電気通信設備令」に関する記述として、誤っているものはどれか。

①有線電気通信設備に使用する電線は、絶縁電線又はケーブルでなければならない
②支持物とは、電柱、支線、つり線その他電線又は強電流電線を支持するための工作物である
③通信回線の線路の電圧は、200V以下でなければならない
④通信回線の電力は、絶対レベルで表わした値で、高周波であるときは、＋20dB以下でなければならない

ポイント▶ 有線電気通信のための線路を施設するにあたっての、さまざまな規定に関する設問である。同省令にて具体的な仕様が定められているが、特に数値が絡むものについては、しっかりと覚えておきたい。

解　説

線路、電線、ケーブルと、似た表現の用語が多く出てきます。これらは法的な定義としては異なる物となりますので、きちんと区別しておきましょう。定義上の内包関係で示しますと、線路⊃電線⊃ケーブルとなります。

絶縁電線とケーブルはともに電線ですが、外装の有無が相違点です。

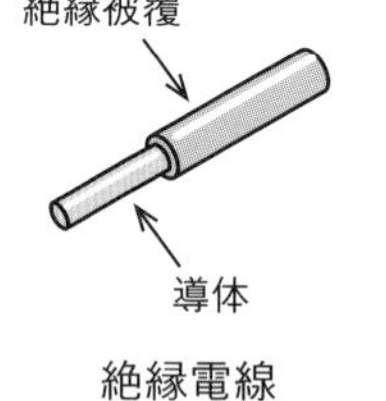

絶縁電線とケーブルの違い

通信回線の線路に用いる電圧は、例外はありますが、原則的には100V以下でなければなりません。したがって、③が誤りとなります。

（2級電気通信工事　令和1年後期　No.42）

〔解 答〕　③誤り → 100V以下

根拠法令等

有線電気通信設備令
（使用可能な電線の種類）
第2条の2　有線電気通信設備に使用する電線は、絶縁電線又はケーブルでなければならない。ただし、総務省令で定める場合は、この限りでない。

（線路の電圧及び通信回線の電力）
第4条　通信回線の線路の電圧は、100V以下でなければならない。ただし、電線としてケーブルのみを使用するとき、又は人体に危害を及ぼし、若しくは物件に損傷を与えるおそれがないときは、この限りでない。
　2　通信回線の電力は、絶対レベルで表わした値で、その周波数が音声周波であるときは、＋10デシベル以下、高周波であるときは、＋20デシベル以下でなければならない。ただし、総務省令で定める場合は、この限りでない。

演習問題 有線電気通信設備の届出に関する記述として、「有線電気通信法」上、正しいものはどれか。

①例外なく全ての有線電気通信設備において、設置の工事であれば届け出なければならない

②届出に係る事項を変更しようとするときは、変更の工事の開始の日の1週間前までに届け出なければならない

③届出をする際は、経済産業大臣またはその所在地を管轄する産業保安監督部長に必要な書類を添えて、届け出なければならない

④設置の工事の開始の日の2週間前までに届け出なければならない

ポイント▶ 有線電気通信設備を設置したい場合には、原則としてその当事者は、所管省庁への届け出が必要となる。この届け出に関するルールについての設問である。

解　説

まず、設置や変更の届け出は、全てが対象ではありません。下記の根拠法令の最後の部分、4のイ～ホは対象外となります。①は誤りです。

次に、設置および変更の届け出の期限についてですが、どちらも2週間前までとなります。②も誤りとなります。

これらの届け出は、所管省庁が総務省ですから、総務大臣に対して行います。経済産業大臣ではありません。③も誤りです。

したがって、④が正しい記述となります。　（2級電気通信工事　令和5年前期　No.42）

〔解 答〕 ④正しい

根拠法令等

有線電気通信法

（有線電気通信設備の届出）

第3条　有線電気通信設備を設置しようとする者は、次の事項を記載した書類を添えて、設置の工事の開始の日の2週間前まで（工事を要しないときは、設置の日から2週間以内）に、その旨を総務大臣に届け出なければならない。

イ　有線電気通信の方式の別

ロ　設備の設置の場所

ハ　設備の概要

〔中略〕

3　有線電気通信設備を設置した者は、第1項各号の事項若しくは前項の届出に係る事項を変更しようとするとき、又は同項に規定する設備に該当しない設備をこれに該当するものに変更しようとするときは、変更の工事の開始の日の2週間前までに、その旨を総務大臣に届け出なければならない。

4　前3項の規定は、次の有線電気通信設備については、適用しない。

イ　電気通信事業法第44条第1項に規定する事業用電気通信設備

ロ　放送法第2条第1号に規定する放送を行うための有線電気通信設備

ハ　設備の一の部分の設置の場所が他の部分の設置の場所と同一の構内又は同一の建物内であるもの

ニ　警察事務、消防事務、水防事務、航空保安事務、海上保安事務、気象業務、鉄道事業、軌道事業、電気事業、鉱業その他政令で定める業務を行う者が設置するもの

ホ　前各号に掲げるもののほか、総務省令で定めるもの

4-8 電波法令① ［許認可］

有線系よりも無線系のほうが、法令は厳しい。電波関係の諸法令としては、中軸となる電波法の他、電波法施行令、電波法施行規則、無線局免許手続規則、無線設備規則、無線従事者規則、無線局運用規則と多岐にわたる。

演習問題 無線局の免許状に記載される事項として、「電波法」上、誤っているものはどれか。

①免許の年月日および免許の番号　②通信の相手方および通信事項
③無線局の種別　④主任無線従事者の資格　⑤移動範囲

ポイント▶ 無線に関係する免許は、無線従事者免許と無線局免許の2種類がある。同じ「免許」という言い回しではあるが、両者は全く性質が異なる。人に関する免許なのか、局に対するものなのか。混同しないように注意したい。

解　説

無線局免許状は、文字通り、局の開設や運用に係る免許です。これに記載される事項は、以下の通りです。

- 免許の番号
- 識別信号（コールサイン）
- 氏名または名称
- 免許人の住所
- 無線局の種別
- 無線局の目的
- 運用許容時間
- 免許の年月日
- 免許の有効期間
- 通信事項
- 通信の相手方
- 移動範囲
- 無線設備の設置場所
- 電波の型式、周波数および空中線電力

このように、免許状に主任無線従事者の資格は記載されていません。主任無線従事者は局の情報ではなく、あくまで人の情報だからです。④が誤り。

（2級電気通信工事　令和3年前期　No.43改）

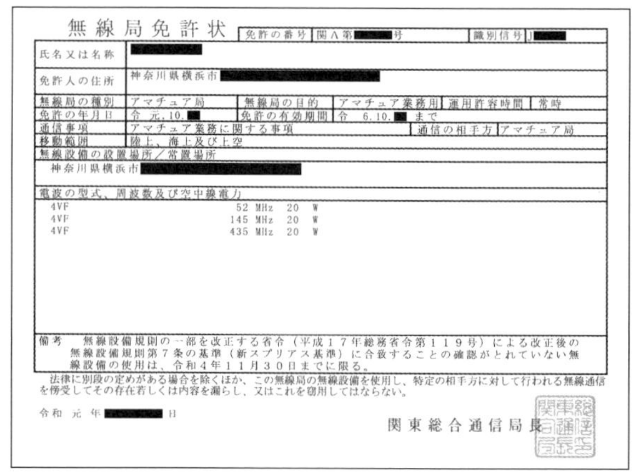
無線局免許状

免許の番号	関Ａ第　号	識別信号	J

氏名又は名称	
免許人の住所	神奈川県横浜市

無線局の種別	アマチュア局	無線局の目的	アマチュア業務用	運用許容時間	常時
免許の年月日	令　元．10．	免許の有効期間	令　6．10．　まで		
通信事項	アマチュア業務に関する事項			通信の相手方	アマチュア局
移動範囲	陸上、海上及び上空				

無線設備の設置場所／常置場所
神奈川県横浜市

電波の型式、周波数及び空中線電力
4VF　52 MHz　20 W
4VF　145 MHz　20 W
4VF　435 MHz　20 W

備考　無線設備規則の一部を改正する省令（平成１７年総務省令第１１９号）による改正後の無線設備規則第７条の基準（新スプリアス基準）に合致することの確認がとれていない無線設備の使用は、令和４年１１月３０日までに限る。

法律に別段の定めがある場合を除くほか、この無線局の無線設備を使用し、特定の相手方に対して行われる無線通信を傍受してその存在若しくは内容を漏らし、又はこれを窃用してはならない。

令和　元　年　　日

関東総合通信局長

無線局免許状の例

〔解 答〕　④誤り → 対象外

演習問題 無線設備の型式検定に合格したとき告示される事項として、「電波法令」上、誤っているものはどれか。

①型式検定合格の判定を受けた者の氏名又は名称
②型式検定申請の年月日
③検定番号
④機器の名称

ポイント▶ 電波法の下位法令の1つに、無線機器型式検定規則がある。無線設備の型式検定を申請する際の、手続きを示したもの。電波関係の諸法令ではマイナーな位置付けではあるが、出題実績があるため把握しておきたい。

解　説

送信の機能を持つ無線設備は、運用を開始する前に総務大臣が指定する機関の検査を受けて、合格することが必須です。まずはこれが大原則になります。

しかし携帯電話等のように、無線設備が工場で大量に生産される場合には、状況が変わってきます。検査機関を呼んで、その場で1台1台の検査を行うことは、およそ現実的ではありません。

そのため、設計内容の検査と、代表として少数の抜取検査を実施する方法での特例が認められています。これが型式検定です。この型式検定に合格すれば、検査を行っていない残りの多数の無線設備も、合格したものとみなされます。

合格した折には、その内容が総務大臣から告示されます。記載される事項は、下記の根拠法令に示した6項目です。ここには申請の年月日はありません。したがって、②が誤りとなります。

型式検定を受けた無線機の例

（2級電気通信工事　令和1年前期　No.43）

〔解 答〕 ②誤り → 対象外

根拠法令等

無線機器型式検定規則
第三章　型式検定の手続等
（検定合格の場合）
第8条　総務大臣は、第6条第1項本文の試験の結果、当該申請に係る機器が検定の合格の条件に適合すると認めたときは、これを型式検定合格とし、別表第6号に定める様式の無線機器型式検定合格証書を申請者に交付するとともに、次に掲げる事項を告示する。
1　型式検定合格の判定を受けた者の氏名又は名称
2　機器の名称
3　機器の型式名
4　検定番号
5　型式検定合格の年月日
6　その他必要な事項

4-8 電波法令② [運 用]

演習問題 無線通信の原則に関する記述として、「電波法令」上、誤っているものはどれか。

①無線通信を行うときは、自局の免許番号を付して、その出所を明らかにしなければならない
②無線通信に使用する用語は、できる限り簡潔でなければならない
③無線通信は、正確に行うものとし、通信上の誤りを知ったときは、直ちに訂正しなければならない
④必要のない無線通信は、これを行ってはならない

ポイント▶ 無線に携わる者にとっては、お馴染みの条文。電波を発する際の、最低限のルールに関するものである。実際に無線通信を行うにあたって、無線従事者はどのような点に留意しなければならないか、おさらいしておこう。

解 説

総務大臣から無線局の免許を受けると、他の無線局と区別するための識別信号を交付されます。これは別名をコールサインともいい、国内では、アルファベットのJから始まる記号・番号で構成されます。

無線通信を行う際の大原則として、送信者は電波の出所を明らかにしなければなりません。このときの「出所」に関する情報は、この識別信号をもって示すこととされています。

識別信号を付けて出所を明らかにする

身近な例として、テレビジョン放送やラジオ放送等を聞いていると、必ず定期的に識別信号を読み上げています。

出所を表す情報として、免許番号は必要ではありません。したがって、①が誤りとなります。その他の選択肢は、いずれも正しいです。 （2級電気通信工事　令和2年後期　No.43）

〔解 答〕 ①誤り → 識別信号を付す

 **根拠法令等**

無線局運用規則
第二章　一般通信方法
第一節　通則

（無線通信の原則）
第10条　必要のない無線通信は、これを行なってはならない。
2　無線通信に使用する用語は、できる限り簡潔でなければならない。
3　無線通信を行うときは、自局の識別信号を付して、その出所を明らかにしなければならない。
4　無線通信は、正確に行うものとし、通信上の誤りを知ったときは、直ちに訂正しなければならない。

演習問題 非常通信に関する次の記述の[ ]内に当てはまる語句の組合わせとして、「電波法」上、正しいものはどれか。

「地震、台風、洪水、津波、雪害、火災、暴動その他非常の事態が発生し、又は発生する恐れがある場合において、[(ア)]を利用することができないか、又はこれを利用することが著しく困難であるときに人命の救助、災害の救援、[(イ)]又は秩序の維持のために行われる無線通信をいう。」

	(ア)	(イ)
①	有線通信	公共通信の確保
②	有線通信	交通通信の確保
③	防災通信	公共通信の確保
④	防災通信	交通通信の確保

ポイント▶ 電波法では、目的外の無線通信が禁止されている。利用目的を定めて免許されていることから、この範囲を逸脱してはならない。しかし人命救助の場合等一部に例外の規定がある。これらに関する設問である。

解　説

本来であれば、無線局免許状に記載された目的以外での電波発信はできません。とはいえ、大災害が発生した際に、人命救助を行うケース等において、例外的に目的外使用が認められています。

認められる通信は、遭難、緊急、安全、非常の4つの通信です。それぞれの具体的な内容は、下記の根拠法令をご参照ください。

非常通信の定義は、「地震、台風、洪水、津波、雪害、火災、暴動その他非常の事態が発生し、又は発生するおそれがある場合において、有線通信を利用することができないか又はこれを利用することが著しく困難であるときに人命の救助、災害の救援、交通通信の確保又は秩序の維持のために行われる無線通信」とされています。

したがって、②が正しいです。　（2級電気通信工事　令和1年後期　No.43）

〔解 答〕 ②正しい

根拠法令等

電波法
第五章　運用
第一節　通則
（目的外使用の禁止等）
第52条　無線局は、免許状に記載された目的又は通信の相手方若しくは通信事項の範囲を超えて運用してはならない。ただし、次に掲げる通信については、この限りでない。
〔中略〕
4　非常通信（地震、台風、洪水、津波、雪害、火災、暴動その他非常の事態が発生し、又は発生するおそれがある場合において、有線通信を利用することができないか又はこれを利用することが著しく困難であるときに人命の救助、災害の救援、交通通信の確保又は秩序の維持のために行われる無線通信をいう。）
5　放送の受信
6　その他総務省令で定める通信

4-9 廃棄物処理法 ［処理及び清掃］

通称「廃棄物処理法」と呼ばれる法令は、正式には、「廃棄物の処理及び清掃に関する法律」という。かつての清掃法を改正したものである。性質の似ているリサイクル法と混同するケースが見られるため、注意されたい。

演習問題 建設現場で発生する廃棄物の種類に関する記述として、廃棄物の処理及び清掃に関する法令上、正しいものはどれか。

①工作物の除去に伴って生じた紙くずは、一般廃棄物である
②工作物の除去に伴って生じた木くずは、一般廃棄物である
③工作物の除去に伴って生じた繊維くずは、産業廃棄物である
④工作物の除去に伴って生じたコンクリート破片は、特別管理一般廃棄物である

ポイント▶ 各種の廃棄物は、廃棄物処理法とその施行令によって具体的に定義がなされている。その中でも産業廃棄物は特に重要であるため、優先的に学習しておきたい。また一般廃棄物は、産業廃棄物以外の廃棄物とされている。

解　説

産業廃棄物の把握は重要ですが、項目数が多くなっています。以下が産業廃棄物に該当します。

・紙くず
・木くず
・繊維くず
・ゴムくず
・金属くず
・ガラスくず、陶磁器くず
・鉱さい
・コンクリートの破片
・燃え殻
・汚泥
・廃油
・廃酸
・廃アルカリ
・廃プラスチック類

金属くずの例

したがって、紙くずや木くずは一般廃棄物ではなく、産業廃棄物になります。またコンクリート破片は特別管理一般廃棄物ではなく、産業廃棄物に該当します。
③の記載のみが正しいです。　（2級電気通信工事　令和3年前期　No.44）

〔解 答〕　③正しい

根拠法令等

廃棄物の処理及び清掃に関する法律（廃棄物処理法）
第一章　総則
（定義）
第2条　この法律において「廃棄物」とは、ごみ、粗大ごみ、燃え殻、汚泥、ふん尿、廃油、廃酸、廃アルカリ、動物の死体その他の汚物又は不要物であって、固形状又は液状のものをいう。

2 この法律において「一般廃棄物」とは、産業廃棄物以外の廃棄物をいう。
3 この法律において「特別管理一般廃棄物」とは、一般廃棄物のうち、爆発性、毒性、感染性その他の人の健康又は生活環境に係る被害を生ずるおそれがある性状を有するものとして政令で定めるものをいう。
4 この法律において「産業廃棄物」とは、次に掲げる廃棄物をいう。
一 事業活動に伴って生じた廃棄物のうち、燃え殻、汚泥、廃油、廃酸、廃アルカリ、廃プラスチック類その他政令で定める廃棄物
〔以下略〕
廃棄物の処理及び清掃に関する法律施行令
第一章 総則
（産業廃棄物）
第2条 法第2条第4項第一号の政令で定める廃棄物は、次のとおりとする。
〔項目数が多いため、上記の本文を参照〕

演習問題 産業廃棄物に関する記述について、廃棄物の処理及び清掃に関する法律上、誤っているものはどれか。

①事業活動に伴って生じた汚泥、廃油及び廃酸は、産業廃棄物である
②事業者は、産業廃棄物を運搬するまでの間、産業廃棄物保管基準に従い、生活環境の保全上支障のないように保管しなければならない
③管理票交付者は、産業廃棄物の処分が終了した旨が記載された管理票の写しを、送付を受けた日から5年間保存しなければならない
④発生した産業廃棄物を事業場の外において保管を行った事業者は、保管をした日から30日以内に都道府県知事に届け出なければならない

ポイント▶ 工事等で生じた、産業廃棄物の取り扱いに関するルールである。保管や運搬、最終処分についての物理的な運用方法の他、書類や届出に関する規程も大切である。不法投棄が固く禁じられていることは、説明するまでもない。

解　説

産業廃棄物に関する管理票とは、いわゆるマニュフェストのことです。ここでの管理票交付者は廃棄物の排出者である、建設事業者になります。産業廃棄物の本体と管理票はおおむね以下のような流れで進み、処分の終了後に管理票の写しが戻ってきます。交付者は、これを5年間保存する義務を負います。③は正しい。

また、発生した産業廃棄物を事業場の外において保管する場合には、保管をした日から14日以内に都道府県知事に届け出る必要があります。30日以内ではありません。④が誤りです。

産業廃棄物管理票（マニュフェスト）の流れ

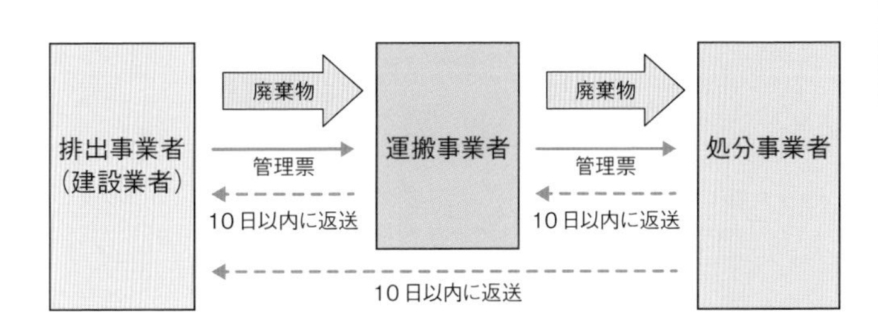

〔解答〕 ④誤り → 14日以内

4-10 建設リサイクル法 ［再資源化］

通称「リサイクル法」と呼ばれる法令は広義のものであり、建設関係に特化したものは区別して「建設リサイクル法」と呼ばれる。これは正式には、「建設工事に係る資材の再資源化等に関する法律」という。

演習問題 建設資材廃棄物に関する記述として、「建設工事に係る資材の再資源化等に関する法律」上、誤っているものはどれか。

①建設業を営む者は、建設資材廃棄物の再資源化により得られた建設資材を使用するよう努めなければならない

②建設工事の元請業者は、当該工事に係る特定建設資材廃棄物の再資源化等が完了したときは、その旨を都道府県知事に書面で報告しなければならない

③解体工事における分別解体等とは、建築物等に用いられた建設資材に係る建設資材廃棄物をその種類ごとに分別しつつ当該工事を計画的に施工する行為である

④再資源化には、分別解体等に伴って生じた建設資材廃棄物であって、燃焼の用に供することができるものを、熱を得ることに利用できる行為が含まれる

ポイント▶ この「建設工事に係る資材の再資源化等に関する法律」は、特定の建設資材について、それらの分別解体や、再資源化を促進することを主眼として制定された。

解　説

建設工事に係る特定建設資材の廃棄物について、再資源化等の処置が完了したときには、元請業者はその旨を発注者に報告しなければならないとされています。都道府県知事ではありません。

上記の各選択肢に関する詳細は、以下の根拠法令をご参照ください。

〔解 答〕 ②誤り → 発注者に報告

根拠法令等

建設工事に係る資材の再資源化等に関する法律

第一章　総則

（定義）

第2条　この法律において「建設資材」とは、土木建築に関する工事に使用する資材をいう。

2　この法律において「建設資材廃棄物」とは、建設資材が廃棄物となったものをいう。

3　この法律において「分別解体等」とは、次の各号に掲げる工事の種別に応じ、それぞれ当該各号に定める行為をいう。

一　建築物等に用いられた建設資材に係る建設資材廃棄物をその種類ごとに分別しつつ当該工事を計画的に施工する行為

〔中略〕

4　この法律において建設資材廃棄物について「再資源化」とは、次に掲げる行為であって、分別解体等に伴って生じた建設資材廃棄物の運搬又は処分に該当するものをいう。

〔中略〕

二　分別解体等に伴って生じた建設資材廃棄物であって燃焼の用に供することができるもの又はその可能性のあるものについて、熱を得ることに利用することができる状態にする行為

第二章　基本方針等
（建設業を営む者の責務）
第5条
〔中略〕
2　建設業を営む者は、建設資材廃棄物の再資源化により得られた建設資材を使用するよう努めなければならない。

第四章　再資源化等の実施
（発注者への報告等）
第18条　対象建設工事の元請業者は、当該工事に係る特定建設資材廃棄物の再資源化等が完了したときは、主務省令で定めるところにより、その旨を当該工事の発注者に書面で報告するとともに、当該再資源化等の実施状況に関する記録を作成し、これを保存しなければならない。
〔以下略〕

演習問題　特定建設資材に該当するものとして、「建設工事に係る資材の再資源化等に関する法令」上、誤っているものはどれか。

①コンクリート
②アスファルト・コンクリート
③木材
④電線

ポイント▶　建設リサイクル法においては、建設資材と特定建設資材は明確に区別されている。特定建設資材は4種のみであり、これは施工管理技士としては特に重要であるため、把握しておきたい。

解　説

特定建設資材は以下の4種と定められています。
1 コンクリート
2 コンクリートおよび鉄から成る建設資材
3 木材
4 アスファルト・コンクリート

コンクリートの例

コンクリートと鉄から成る資材の例

したがって、電線は特定建設資材には該当しません。④が誤りです。

（2級電気通信工事　令和2年後期　No.44）

〔解 答〕　④誤り→非該当

● COLUMN ●

年少者の就業制限の業務範囲

(年少者労働基準規則　第8条)

法第62条第1項の厚生労働省令で定める危険な業務及び同条第2項の規定により満18歳に満たない者を就かせてはならない業務は、次の各号に掲げるものとする。

1　ボイラーの取扱いの業務
2　ボイラーの溶接の業務
3　クレーン、デリック又は揚貨装置の運転の業務
4　緩燃性でないフィルムの上映操作の業務
5　最大積載荷重が2t以上の人荷共用若しくは荷物用のエレベーター又は高さが15m以上のコンクリート用エレベーターの運転の業務
6　動力により駆動される軌条運輸機関、乗合自動車又は最大積載量が2t以上の貨物自動車の運転の業務
7　動力により駆動される巻上げ機、運搬機又は索道の運転の業務
8　直流にあっては750Vを、交流にあっては300Vを超える電圧の充電電路又はその支持物の点検、修理又は操作の業務
9　運転中の原動機又は原動機から中間軸までの動力伝導装置の掃除、給油、検査、修理又はベルトの掛換えの業務
10　クレーン、デリック又は揚貨装置の玉掛けの業務(2人以上の者によつて行う玉掛けの業務における補助作業の業務を除く。)
11　最大消費量が毎時400リットル以上の液体燃焼器の点火の業務
12　動力により駆動される土木建築用機械又は船舶荷扱用機械の運転の業務
13　ゴム、ゴム化合物又は合成樹脂のロール練りの業務
14　直径が25cm以上の丸のこ盤又はのこ車の直径が75cm以上の帯のこ盤に木材を送給する業務
15　動力により駆動されるプレス機械の金型又はシヤーの刃部の調整又は掃除の業務
16　操車場の構内における軌道車両の入換え、連結又は解放の業務
17　軌道内であって、ずい道内の場所、見通し距離が400m以内の場所又は車両の通行が頻繁な場所において単独で行う業務
18　蒸気又は圧縮空気により駆動されるプレス機械又は鍛造機械を用いて行う金属加工の業務
19　動力により駆動されるプレス機械、シヤー等を用いて行う厚さが8mm以上の鋼板加工の業務
21　手押しかんな盤又は単軸面取り盤の取扱いの業務
22　岩石又は鉱物の破砕機又は粉砕機に材料を送給する業務
23　土砂が崩壊するおそれのある場所又は深さが5m以上の地穴における業務
24　高さが5m以上の場所で、墜落により労働者が危害を受けるおそれのあるところにおける業務
25　足場の組立、解体又は変更の業務(地上又は床上における補助作業の業務を除く。)
26　胸高直径が35cm以上の立木の伐採の業務
27　機械集材装置、運材索道等を用いて行う木材の搬出の業務
28　火薬、爆薬又は火工品を製造し、又は取り扱う業務で、爆発のおそれのあるもの
29　危険物を製造し、又は取り扱う業務で、爆発、発火又は引火のおそれのあるもの
31　圧縮ガス又は液化ガスを製造し、又は用いる業務
32　水銀、砒ひ素、黄りん、弗ふつ化水素酸、塩酸、硝酸、シアン化水素、水酸化ナトリウム、水酸化カリウム、石炭酸その他これらに準ずる有害物を取り扱う業務
33　鉛、水銀、クロム、砒ひ素、黄りん、弗ふつ素、塩素、シアン化水素、アニリンその他これらに準ずる有害物のガス、蒸気又は粉じんを発散する場所における業務
34　土石、獣毛等のじんあい又は粉末を著しく飛散する場所における業務
35　ラジウム放射線、エックス線その他の有害放射線にさらされる業務
36　多量の高熱物体を取り扱う業務及び著しく暑熱な場所における業務
37　多量の低温物体を取り扱う業務及び著しく寒冷な場所における業務
38　異常気圧下における業務
39　さく岩機、鋲びよう打機等身体に著しい振動を与える機械器具を用いて行う業務
40　強烈な騒音を発する場所における業務
41　病原体によつて著しく汚染のおそれのある業務
42　焼却、清掃又はと殺の業務
43　刑事施設又は精神科病院における業務
44　酒席に侍する業務
45　特殊の遊興的接客業における業務
46　前各号に掲げるもののほか、厚生労働大臣が別に定める業務

5章

着手すべき優先度⑤

★★

選択問題の領域

5章も選択問題の領域である。出題される20問のうち、7問のみを選択して解答すればよいから、捨ててもよい問題は13問もある。
解答すべき全40問のうち、この7問はわずかに18％。試験全体の中では重要度は低い。

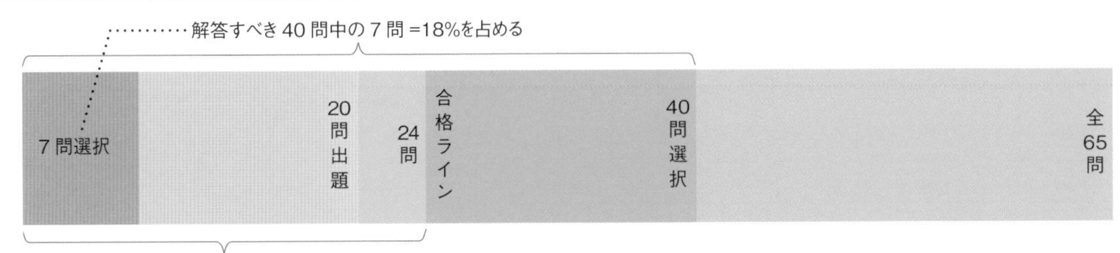

合格に必要な24問に対して7問は、29％を占めている。内容的には、技術系の応用問題が出題されるカテゴリである。とはいえ、設問自体はそれほど難解ではない。
もはや5章では、半数以上の問題は最初から捨ててもよい。得意とするジャンルのみを選びながら、肩の力を抜いて楽しみながら進めていく段階である。

5-1 放送 [地上デジタルTV]

一般的に電気通信は互いが送受信者となる相互通信のケースが多いが、テレビジョンは一方的に放送形式で送信するのみである。戦後復興の象徴ともいわれてきたが、広い電気通信産業の技術を俯瞰すると異色の存在である。

演習問題 我が国の地上デジタルテレビ放送に関する記述として、適当でないものはどれか。

①従来の標準放送(SDTV相当)の品質の場合、1チャネルで3本の放送が可能である
②影像や音声の他に、データ放送等のデータが多重化されている
③1チャネルの周波数帯域幅6MHzを14等分したうちの13セグメントを使用している
④地上デジタルテレビ放送では、VHF帯の電波が使用されている

ポイント▶ テレビジョン放送の変調方式は今世紀に入って大きな変革期を迎え、従来のアナログ方式は2012年3月に終了した。デジタル化は2003年12月から始まり、しばらくは両方式が並行して供給されて、移行期間を経ていた。

解　説

テレビジョン放送で使用する周波数帯域は、かつてアナログ伝送を行っていた頃は、VHF(超短波)帯およびUHF(極超短波)帯の双方が割り当てられていました。

これらのうち、VHF帯にて運用されていた各局のチャネルは、デジタル化の際に全面的にUHF帯に移行しています。したがって、④が不適当となります。

テレビジョン放送やラジオ放送にて主に使われている周波数帯については、下表を参照してください。

■テレビ・ラジオ放送の周波数帯

30kHz	300kHz	3MHz 3000kHz	30MHz	300MHz	3GHz 3000MHz	30GHz
10km	1km	100m	10m	1m	0.1m	0.01m

LF Low Frequency 長波	MF Medium Frequency 中波	HF High Frequency 短波	VHF Very High Frequency 超短波	UHF Ultra High Frequency 極超短波	SHF Super High Frequency 極極超短波 別名：マイクロ波
	中波ラジオ放送	短波ラジオ放送	FMラジオ放送 旧テレビ放送	UHFテレビ放送 地デジテレビ放送	衛星テレビ放送

凡例：1段目は周波数帯、2段目は波長

(2級電気通信工事　令和4年後期　No.29)

〔解 答〕 ④不適当 → UHF帯

演習問題 我が国の地上デジタルテレビ放送に関する記述として、適当でないものはどれか。

①地上デジタルテレビ放送の伝送には、UHF（極超短波）帯の電波が使用されている
②地上デジタルテレビ放送では、1つのチャネルで3本のハイビジョン放送（HDTV）が放送できる
③地上デジタルテレビ放送で使用しているデジタル変調方式は、マルチパス妨害による干渉に強い
④地上デジタルテレビ放送の信号には、映像や音声の他にデータ放送等のデータが多重化されている

ポイント▶ デジタル伝送化された現行のテレビジョン放送では、アナログ時代にはなかった新技術を導入している。特に多重化によって、さまざまな付加価値を実現できるようになった。また、アナログ伝送での弱点も克服されている。

解　説

デジタル化されたテレビジョン放送の特徴の1つは、ハイビジョン放送（HDTV）が可能になったことです。ハイビジョン放送は走査線の数が1,125本となり、旧来の標準放送（SDTV）と比較して倍以上となっています。

つまり伝送すべき情報量が倍以上に膨れ上がったことによって、無線伝送の技術面では、多値化および多重化が要求されるようになりました。

伝送手段の多値化･多重化によって、より多くの情報を送ることが実現できました。しかしハイビジョン放送は12セグメントを必要とするので、1つのチャネルで収容できるのは1本だけです。②は不適当です。

■地デジ放送のセグメント配分の概要

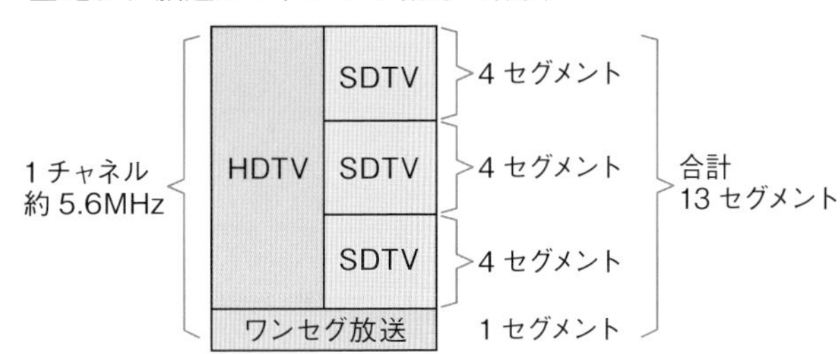

4セグメントで済む標準放送の情報量であれば、この拡大されたチャネルの幅によって、3本の放送内容を収容することが可能です。

デジタル伝送化にあたって、OFDM変調方式が採用されました。この方式は時間軸方向にガードインターバルというクッションが設けられ、マルチパスによる電波の遅延を吸収できるようになっています。③は適当。

（2級電気通信工事　令和1年前期　No.30）

〔解 答〕　②不適当 → 1本のみ

学習のヒント

ハイビジョン放送：HDTV＝High-Definition Television
標準放送：SDTV＝Standard Definition Television
現行のデジタルテレビジョン放送は、この両者を混在する形で運用している。

演習問題 我が国の地上デジタルテレビ放送に関する記述として、適当でないものはどれか。

①地上デジタルテレビ放送では、伝送中の情報の誤りを訂正するため圧縮符号を付加している

②地上デジタルテレビ放送のデジタル変調方式には、直交周波数分割多重（OFDM）方式が使用されている

③地上デジタルテレビ放送の符号化には、MPEG-2と呼ばれる方式が使用されている

④地上デジタルテレビ放送では、放送信号を暗号化して放送している

ポイント▶ 伝送のデジタル化によって、情報を圧縮したり誤り訂正の機能を付加することが可能となる。また、状況に応じて暗号化を行う等、旧来のアナログ時代とはすっかり様変わりした技術面を、踏み込んで理解したい。

解　説

伝送中に符号誤り（ビット誤り）が発生する場合がありますが、これらを受信方で検出した際に、自動的に訂正する機能を持っています。これは、リードソロモン（RS）符号と畳み込み符号という仕組みで実現します。

圧縮符号は関係ありませんので、①の記述が不適当となります。

OFDM変調方式は、日本語訳では直交周波数分割多重です。周波数軸方向にも時間軸方向にも、ともに区切りを設けて、碁盤の目のようになった各マスに情報を割り当てていきます。

このOFDMの態様は、アナログ時代の多重化方式FDMと、デジタル初期の多重化方式TDMとを、融合したようなイメージで捉えると理解しやすいでしょう。

■OFDMの概念図

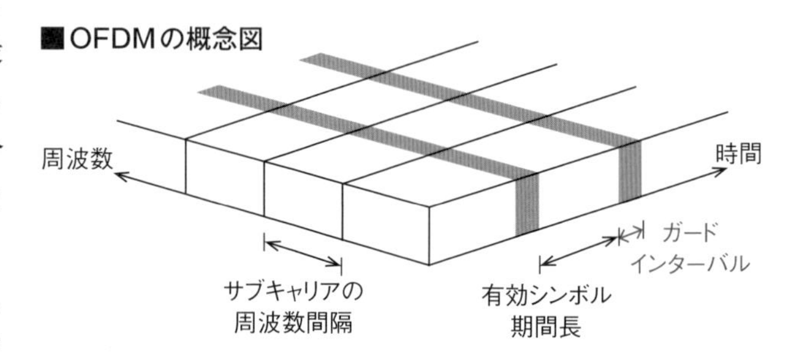

建造物に反射する等の遠回りをしてきた電波（マルチパスという）は、最短距離を進む波よりも遅れて到着することになります。時間的に遅延した分だけ位相も遅れ、これが干渉の原因となってしまいます。

この遅延時間を補完するために、OFDMでは時間軸方向にガードインターバルを設けています。これが、マルチパス到来波に対するクッションの役目をしています。

②は適当です。

（2級電気通信工事　令和1年後期　No.30）

〔解 答〕 ①不適当

さらに詳しく

OFDM：Orthogonal Frequency Division Multiplexing
OFDM変調を基礎とした多元接続方式がOFDMAであり、LTE等の3.9G携帯電話システムの下り回線に用いられている。

演習問題 我が国の地上デジタルテレビ放送において利用されている映像符号化方式として、適当なものはどれか。

①MPEG-1
②MPEG-2
③MP3
④HEVC(H.265)

ポイント▶ 音声や映像等のアナログ情報をデジタル化する手法は、時代とともに進化してきた。特に映像はデータ量が大きいため、圧縮効率を高める技術は、業界の各機関や企業がしのぎを削って開発してきた経緯がある。

解説

MPEG-1は、やや古い方式です。標準放送(SDTV)の約1/4のサイズの映像を圧縮する規格になります。品質はVHSビデオテープ並で、これでは地デジ時代には使い物になりません。

MPEG-2はH.262とも呼ばれます。DVDの規格で、緻密な画質での収録が可能になりました。デジタル動画のデータ量を、1/10～1/20程度まで圧縮できます。

MPEG-3は欠番で、使われていません。

MPEG-4は、DVDの画質を圧縮してCDに収まる程度の容量にできる、高圧縮の規格です。動画配信等で威力を発揮します。

MP3は、MPEG-1の音声圧縮規格です。映像とは関係ありません。

HEVCは、従来のMPEG-4より効率の優れた動画圧縮形式のことです。MPEG-4に比べて約2倍の圧縮効率となります。別名はH.265 。

題意の、地デジ放送で用いられる動画の圧縮符号化方式は、MPEG-2です。この規格は、SDTVとHDTVの両方に対応可能となっています。②が適当です。

(2級電気通信工事　令和4年前期　No.30)

テレビジョン放送送信所の例

〔解答〕 ②適当

学習のヒント

MPEG：Moving Picture Experts Group
HEVC：High Efficiency Video Coding

5-2 無線LAN① ［暗号化］

今日では、無線LANは生活に欠かせない通信インフラとなっている。有線LANに比べて便利である一方、情報が外部に漏れるセキュリティ面等の対策が必要となる。

演習問題 無線LANの暗号化方式に関する記述として、適当でないものはどれか。

①WEP方式は、TKIPを利用してシステムを運用しながら動的に暗号鍵を変更できる
②WPA2方式では、暗号化アルゴリズムにAESを使用している
③WEP方式は、暗号化アルゴリズムにRC4を使用している
④WEP方式は、暗号化されたパケットから暗号鍵が解読される危険性がある

ポイント▶ 無線LANで通信を行う場合には、伝送経路の途中で第三者に内容を覗かれるリスクが常につきまとう。覗かれないようにする対策は難しいため、覗かれた場合に内容を解読できないよう、暗号化にて対処している。

解　説

無線LANに暗号化の機能が導入された、初期の方式はWEPでした。暗号化を実行する際のアルゴリズムには、ストリーム暗号のRC4を用いています。③は適当。

ベースとなる暗号化の共通鍵（WEPキー）は、基本は40ビット（半角英数5文字）という短いものでした。拡張版になると、104ビット（同13文字）まで改良されています。

しかし、WEP方式は脆弱性が指摘されています。鍵長が短いことに加え、WEPキーに付加してRC4アルゴリズムに入力する乱数の初期化ベクター（IV）が、平文のまま伝送路へ出て行ってしまう致命的な欠点があります。

これによって、暗号化されたパケットから逆算して、暗号鍵が解読される危険性を排除できません。そのため、現在ではほとんど利用されていません。④は適当。

■WEP方式の暗号化の流れ

WEP方式は、暗号化プロトコルに同じ名前のWEPを利用しています。TKIPではありません。また、暗号鍵を動的に変更する機能もありません。したがって、①が不適当です。

（2級電気通信工事　令和4年前期　No.17）

〔解 答〕 ①不適当

WEP：Wired Equivalent Privacy

演習問題 無線LANの暗号化方式に関する記述として、適当でないものはどれか。

①WEP 方式は、WPA 方式やWPA2方式と比べ脆弱性があり、安全な暗号方式とはいえない
②WPA2方式は、暗号化アルゴリズムにDES を使用している
③WPA 方式は、TKIP を利用してシステムを運用しながら動的に暗号鍵を変更できる
④WEP 方式は、暗号化アルゴリズムにRC4を使用している

ポイント▶ 無線LANは比較的手軽に構築でき、事務所のみならず家庭にも広く普及している。使いやすさの反面、電波が届く範囲であれば簡単に傍受されてしまう。対策として、伝送データは第三者に解読されないように暗号化を行う。

解　説

WPA方式は、暗号化のためのプロトコルにTKIPを採用しています。これは運用しながら動的に暗号鍵を変更できるため、WEPと比べると信頼性が高い方式です。③は適当。

WPA2方式は、複数の暗号化アルゴリズムを選択できます。まずWPAとの互換モードとして運用する場合は、ストリーム暗号のRC4を用います。

基本モードとして運用する場合は、ブロック暗号によって暗号化を実行します。ブロック暗号は主にDESとAESとがありますが、WPA2方式では**AES**が利用されています。

したがって、②が不適当です。DESは安全性が低いため、現代では推奨されていません。

■各暗号化方式のプロトコルとアルゴリズムの関係

登場年	暗号化方式	プロトコル	アルゴリズム	信頼性	備考
2018年	WPA3	CCMP	AES/CNSA	最高	
2004年	WPA2	CCMP	AES	高	基本モード
		TKIP	RC4	低	WPA との互換モード
2002年	WPA	CCMP	AES	中	改良型
		TKIP	RC4	低	
1997年	WEP	WEP	RC4	最低	

ブロック暗号は、平文のデータを固定長のブロックに区切って処理していく手法です。例えばDES方式はデータを64ビット単位に区切り、換字と転置を複数回繰り返すことにより暗号化を実行します。

一方のストリーム暗号は固定長のブロックには区切らず、頭から1ビットずつ、あるいは1バイトずつ暗号化処理を行っていくものです。ストリーム暗号の代表格はRC4です。

（2級電気通信工事　令和3年後期　No.17）

〔解 答〕 ②不適当 → AES

学習のヒント
WPA：Wi-Fi Protected Access

演習問題 暗号化方式の仕様や特徴等について、正しいものを選べ。

①平文のビット列を可変長のブロックに分割してブロック単位のビット列とし、このブロック単位のビット列と鍵のビット列で換字と転置を複数回繰り返すことにより暗号化、複合を行う方式を、ブロック暗号という
②ストリーム暗号の1つにRC4があり、SSLやWEPの通信経路上の暗号化に利用されている
③非対称暗号方式は対称暗号方式と比較すると、暗号アルゴリズムが単純であって、処理機能のハードウェア化が容易である。また非対称暗号方式は公開鍵暗号方式ともいわれ、第三者に秘密にする秘密鍵と一般に公開する公開鍵の2つの鍵を用いる方式である
④RSAは非対称暗号アルゴリズムを用いているが、この安全性は離散対数問題の困難性を根拠としている

ポイント▶ 暗号化アルゴリズムは一律ではなく、弱点が発見されるごとに進化してきた。特に非対称暗号方式の登場によって、情報通信の可能性と汎用性が、飛躍的に拡大した。

解　説

ブロック暗号方式は平文のビット列をブロック単位に分割しますが、これは可変長ではなく固定長です。例として、ブロック暗号方式の一番手DESは64ビット、後継のAESは128ビットの固定長です。よって①は誤りです。

ストリーム暗号方式はブロック暗号とは異なり、平文データの頭から1ビットずつ、または1バイトずつ順次暗号化していきます。代表格はRC4で、SSLやWEP暗号化に用いられています。②の記述は正しいです。

上記の2種は、ともに共通鍵暗号方式です。これは送信者と受信者とが同じ鍵を保有して運用します。両者の間で鍵の受け渡し問題が残りますが、暗号アルゴリズムは単純ですから処理は軽くなります。

■主な暗号アルゴリズム一覧

共通鍵暗号方式（対称暗号方式）	ブロック暗号	DES AES
	ストリーム暗号	RC4
公開鍵暗号方式（非対称暗号方式）		RSA（素因数分解） ElGamal（離散対数） 楕円曲線暗号

一方で、公開鍵暗号方式は全く逆です。まず送信者と受信者とで保有する鍵が異なります。自分だけが保有する秘密鍵と、広く公開するための公開鍵とが一対の組合わせとなります。どちらの鍵も、送信者としても受信者としても利用できます。

鍵の受け渡し問題は解決できますが、アルゴリズムが非常に複雑なため、処理に時間がかか

る難点があります。③は誤りです。

公開鍵暗号方式の安全性とは、公開鍵から秘密鍵を割り出すことをいかに困難にするかの尺度です。一対となっている公開鍵と秘密鍵とは関連性がありますから、簡単な関数ではすぐに推定できてしまいます。

したがって、高性能のコンピュータを用いても非常に時間がかかるような、複雑な関数を用いる必要があります。

RSAは公開鍵暗号方式で最も利用されている代表格であります。これは離散対数問題ではなく、素因数分解問題の困難性を安全性の根拠としています。

なお、離散対数問題の困難性を採用しているのは、同じく公開鍵暗号方式のElGamal（エルガマル）です。したがって④は誤りです。

■素因数分解の困難性の例

	2	3	5	7	11	13	17	19	23	29	31	37	41	43	47	53
2	4	6	10	14	22	26	34	38	46	58	62	74	82	86	94	106
3		9	15	21	33	39	51	57	69	87	93	111	123	129	141	159
5			25	35	55	65	85	95	115	145	155	185	205	215	235	265
7				49	77	91	119	133	161	203	217	259	287	301	329	371
11					121	143	187	209	253	319	341	407	451	473	517	583
13						169	221	247	299	377	403	481	533	559	611	689
17							289	323	391	493	527	629	697	731	799	901
19								361	437	551	589	703	779	817	893	1007
23									529	667	713	851	943	989	1081	1219
29										841	899	1073	1189	1247	1363	1537
31											961	1147	1271	1333	1457	1643
37												1369	1517	1591	1739	1961
41													1681	1763	1927	2173
43														1849	2021	2279
47															2209	2491
53																2809

例として、「2491」という数字だけが提示されて、何と何の掛け算かがすぐに出てくるだろうか。
これが素因数分解問題の困難性の原理である。

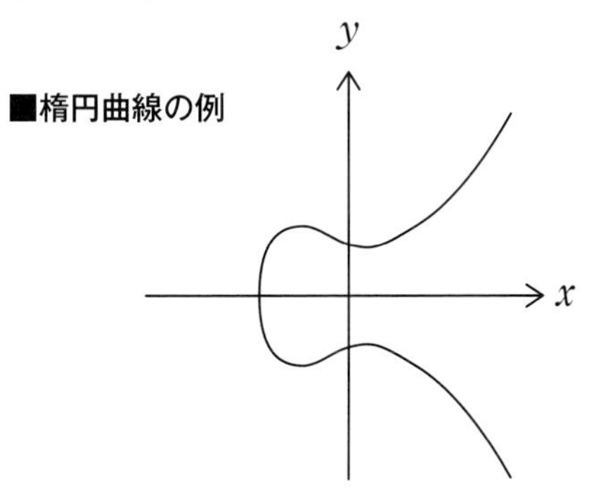

$$y^2=x^3+ax+b$$

楕円曲線暗号を生成するための根拠となる関数は、このような姿をしている。

〔解 答〕 ②正しい

5-2 無線LAN② [規 格]

演習問題 無線LAN(IEEE802.11標準)の仕様や特徴について述べた文章のうち、誤っているものを選べ。

①各種のISMバンド対応機器等、他のシステムとの干渉を避けるために、2.4GHz帯のISMバンドを使用する無線LANでは、スペクトル拡散変調方式が用いられている
②5GHz帯を用いる無線LANは、ISMバンドとの干渉によるスループット低下がない
③2400MHz帯と5GHz帯の両方の無線LANの周波数帯域で使用できる、デュアルバンド対応のデバイスが組み込まれたものがある
④CSMA/CA方式では、送信端末はアクセスポイント(AP)からのCTS信号を受信することで、送信データが正しくAPに送信できたことを確認する。これは、自身の送信データが他の無線端末からの送信データと衝突しても、送信端末では衝突を検知することが困難であるためである

ポイント▶ 無線LANは、使用する周波数帯域や変調方式の違い等によってさまざまな規格が存在するが、これは同時に進化の歴史でもある。

解 説

まず、無線LANで使用できる周波数帯域を整理します。以前は2,400MHz(2.4GHz)帯と5GHz帯の2種類で運用されてきましたが、近年になって60GHz帯を用いる規格が登場。下表の各規格は、IEEE802.11標準の末尾のアルファベット記号による区分です。

周波数帯	11b	11g	11a	11n	11ac	11ad
2.4GHz	○	○		○		
5GHz			○	○	○	
60GHz						○

ISMバンド(Industry-Science-Medical Band)は産業科学医療用の周波数帯です。2,400MHz帯と5GHz帯で運用されています。このうち2,400MHz帯は、無線LANで用いる周波数帯と近接しているため、両者が干渉する問題があります。

このため、無線LAN側がスペクトル拡散変調を採用し、干渉時のスループット低下等の障害を低減しています。スペクトル拡散とは、CDM(符号分割多重)を実現する手段のことです。①は正しいです。

一方5GHz帯は、両者の周波数帯が離れているため干渉は発生しません。②も正しい。

上表の通り、802.11nは両周波数に対応するデュアルバンドの規格です。アクセスポイント(AP)と端末との作用によって自動的に選択します。③は正しい。

有線LANと違って、無線LANでは他の端末からの送信データと重なった場合に、その事実を検知することが困難です。そのためCSMA/CA方式によって送信データの制御を行います。

送信した端末はAPからACK信号を受信できれば、送信データの正常性を確認できます。CTS信号ではありません。④が誤りです。

■無線LANでの送信データ衝突の例

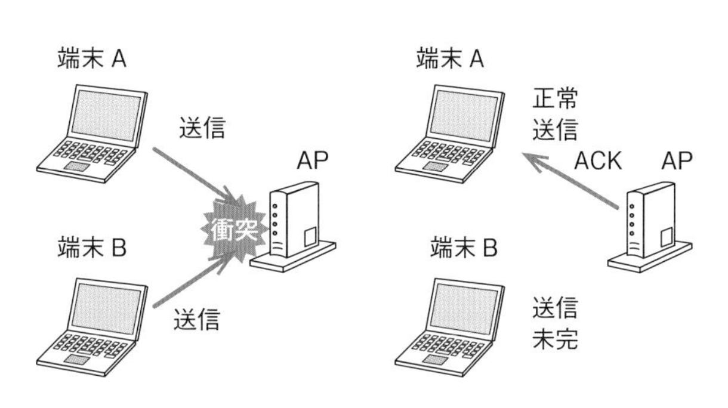

〔解 答〕 ④誤り

演習問題 無線LAN（IEEE802.11標準）において、OFDMと呼ばれる規格の変調方式として正しいものはどれか。

①周波数ホッピング　②直接拡散　③シングルキャリア　④マルチキャリア

ポイント▶ 無線LANはデジタル通信であるから、信号を搬送波に乗せるためにデジタル変調を行う。当初はCDM方式が主流であったが、より高速化を目指してOFDM方式へと進化してきた。両者の違いについて理解を深めておきたい。

解　説

スペクトル拡散変調を行うCDMには、2つの方式が存在します。その1つが「周波数ホッピング（FHSS）」で、通信中に短い時間間隔で周波数を変えていく方式です。周波数が次々と高速で変わっていくため、送信者と受信者とで変更パターンを把握していないと正常に通信ができません。把握していない第三者に対して秘匿性が高まる利点があります。

もう1つの方式は「直接拡散（DSSS）」で、これはPN符号を用いて広い周波数帯に拡散する方式です。送信者と受信者とで同一のPN符号を持っていないと正常に通信できません。持っていない第三者が受信しても、復調できないためノイズにしか聞こえず、秘匿性が高いといえます。

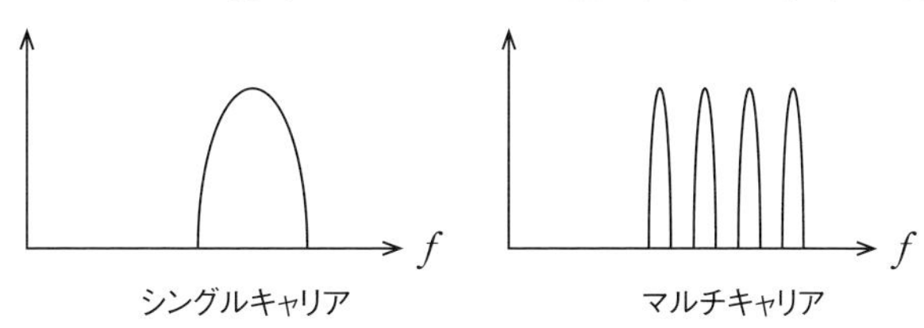

題意のOFDMは、直交周波数分割多重変調方式です。免許されている周波数（キャリア）をさらに細かいサブキャリアに分け、その1本1本を各ユーザに割り当てます。複数のキャリアを用いて通信することから、「マルチキャリア」と呼ばれます。④が正しいです。

〔解 答〕 ④正しい

無線LANは局の開設にあたって無線局免許は不要であり、操作する者についても無線従事者免許は不要である。

5-3　無線特性①　[フェージング]

無線通信は距離が離れた地点間において、電波伝播の性質を用いて伝送するものである。それゆえに、伝送路周辺の環境による影響を受けることは避けられない。フェージング等の通信障害に備えて、どのような対策を施すべきか考える。

演習問題　フェージングに関する次の記述に該当する名称として、適当なものはどれか。

「送信点から放射された電波が2つ以上の異なった経路を通り、その距離に応じて位相差を持って受信点に到来することにより生じるフェージングである。」

①偏波性フェージング　②吸収性フェージング
③干渉性フェージング　④跳躍フェージング

ポイント▶　フェージングとは、無線通信において受信地点での電界強度が、何らかの理由により強弱に変動する現象のこと。この変動により、安定した受信が困難になる場合もある。原因によって多数の種類が存在する。

解　説

■電波を複数の経路で受信する例

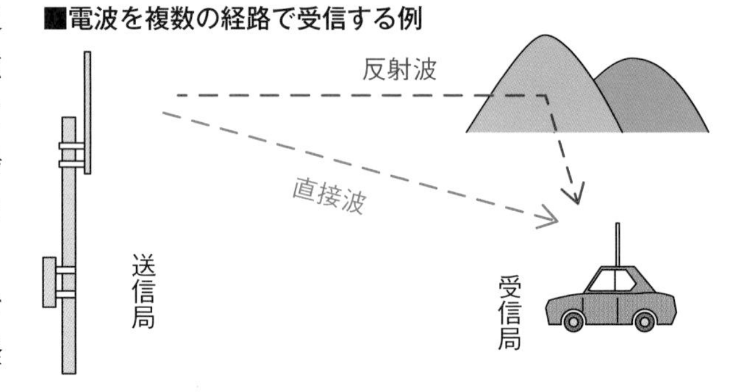

電波の経路は1つではありません。反射や屈折、回析、ラジオダクト等を考慮すれば、むしろ無数に存在するといってもよいでしょう。つまり受信局の立場から見ると、同じ内容の電波がさまざまな方角から到着することになります。

この場合に、送受信点間を最短距離で進行した直接波と、その他のルートを経由した反射波等のマルチパス波とでは、到達時間に差が出てきます。

到達時間の差。それはすなわち、直接波との間に波の位相差が発生することを意味します。

最悪のケースが波長の半分だけ遅延した場合で、直接波と遅延波とが干渉して、互いに打ち消し合ってしまいます。この結果、受信局ではほとんど何も受信できない状況に陥ります。

このように、複数の経路を経由した電波が互いに干渉する現象を、「干渉性フェージング」と呼びます。したがって、③が適当です。

（2級電気通信工事　令和3年後期　No.19）

■位相が半波長遅延した例

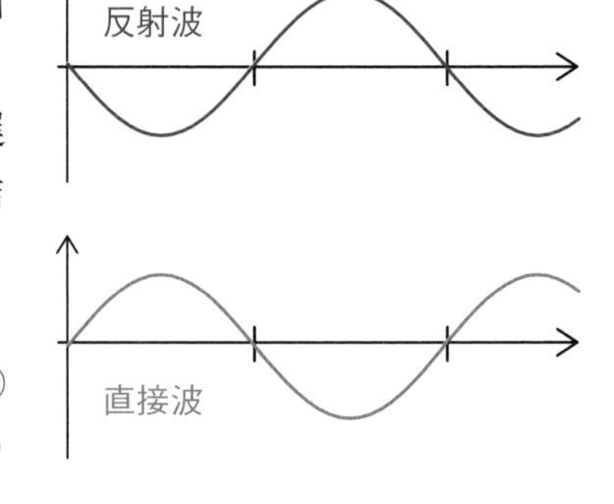

〔解 答〕　③適当

演習問題 フェージングに関する次の記述に該当する名称として、適当なものはどれか。

「大気屈折率の分布の変化によって生じた地球の等価半径係数の変化により、直接波と大地反射波の通路差の変化や大地回析波等の回析状態の変化により発生するフェージングである。」

①吸収性フェージング　②偏波性フェージング　③跳躍フェージング　④K形フェージング

ポイント▶ フェージングの原因はさまざまである。建造物や山岳等の固定された物体での反射が原因であれば、ある程度の計算ができるが、大気の状態等目に見えない環境が主原因となるケースもある。これらも把握したい。

解　説

地球の等価半径係数は、やや高度な概念です。まずはスネルの法則に従い、大気中の屈折率の大きさの変化によって、電波等の電磁波は下向きに曲げられることを理解します。

つまり、見通し距離内で伝播する電波は「直接波」とはいうものの、実際には直線的に進行している訳ではありません。わずかですが、山なりに進んでいるのが実態です。

それによって、電波や光が実際に到達できる「見通し距離」は、地形図上で計算した理論的な距離よりも、約1.15倍も遠くなることになります。

■大気による屈折の考え方

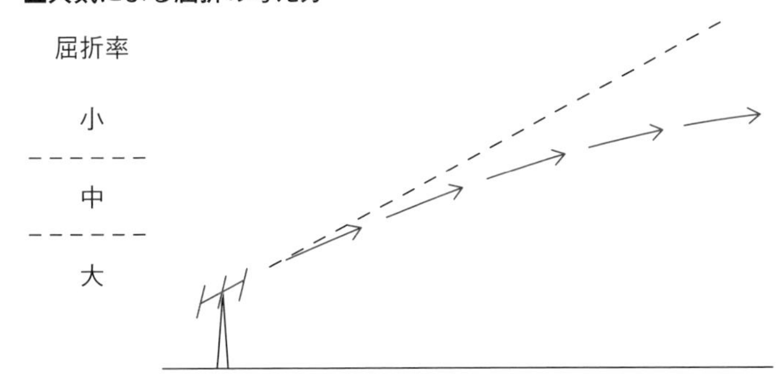

次に、山なりに進む伝送ルートを求める際に、そのままでは曲線のため計算が複雑となってしまいます。そこで、この伝送ルートが直線になるまで、擬似的に地球の半径を拡大して考えます。

この際の拡大する倍率を、「等価地球半径係数」といい、通称として「K」とも呼ばれます。大気の状態が安定している「標準大気」の場合であれば、K≒4/3の値をとります。

実際の環境では、大気の屈折率の分布が局地的に変化している箇所が存在します。そのスポットに電波が入り込むと、想定外の角度に曲げられる等、伝播経路が普段と異なるような状況を引き起こします。つまり、Kが4/3でない値をとっている状況です。

このような背景で通路差が不規則に生じるフェージングを、「**K形フェージング**」といいます。④が適当です。

（2級電気通信工事　令和2年後期　No.19）

〔解 答〕 ④適当

5-3 無線特性② ［ダイバーシチ］

演習問題 ダイバーシチ技術に関する次の記述の［　］に当てはまる語句の組合わせとして、適当なものはどれか。

「垂直偏波を受信するアンテナからの出力と、水平偏波を受信するアンテナからの出力を合成または切り替えることで、受信レベルの変動を［(ア)］する方式を［(イ)］ダイバーシチという。」

	(ア)	(イ)
①	小さく	周波数
②	小さく	偏波
③	大きく	周波数
④	大きく	偏波

ポイント▶ フェージング等の受信の不安定さを補うための施策として、ダイバーシチがある。発音の問題でダイバーシティとも呼ぶが、同じものである。

解　説

電磁波は、電界と磁界によって構成されます。ここで偏波とは、電磁波のうち電界が振動する方向のことです。つまり、電界面が作る正弦波の位置とも表せます。

例えば八木アンテナが寝ている状態（右図の左）では、電界面は水平になり、これを水平偏波といいます。逆にアンテナが立っていれば（同右）、偏波面は垂直になります。

■水平・垂直それぞれの偏波の考え方

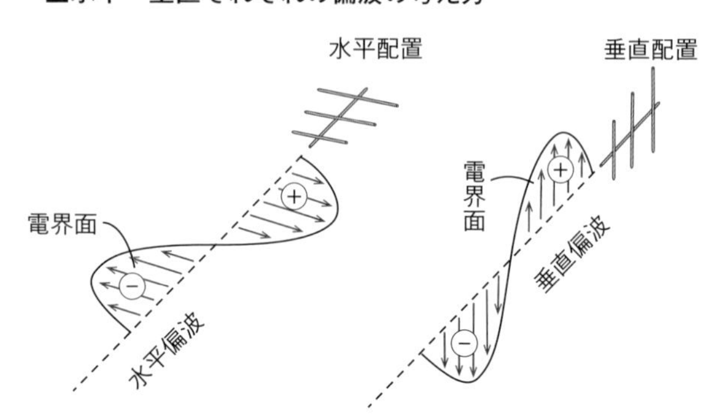

2つの偏波が互いに直交する形態のアンテナを用いれば、同一の周波数に2本の伝送媒体を設けられ、2倍の情報量を送ることが可能になります。

あるいは、2つの偏波とも同じ信号を送信し、相互に補完する形のことを**偏波ダイバーシチ**といいます。偏波性フェージング等による受信レベルの変動を小さくでき、通信の安定性が期待できます。

一方の周波数ダイバーシチは、複数の周波数を用いて伝送する方式です。ここでは関係ありません。したがって、②が適当となります。　（2級電気通信工事　令和3年前期　No.19）

〔解答〕 ②適当

演習問題 ダイバーシチ技術に関する次の記述の[　　]に当てはまる語句の組合わせとして、適当なものはどれか。

「フェージングによる影響を軽減するため、複数の受信アンテナを数波長以上離して設置し、信号を[(ア)]にまたは切り替えることで受信レベルの変動を[(イ)]する方式を空間ダイバーシチ方式という。」

	(ア)	(イ)
①	合成	小さく
②	合成	大きく
③	除去	小さく
④	除去	大きく

ポイント▶ 通信不良の原因となるフェージングの状況にも左右されるため、ダイバーシチの手法はいくつか存在する。代表的なものは把握しておきたい。

解　説

電波の反射や屈折、回析等によって、フェージングが発生することがあります。中でもK形フェージングのような、不規則な位相のズレが原因の場合は、空間ダイバーシチが有効です。

送信アンテナは1つですが、受信局ではアンテナを複数用意します。各アンテナでそれぞれ受信を行い、状況の良いほうを採用したり、あるいは両者を合成したりして信号を復調します。

■空間（スペース）ダイバーシチの概要

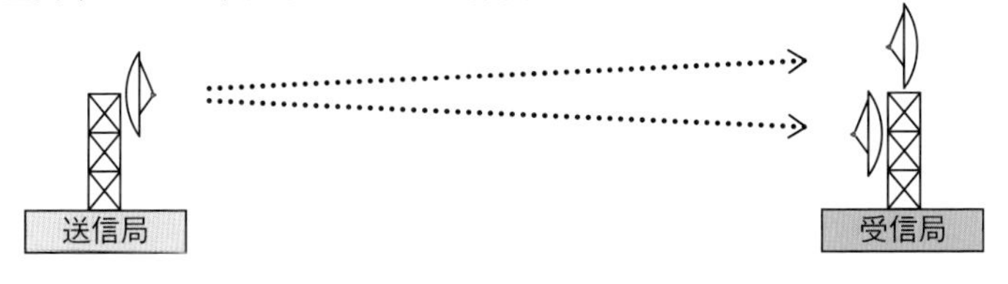

空間ダイバーシチの採用例

これによって高い受信レベルを維持しやすくなり、不安定さを軽減できます。受信アンテナは互いに半波長以上離すことで、十分な効果を発揮できます。

このように空間ダイバーシチ方式は、信号を合成したり、または切り替えることで受信レベルの変動を小さくする方式です。別名を、「スペースダイバーシチ」とも呼びます。

したがって、①が適当です。　（2級電気通信工事　令和1年後期　No.19）

〔解 答〕 ①適当

5-4 デジタル変調① [各種方式]

無線通信において、搬送波に信号を載せる作業を変調という。アナログ変調の場合はAMとFMが主流であった。デジタル変調では、ビット列を搬送波に載せるに際して特徴的な形が見られ、これは多値化を追求する仕組みでもある。

演習問題 デジタル変調方式に関する次の記述の[　　]に当てはまる語句の組合わせとして、適当なものはどれか。

「デジタル信号の1と0に応じて、搬送波の周波数を切り換える変調方式を[(ア)]、デジタル信号の1と0に応じて、搬送波の位相を切り換える変調方式を[(イ)]という。」

	(ア)	(イ)
①	FSK	PSK
②	PSK	FSK
③	PSK	ASK
④	ASK	FSK

ポイント▶ デジタル信号はバイナリ形式であるから、0状態と1状態の2つのポジションが取れれば事が足りる。これを2値形式という。一方で1回の送信単位で複数の情報を載せる試みを多値化といい、高速化の原動力となった。

解　説

デジタル変調方式において、末尾に「SK」と付くものはShift Keying（シフト・キーイング）の意味です。つまり、何かの要素を変化させることで各信号を表現する手法です。

FSKのFはFrequencyで「周波数」の意味です。周波数を高くしたり低くしたりすることで、これらに信号をあてはめていきます。

■FSKの例

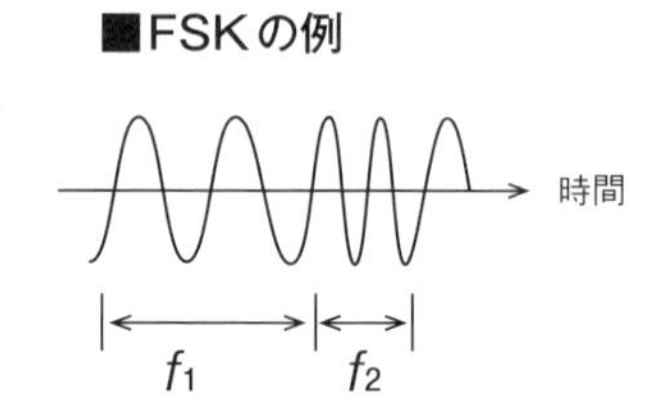

PSKのPはPhaseで「位相」という意味ですが、位相とは波の時間方向のズレのことです。搬送波である正弦波（sinカーブ）を、時間方向に遅らせることで信号を表現していきます。

円は1周が360度（2πラジアン）です。したがって、波を90度（π/2ラジアン）遅らせた形を3回繰り返せば、全体で4つのポジションを取ることができます。

ここに各信号を載せれば、1回の送信単位（1シンボルという）で信号0～3までの4値を表現することができます。これを「4PSK」といいます。

題意の語句としては、（ア）がFSK。（イ）にPSKが入るため、①が適当となります。

（2級電気通信工事　令和4年後期　No.4）

■PSKの例

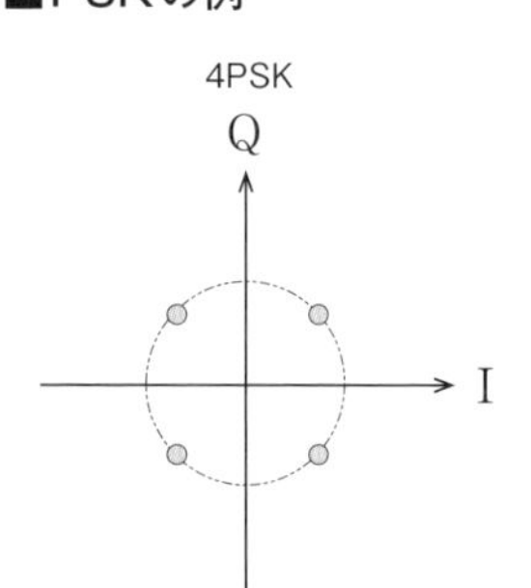

〔解 答〕 ① 適当

演習問題 デジタル変調のQAM方式に関する記述として、適当でないものはどれか。

①16QAM方式は、1シンボルあたり4ビットの情報を伝送することができる
②16QAM方式は、LTEのデータの変調に利用されている
③QAM方式は、搬送波の周波数をデジタル信号により変化させる変調方式である
④16QAM方式は、BPSK方式に比べ周波数利用効率が高い

ポイント▶ 有線にしても無線にしても、伝送を行うための媒体は有限である。この限りある伝送資源を用いて、より多くの情報を送るために、さまざまな工夫が模索されてきた。この1つの完成形が、本例題のQAM変調方式である。

解　説

掲題のQAM方式とは、複数の振幅を持つ2つの正弦波(sinカーブ)を、互いに軸をπ/2ラジアン変化させて、掛け算する変調方式となります。

例えば16QAMであれば、右のイメージ図のようにI軸方向に4通りの振幅、Q軸方向にも4通りの振幅を持たせます。

これで4×4＝16値のポジションを取ることができるため、1シンボルで16値が伝送可能となります。16値は4ビット分の情報を内包していますので、①は適当です。

■16QAMの概念図

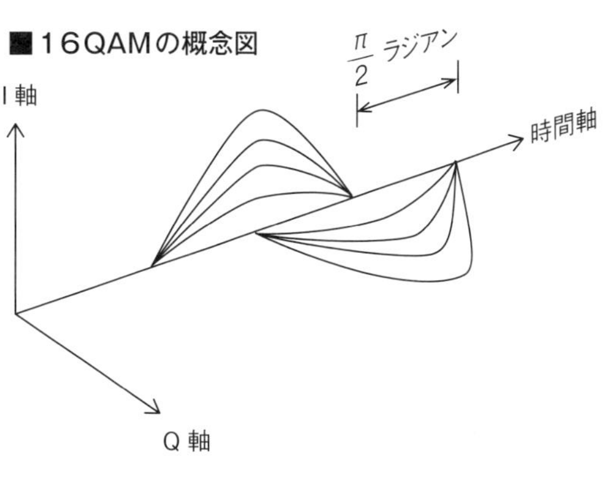

QAM変調方式を活用する、第3.9世代（3.9G）携帯電話の例

QAMは、搬送波の周波数を変化させる方式ではありません。これはFSKの説明になります。したがって、③の記載は不適当となります。

BPSK方式とは、2値を取る2PSKのことです。2値は1ビットの情報しか格納できません。明らかに16QAMのほうが効率が高いです。④は適当です。

QAM方式が活用されている場面としては、第3.9世代の携帯電話システム(3G-LTE)や、地上デジタルテレビ放送が代表例です。②も適当です。

（2級電気通信工事　令和2年後期　No.20）

〔解 答〕 ③ 不適当

学習のヒント

QAM：Quadrature Amplitude Modulation
PSK：Phase Shift Keying

演習問題 デジタル変調のQAM方式に関する記述として、適当でないものはどれか。

①64QAMは、1シンボルあたり6ビットの情報を伝送することができる
②QAM方式は、直交する2つのFSK変調信号を合成する方式である
③16QAMは、LTEで利用されている
④256QAMの1シンボルで伝送できるビット数は、16QAMの2倍である

ポイント▶ デジタル変調の性質として、表現する値と伝送する情報量の関係がある。これを混同してはならない。1回の伝送単位で何ビット分の情報を送りたいのか、そのためには、どれだけの表現能力が必要となるのか理解したい。

解　説

QAMの頭の数値は、1回の送信単位に詰め込める値の数を表しています。値の数とビット数との関係は、下表のようになります。2の指数で考えると、理解しやすくなります。

64QAMは、1シンボルあたりにバイナリデータ6ビット分の情報を載せていて、これを表現するために64値を必要としています。①は適当。

収容できるビット数	1	2	3	4	5	6	7	8
取り得る値	2	4	8	16	32	64	128	256

256QAMは8ビット分の情報を格納。16QAMは4ビット分です。つまり、2倍の情報量を伝送することが可能です。④は適当です。

なお、搬送電力や占有周波数帯幅等の、他の条件が同じ場合での比較になります。

QAM方式は、直交する2つのASK変調信号を合成する方式です。FSKではありません。したがって、②が不適当です。

ASKとは、振幅偏移変調のことです。搬送波の振幅の大小によって、信号の内容を区別する方式です。数あるデジタル変調の中でも、比較的シンプルな方式といえます

■4値ASK変調の概要

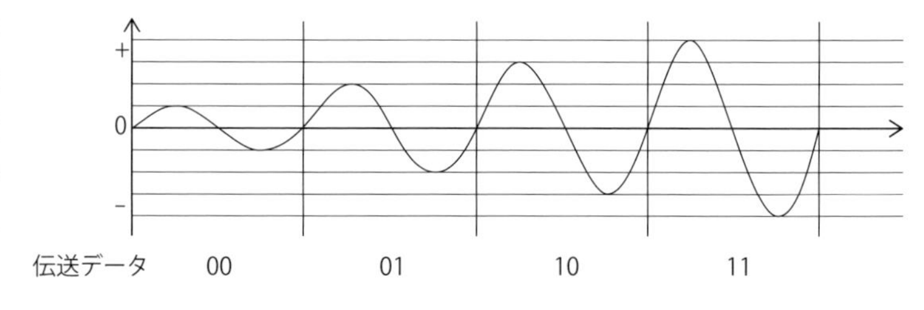

（2級電気通信工事　令和4年前期　No.18）

〔解 答〕 ②不適当 → 2つのASK変調信号を合成

学習のヒント

ASK：Amplitude Shift Keying
FSK：Frequency Shift Keying

5-4 デジタル変調② [伝送効率]

演習問題 1シンボルで伝送できるビット数が最も少ないデジタル変調方式として、適当なものはどれか。

①8PSK
②16QAM
③BPSK
④QPSK

ポイント▶ データ伝送は、単に多くの情報を送ればよいわけではない。それらを伝送するために要する資源は、なるべく最小であるほうが望ましい。つまり効率である。いかに効率よく伝えられるかの試みが、多値化の歴史でもある。

解説

8PSKは信号点を45度（π/4ラジアン）ごとに配置して、1回の送信単位である1シンボルで8値を伝送する位相変調方式です。

8値は2^3なので、バイナリデータに換算すると、3ビット分のデータに相当します。

16QAMは、1シンボルで16値を伝送できます。16値は2^4なので、4ビット分のバイナリデータになります。

BPSKは2PSKの別称で、BはBinaryという意味です。信号点を180度（πラジアン）ごとに配置するので、1シンボルで2値しか伝送できません。

2値とは0か1のどちらかの表現なので、バイナリデータの1ビット分になります。

■各PSKの信号点

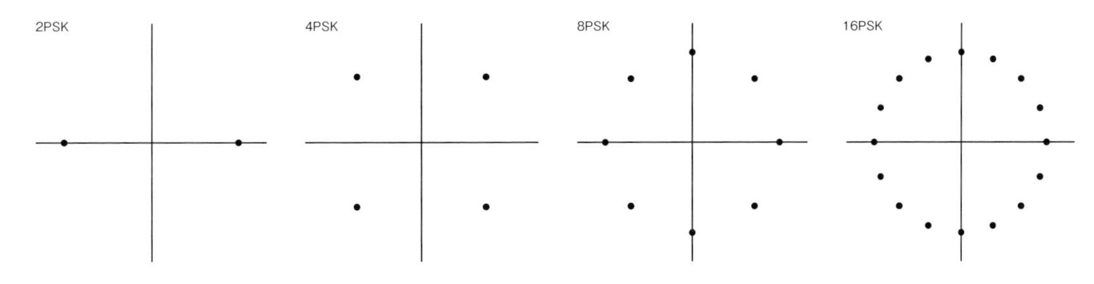

QPSKは4PSKの別称です。信号点を90度（π/2ラジアン）ごとに配置し、1シンボルで4値を伝送することができます。

4値はバイナリデータに換算すると2ビット分のデータに相当します。

以上より、伝送できるビット数が最も少ない変調方式は、③のBPSKとなります。

（2級電気通信工事　令和4年後期　No.18）

〔解 答〕 ③適当

演習問題 移動通信に用いられる次の変調方式のうち、周波数利用効率が最も高いものはどれか。

①QPSK
②GMSK
③16QAM
④8PSK

ポイント▶ 周波数利用効率とは裏返せば、1本の周波数でどれだけ多くの情報を送れるかの尺度である。可能な限り少ない資源で、より多くの情報を伝送する能力こそが、多値化の成果といえる。

解　説

この設問では、選択肢の中にPSKやMSK、QAMと複数の変調方式が混在しています。そのため前提条件として、占有周波数帯幅が同程度な場合での比較として考えます。

まずQPSKは4PSKですから、1シンボルで4値、つまり2ビット分のバイナリデータを伝送可能です。

■PSK変調方式の仕様一覧

名称	別名	値	ビット数	位相角	deg
2PSK	BPSK	2	1	π	180°
4PSK	QPSK	4	2	π/2	90°
8PSK	-	8	3	π/4	45°
16PSK	-	16	4	π/8	22.5°

2つ目のGMSK変調方式は、やや難しい概念になります。FSK変調方式の伝送効率を改良したものに、MSKという方式があります。

このMSK変調方式にガウスフィルターを投入して、さらに効率よく伝送できるように改良したものが、選択肢にあるGMSKになります。

そもそも、FSK方式が占有周波数帯幅を広くとる変調方式であるため、PSKと比較すると伝送効率はあまり高くありません。

次の16QAMは1シンボルで16値、すなわちバイナリデータに換算すると、4ビットの情報を送信可能です。

最後の8PSKは、1回の変調で8値をとります。これは3ビット分のバイナリデータを伝送することができます。

したがって、上記の中で最も伝送効率が高い変調方式は、③の16QAMです。

（2級電気通信工事　令和1年前期　No.18）

〔解 答〕 ③最も高い

学習のヒント

GMSK：Gaussian Filtered Minimum Shift Keying

5-5 多元接続 [各種方式]

１本の物理回線に複数のチャネルを束ねて収容する考え方を、多重化と呼ぶ。さらに、これらのチャネルに対して不特定多数のユーザが自在にアクセスする状況に対応する方式を、多元接続という。これは有線も無線も同様である。

演習問題 次の記述は、衛星通信の多元接続の一方式について述べたものである。該当する方式を下の番号から選べ。

「各送信地球局は、同一の搬送周波数で、無線回線の信号が時間的に重ならないようにするため、自局に割り当てられた時間幅内に収まるよう自局の信号を分割して断続的に衛星に向け送出し、各受信地球局は、衛星からの信号を受信し、自局に割り当てられた時間幅内から自局向けの信号を抜き出す。」

①プリアサイメント　②FDMA　③TDMA　④CDMA

ポイント▶ 多元接続にはさまざまな方式が存在し、アナログ変調の時代から進化を続けてきた。通信の相手方は人工衛星ばかりではなく、移動通信（携帯電話）でも同様である。他のチャネルと混信を起こすことのないよう、明確な峻別が求められる。

解　説

「プリアサイメント」とはFDMA方式において、サブキャリアである各周波数をユーザへ割り当てる際に、契約等で事前に決めておく考え方のことです。逆に事前の縛りをせずに、発呼（ユーザからの発信要求）があったときにはじめて割当てを行うものを、「デマンドアサイメント」と呼びます。したがって、本設問とは関係ありません。①は非該当。

各選択肢に含まれる「DMA」とは、Division Multiple Access の頭文字をとったもので、分割多元接続といいます。1本の物理回線を論理的に分割して複数のチャネルを設け、多くのユーザを収容する考え方です。時代とともに進化をしており、頭のアルファベットが分割の方式を表します。

「FDMA」方式のFとは、周波数（Frequency）を意味しています。免許された周波数帯域（キャリア）を、さらに細かい帯域（サブキャリア）に分割して、各チャネルとしてユーザに割り当てる方式です。もっぱらアナログ変調で用いられていました。送信方には精密な周波数選択が、受信方には高性能のフィルタ（BPF）が求められます。

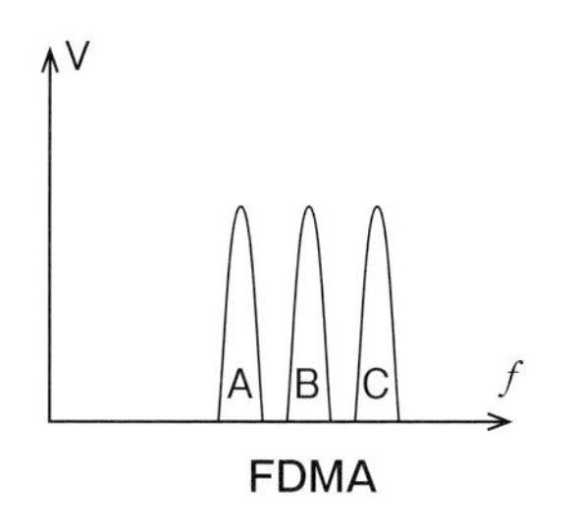

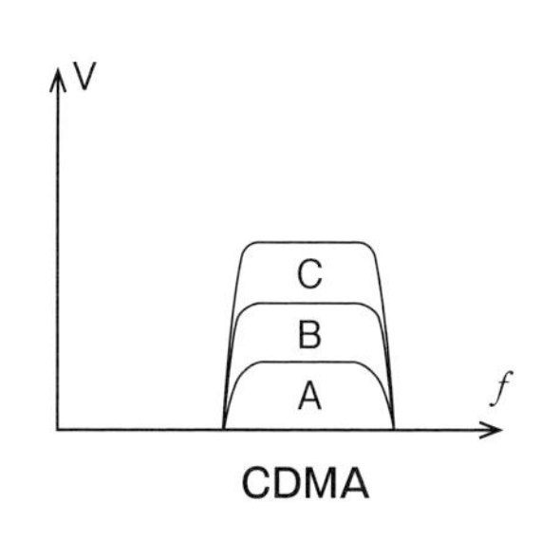

TDMA方式が用いられていた、
第2世代（2G）携帯電話

「**TDMA**」方式のＴは時間（Time）を意味します。デジタル時代に突入するとデータの圧縮が可能となり、TDMAは1本のキャリアを時間軸方向に細かく分割し、**各ユーザに持ち時間を配分**する方式です。送信方と受信方の双方に、正確な時間同期が必要となります。③が該当です。

■TDMA方式の概念図

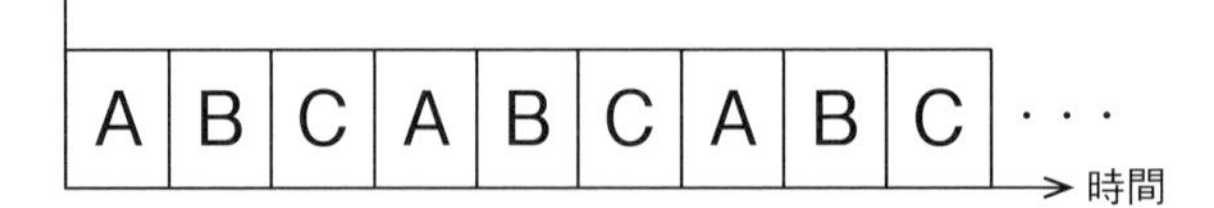

さらに進化すると「CDMA」方式の時代に入ります。Cは符号（Code）の意味で、免許されている周波数帯域いっぱいにスペクトル拡散を行います。このスペクトル拡散処理をする手法には、直接拡散（DSSS）と、周波数ホッピング（FHSS）の2種類が存在します。④は非該当。

（一陸特　平成30年6月AM〔無線工学〕 No.13）

〔解 答〕 ③ 該当

演習問題　移動体通信で用いられるCDMA多元接続方式に関する記述として、適当でないものはどれか。

①FDMA 方式に比べて秘話性が高い
②隣接基地局へのローミングが容易である
③スペクトル拡散方式が用いられる
④FDMA 方式に比べて干渉を受けにくい

ポイント▶ 周波数方向にマスを切っていくFDMA方式と、時間方向にマスを切るTDMA方式を経験し、次なる方式はこの両者を踏襲しない斬新なCDMA方式である。21世紀初頭に一世を風靡したCDMA方式とは、どういった通信方式なのか。

解　説

そもそもFDMA方式はアナログ変調であるから、周波数さえ合わせて傍受すれば会話音声は全て聞こえてしまいます。一方のCDMA方式はデジタル変調であり、なおかつ周波数を広い範囲に拡散するため、傍受されたとしても内容を解読されにくい性質があります。したがって秘話性が高いといえます。①は適当です

「ローミング」とは通信サービス事業者が異なっても、同一の端末で通信ができる契約形態のことです。CDMA方式かどうかは関係ありません。同一の通信サービス事業者の配下にある隣接基地局への接続変更は、ハンドオーバーといいます。したがって②は不適当です。

ハンドオーバー

基地局 A

基地局 B

CDMA方式では、免許されている周波数帯域いっぱいにスペクトル拡散を行います。拡散を行う際に用いるキーワードが「擬似雑音符号」です。別名をPN（Pseudo random Noise）符号ともいい、符号分割多元接続方式という名称で呼ばれる所以でもあります。③は適当です。

違法局を含めて、他の無線局から発せられる電波によって、自局が受信すべき電波が干渉を受ける場合があります。FDMA方式はアナログ変調のため、干渉波が受信機に入り込むと排除することができません。しかし、CDMA方式は拡散された電波を受信機内で狭帯域に戻すため、干渉波も無視できるほどに細くなるという原理です。④も適当。

CDMA方式が用いられている、第３世代（3G）携帯電話

■CDMA復調の概念

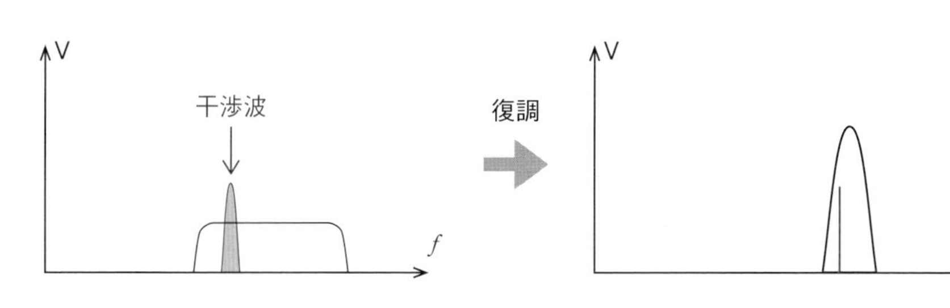

（2級電気通信工事　令和1年前期　No.19）

〔解 答〕 ②不適当

5-6 衛星通信① ［衛星仕様］

物理的に有線回線を敷設することが困難な場合の通信手段の1つに、人工衛星を中継した無線回線がある。例えば日本国とアメリカ合衆国との間の通信を考えれば理解しやすい。海底ケーブルか、衛星中継回線しか選択肢はない。

演習問題 静止衛星による衛星通信に関する記述として、適当でないものはどれか。

①衛星を見通せる場所であれば、山間部や離島等でも通信可能である
②1台のトランスポンダを複数の地球局で同時に利用するために多元接続が使われる
③ダウンリンクの周波数は、アップリンクの周波数よりも高い周波数が使われる
④静止軌道上に3機の衛星を配置すれば、北極、南極付近を除く地球上の大部分を対象とする、世界的な通信網を構築できる

ポイント▶ 我々の生活圏から遥か遠く、宇宙に浮かぶ人工衛星。この衛星を中継局として、遠距離の通信回線システムを構築する際の、全体像を考える。通信衛星の態様や回線の仕様等、基本的な事項をおさえておきたい。

解　説

人工衛星を経由する中継方式の構築にあたって、周波数の割当てを検討します。地球局から衛星局へ向かうアップリンク回線と、その逆向きのダウンリンクとでは、異なる周波数をペアで用います。

実際には、往路だけでなく復路の回線も同時に設定されているため、1つのホップ間だけを見ても、2本の周波数が対になっています。

一般的にはダウンリンク回線よりも、アップリンクの周波数を高く設定することが望ましいです。これは電波の性質として、低い周波数のほうがより遠方まで伝播するからです。

■静止衛星通信のあらまし

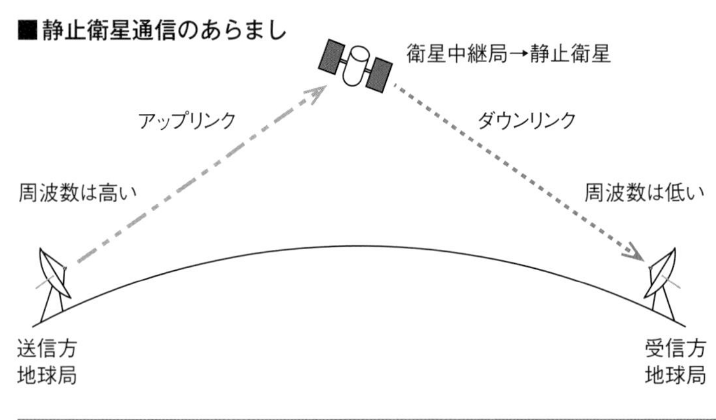

送信に使える電力が限られている衛星局は、より少ない電力で遠方まで伝播させる必要があります。そのため、あまり高い周波数の使用は好ましくありません。③が不適当といえます。

（2級電気通信工事　令和4年後期　No.19）

〔解 答〕 ③不適当 → アップリンクのほうが高い

演習問題 静止衛星通信に関する記述として、適当なものはどれか。

①静止衛星は、赤道上空およそ36,000〔km〕の円軌道を約12時間かけて周回する
②静止軌道上に2機の衛星を配置すれば、北極、南極付近を除く地球上の大部分を対象とする、世界的な通信網を構築できる
③衛星通信には、電波の窓と呼ばれる周波数である1～10〔GHz〕の電波しか使用できない
④アップリンク周波数よりダウンリンク周波数のほうが低い

ポイント▶ 人工衛星は宇宙に浮かぶ存在であるが、無線通信に用いるための衛星は、具体的にどの位置に何か所配置すべきなのか。また使用する周波数は、どのように設定すれば効率がよいのか。把握しておく必要がある。

解　説

静止衛星とは地球上から観察した場合に、常に同じ場所に見える衛星のことです。つまり地球の自転と同じサイクルで、地球の周りを公転しています。したがって、公転周期は約**24時間**です。①は不適当。

公転する遠心力で軌道外に飛ばされないように、所定の地上高を保つ必要があります。これが地球表面から約3万6千kmの距離です。これより低いと、重力のほうが勝って地球に落下してしまいます。

生活エリアに適さない北極と南極地域を除いて、世界中のほぼ全域を網羅するためには、赤道の上空に人工衛星を配置することが理想的といえます。

■静止衛星の数

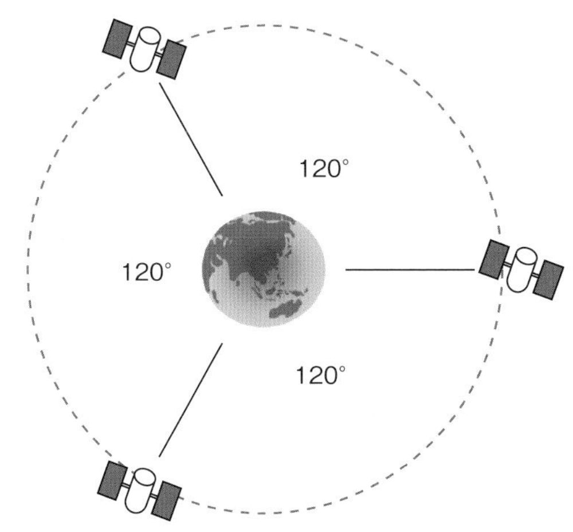

通信用の衛星は最低でも**3個**は必要となります。2個では、場所によっては地平線ギリギリに衛星がいるように見えてしまい、実用的ではありません。②も不適当です。

宇宙通信に適した、減衰が少なく、かつ雑音も低い1GHz～10 GHzまでの周波数帯を、「電波の窓」と呼びます。しかし静止衛星との通信は、もっと高い**10GHz以上の周波数**を用いるケースが多いです。

したがって、③も不適当となります。

（2級電気通信工事　令和1年前期　No.5）

〔解 答〕 ④適当

5-6 衛星通信② ［通信特性］

演習問題 通信衛星に関する次の記述に該当する名称として、適当なものはどれか。

「地球局からの電波を受け、周波数を変換して増幅し、ふたたび地球局に送り返す中継器である。」

①トランスポンダ　②端局装置　③太陽電池パネル　④アンテナ　⑤ジャイロ

ポイント▶ 送信地球局からのアップリンク電波を受信した衛星中継局は、次のステップとして、受信地球局へ向けてダウンリンクの電波を発射する。このプロセスで、中継局の役割としてどのような処理を行っているのか考える。

解　説

まず衛星中継局が受信したアップリンク回線の電波は、非常に微弱であることを理解しましょう。送信地球局からの長い距離を旅してきた電波は、ノイズがたくさん混ざった微弱な信号となっています。

受信して最初に行う動作は増幅です。このとき初段の増幅器は低雑音型でないと、増幅器が発する熱雑音によって、信号が潰されてしまいます。

次に、受信した搬送波周波数を地球局へ向けて再送信するために、ダウンリンク用の周波数に変換します。この際に、一般的には低い周波数に下げる手順を踏みます。

最後に電力増幅器によって、所定の電力まで増幅を行います。この場面での増幅回路には、主に進行波管（TWT）等が用いられています。

これら一連の動作を行う中継器を、「トランスポンダ」とも呼んでいます。①が適当です。

「ジャイロ」はジャイロスコープの略で、人工衛星の姿勢を制御するときに用いる、角度を検出する機能のことです。無線通信とは関係ありません。

■通信衛星の中継機能

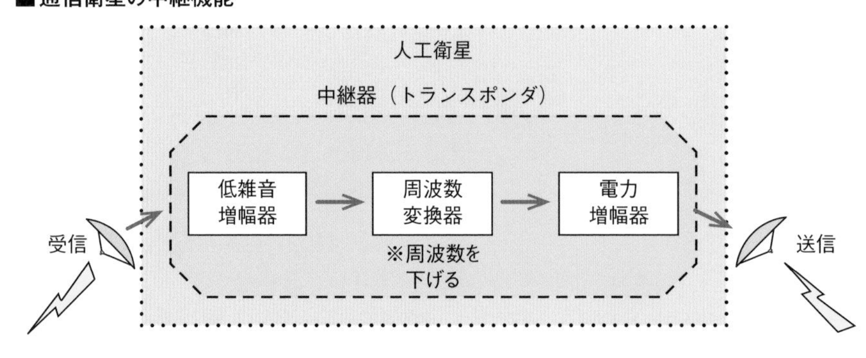

（2級電気通信工事　令和3年前期　No.18改）

〔解 答〕 ①適当

演習問題 我が国の衛星放送の概要に関する記述として、適当でないものはどれか。

①BS放送と110度CS放送の電波は、円偏波を使用している
②地球の赤道上空の静止軌道に打ち上げられた人工衛星を利用している
③電波を宇宙空間から放射するので、1つの電波でほぼ日本全国の広い範囲をカバーした放送が可能である
④集中豪雨時でも正常に画像を受信することができる

ポイント▶ 宇宙空間に位置する人工衛星との無線通信は、地球上での通信とは比較にならないほど遠距離の伝送となる。そのため距離による減衰のほか、大気による影響や気象環境に左右される性質も見過ごせない。

解　説

電界と磁界の2つの成分によって、電磁波は構成されています。この成分のうち、電界が振動する方向を偏波と定義しています。つまり偏波とは、電界面が作る正弦波の位置とも表現できます。

シンプルな形での無線通信では、電界面は1つだけです。これを**直線偏波**といいます。障害物等に邪魔されない限り、この偏波面は永遠に維持されることになります。

■円偏波の考え方

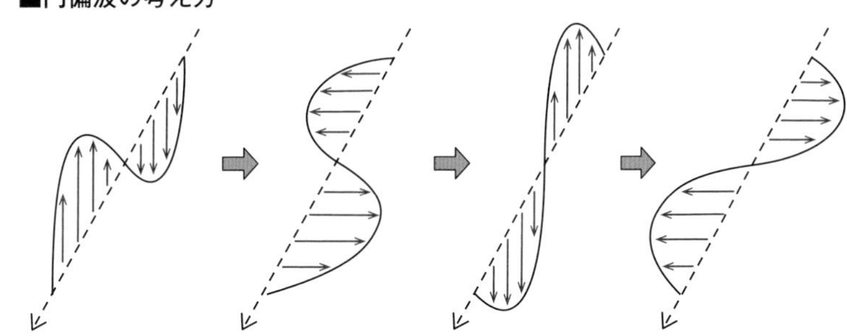

さて、偏波面を90°変化させた2つの波を、同時に発射した場合を考えます。この両波は合成されて、新たな偏波面を作ります。

この際に、両波の互いの位相が0°または180°ずれているときは、合成された偏波は直線偏波になります。一方で、位相が90°または270°ずれていると、上図のように変則的な偏波になります。

もしも電波を目で観察できたとするならば、あたかも偏波面がぐるぐる回転しながら進んでいるかのように見えます。これを**円偏波**と呼びます。

BS放送や、110度CS放送では、この円偏波が用いられています。①は適当です。

衛星放送では、現代では主にKuバンドと呼ばれる周波数帯（10.6～15.7GHz）が採用されています。電波の直進性が強く、小型のアンテナでも送受信できる利点があります。

しかし、この10GHz以上の周波数帯では、**降雨時の減衰が顕著**になります。状況によっては、受信障害の懸念もあります。したがって、④は不適当です。　（2級電気通信工事　令和5年前期　No.29）

〔解 答〕 ④不適当 → 降雨減衰による受信障害の懸念がある

5-7 無線アンテナ① [半波長ダイポール]

幅広い電気通信の分野の中でも、花形と呼べるのが無線工学であろう。送信機の取り扱いや電波の発射には、無線従事者免許が必要となる等、高度な技術分野でもある。

演習問題 半波長ダイポールアンテナに関する記述として、適当なものはどれか。

①放射抵抗は、600Ωである
②導波器、放射器、反射器で構成されるアンテナである
③アンテナ素子を水平に設置した場合の水平面内指向性は、8の字の特性となる
④絶対利得は、40dBi である

ポイント▶ アンテナは別名を「空中線」ともいう。用途によってさまざまな仕様があるが、中でも計算上の基本となる形が、半波長ダイポールアンテナである。

解説

まず、半波長ダイポールアンテナの放射抵抗は、約73Ωです。600Ωではありません。したがって、①は不適当となります。

■半波長ダイポールアンテナの指向特性

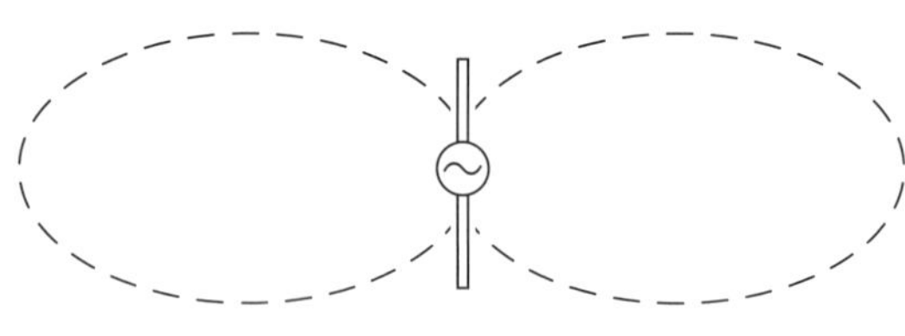

次に、導波器、放射器、反射器の3本の要素で構成されるものは、八木アンテナです。②も不適当です。

半波長ダイポールアンテナの指向性は、エレメント（素子）の直角方向に広がります。水平に置いた場合の水平面内指向性は、8の字の特性です。③が適当。

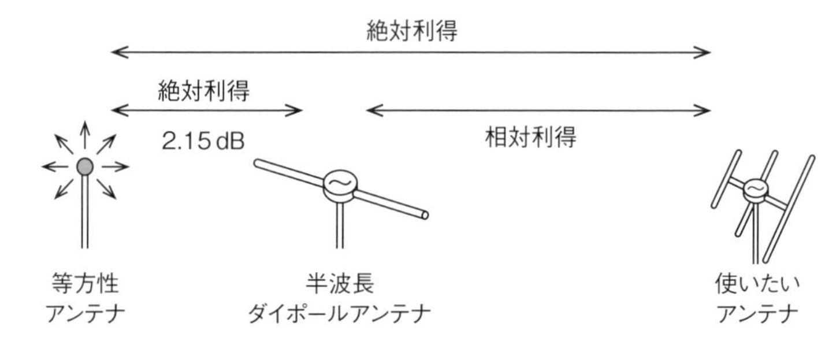

「利得」とは、電波をどれだけ多く受け取り、あるいは放射できるかの「能力」のことです。これは他の空中線との比較によって、数値で表すことができます。

実は、計算上の基本となる空中線はもう1つ、「等方性アンテナ」があります。空間上の全ての方角に均等に電波を放出する、豆粒のような理論上の空中線です。

等方性アンテナと比較した場合を「絶対利得」といい、半波長ダイポールアンテナとの比較が「相対利得」です。そして半波長ダイポールアンテナの絶対利得は、2.15dBです。④は不適当です。

（2級電気通信工事　令和4年前期　No.20）

〔解 答〕 ③適当

学習のヒント

問題本文中に「利得」という表現がある。無線分野における利得とは、「能力」という意味に解してよい。増幅器やアンテナ等を、何かと比較した場合の能力が利得である。

なお空中線においては、送信の能力と受信の能力は同一である。

演習問題 固有周波数400〔MHz〕の半波長ダイポールアンテナの実効長の値として、適当なものを下の番号から選べ。

①13.1〔cm〕　②17.5〔cm〕　③20.8〔cm〕　④23.9〔cm〕

ポイント▶ 電波は目に見えないために、どのように進行しているのかは把握し難い。空中線も同様で、どういった態様で電波が出入りしているのかをつかむことは難しいといえる。さらにはアンテナの部位によって放射の効率は一様ではない。

解　説

設問に「実効長」という言葉が出てきました。これは簡単に表現すると、「アンテナ全体の中で、比較的密に仕事をしている部分の長さ」となります。例えば半波長ダイポールアンテナのような棒状の空中線であっても、その長さの全てが一様に電波を放射／吸収しているわけではありません。

送信機からの送信電波をアンテナに給電すると、給電部を最大値とする電流の山ができます。この山は正弦曲線（sinカーブ）を描いています。このときの電流の最大値をI_{MAX}とします。

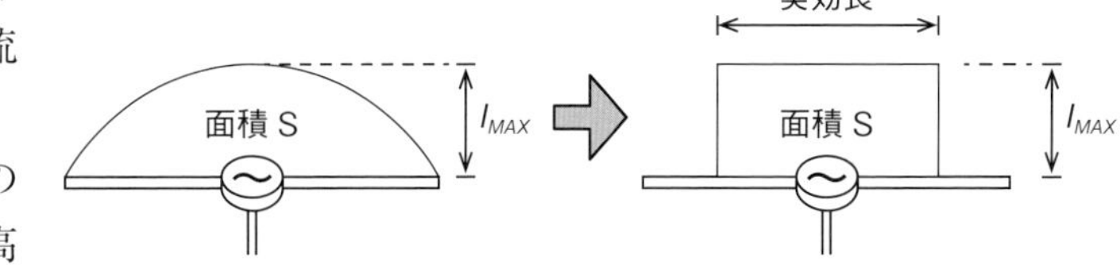

空中線の上にできる電流分布の山の面積Sを、面積が同じまま高さがI_{MAX}の長方形に変形してみます。このときの長方形の横幅の長さが実効長です。

実効長　$l = \dfrac{\lambda}{\pi}$

ここでλ（ラムダ）は波長を意味し、周波数fから算出できます。

波長　$\lambda = \dfrac{300 \times 10^6}{f}$〔m〕

したがって、周波数$f = 400$MH zを入れて、$\lambda = 0.75$〔m〕。これを実効長の公式に代入して　$l = 0.239$〔m〕。

（一陸特　平成29年6月AM　No.17）

〔解答〕④適当

【重要】▶周波数 f と波長 λ の変換

周波数fと波長λの変換は、無線屋として基本中の基本である。本業の無線屋でなくても、通信屋なら是非とも知っておきたい。

$f \times \lambda = 300$〔m・MHz〕　　「掛けて300エムエム」と覚えよう。

5-7 無線アンテナ② ［派生形の空中線］

演習問題 八木アンテナに関する記述として、適当でないものはどれか。

①導波器の本数を増やすことで、指向性を鋭くすることができる
②放射器から見て、導波器の方向に電波を発射する
③導波器の長さは放射器よりやや長い
④放射器に給電し、反射器と導波器は無給電素子として動作する

ポイント▶ 半波長ダイポールアンテナの派生形として、いろいろな空中線が生み出されている。代表例の1つが八木アンテナであり、宇田氏と八木氏との共同で開発されたもの。決して、枝の本数でこの名で呼ばれているわけではない。

解　説

八木アンテナの基本形は、3本の棒状のエレメントで構成されます。中央に位置するものが放射器で、この放射器は半波長ダイポールアンテナです。

給電は放射器の中央部に行います。導波器と反射器には給電しません。④は適当です。

電波は、放射器から見て導波器のある方向へ進行します。受信時も同様に、導波器のある方向からとなります。②も適当です。

3本のエレメントは、いずれも長さが異なります。導波器は放射器より少し短く、逆に反射器は少し長くなっています。したがって、③が不適当です。

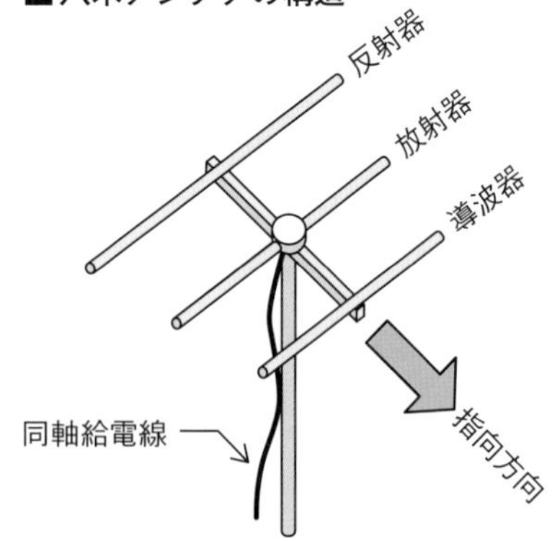

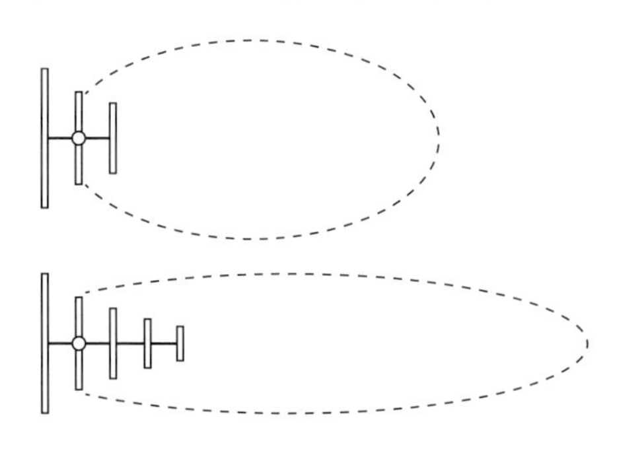

八木アンテナの例

導波器は増やすことができます。本数が多いほど指向の幅が狭くなり、より長距離まで届くことになります。①の記述は適当です。　（2級電気通信工事　令和5年前期 No.19）

〔解 答〕 ③不適当 → 短い

演習問題 無線通信で使用するアンテナに関する記述として、適当なものはどれか。

①オフセットパラボラアンテナは、回転放物面の主反射鏡、回転双曲面の副反射鏡、1次放射器で構成されたアンテナである
②八木アンテナは、導波器、放射器、反射器からなり、導波器に給電する
③ブラウンアンテナは、同軸ケーブルの内部導体を1/4波長だけ上に延ばして放射素子とし、同軸ケーブルの外部導体に長さ1/4波長の地線を放射状に複数本付けたものである
④スリーブアンテナは、同軸ケーブルの内部導体を1/8波長だけ上に延ばして放射素子とし、さらに同軸ケーブルの外部導体に長さが1/8波長の円筒導体をかぶせたものである

ポイント▶ 各種空中線の、形状や特徴について問われた例題である。いずれの空中線も、比較的よく見かける基本的なものといえる。エレメント（素子）の長さについては、意味があってその長さになっていることを知っておきたい。

解　説

オフセットパラボラアンテナの構成は、回転放物面の主反射鏡と、1次放射器です。回転双曲面の副反射鏡は用いていません。①は不適当です。

八木アンテナの構成は、導波器、放射器、反射器の3部材です。給電は、このうち放射器（輻射器ともいう）に行います。②も不適当です。

ブラウンアンテナは棒状エレメントにて構成された、無指向性の空中線です。G.Brown氏が開発したことから、この名称で呼ばれています。

構成としては、同軸ケーブルの内部導体を上に延ばして、放射素子とします。外部導体には、地線を放射状に接続します。地線は一般的には十文字に4本配置する例が多いですが、状況によっては3本のケースも見られます。

これら放射素子、地線ともにエレメントの長さは、使用する周波数に対して**1/4波長**になります。したがって、③が適当となります。

スリーブアンテナは、同軸ケーブルの内部導体を上に延ばして放射素子とします。外部導体はそのまま折り返すか、または円筒導体を被せる形状になります。

長さはどちらも**1/4波長**です。④は不適当です。

（1級電気通信工事　令和4年午前　No.25）

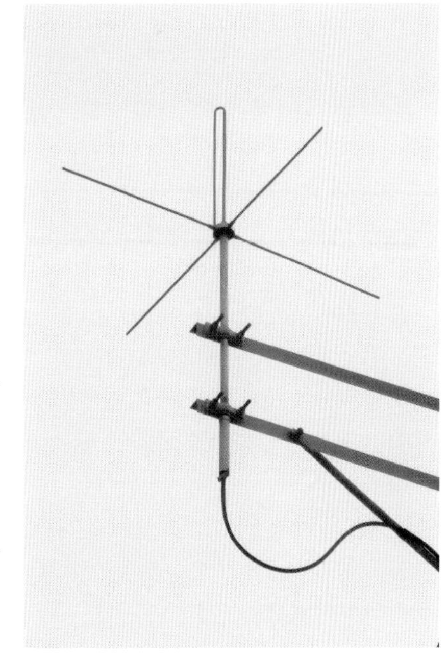

ブラウンアンテナの例

〔解 答〕 ③適当

5-7 無線アンテナ③ ［立体アンテナ］

演習問題 無線通信で使用するアンテナに関する記述として、不適当なものはどれか。

①ホイップアンテナは、自動車、電車、航空機、船舶等の金属体を利用して設置される1/4波長垂直接地アンテナである
②スリーブアンテナは、同軸ケーブルの内部導体を1/4波長延ばして放射素子とし、さらに同軸ケーブルの外部導体に長さが1/4波長の円筒導体を設けたものである
③ブラウンアンテナは、水平面内の指向性が無指向性である
④コーナレフレクタアンテナは、反射器を利用して指向性を広くしている

ポイント▶ 半波長ダイポールアンテナのような線状の空中線に対して、面積や角度の要素を持ったものを立体アンテナと呼ぶ。このように空中線そのものを立体的にするのは、主に指向性を持たせることが目的である。

解　説

レフレクタとは反射鏡の意味です。コーナレフレクタアンテナ自体を目にする機会が少ないため、その態様を把握することが難しいのですが、半波長ダイポールアンテナの後部に、折り曲げた金属板を鏡として配置した空中線です。

反射板を折り曲げる際の角度によって、電波の放射特性（あるいは受信特性）が変化しますが、計算上扱いやすいために、主に60度または90度のタイプが用いられることが多いです。

反射板の開き角が90度の場合は、反射して進む電界成分が3つ、半波長ダイポールアンテナから直接進行する成分が1つ、合計4つの電界が合成されて単一の方向へ放たれていきます。

このようにコーナレフレクタアンテナは、反射器を利用して**指向性を狭く**しています。④が不適当です。

■コーナレフレクタアンテナの基本的な構造

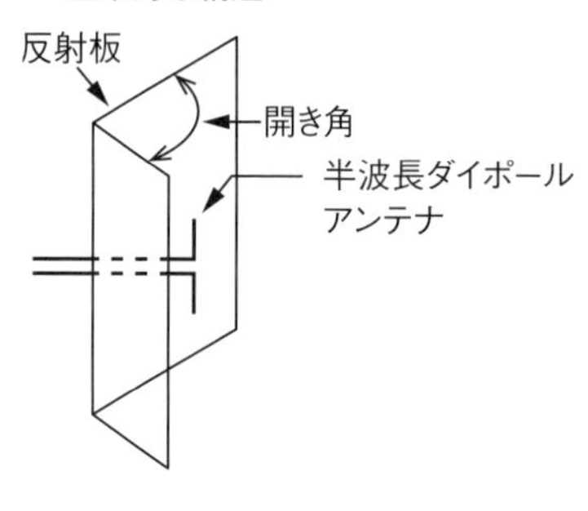

コーナレフレクタアンテナの例
空港の滑走路脇に建植されているグライドパス。横向きの3個のコーナレフレクタアンテナが配置されている。

その他のホイップアンテナ、スリーブアンテナ、ブラウンアンテナの説明は適当です。

（1級電気通信工事　令和5年午前 No.23改）

〔解 答〕 ④不適当 → 狭くしている

演習問題 次の記述は、電磁ホーンアンテナについて述べたものである。このうち誤っているものを下の番号から選べ。

①ホーンの開き角を大きくとるほど、放射される電磁波は平面波に近づく
②反射鏡アンテナの一次放射器としても用いられる
③インピーダンス特性は、広帯域にわたって良好である
④角錐ホーンは、マイクロ波アンテナの利得を測定するときの標準アンテナとしても用いられる

ポイント▶ 立体アンテナの代表的なものの1つに、電磁ホーンアンテナがある。電波を通すための金属管である導波管の、断面を徐々に広げて所要の開口を持たせた空中線である。角錐型が一般的であるが、円錐型のものも存在する。

解　説

「電磁ホーンアンテナ」は、メガホンの原理で電磁波を放射したり受信したりします。ホーンの長さや開き角は周波数には依存しません。

開口面積が一定であるとすれば、ホーンの長さが長いほど指向性は鋭くなります。また、ホーンの開き角が大きくなるほど、放射される電磁波は球面波に近づきます。①は誤りです。

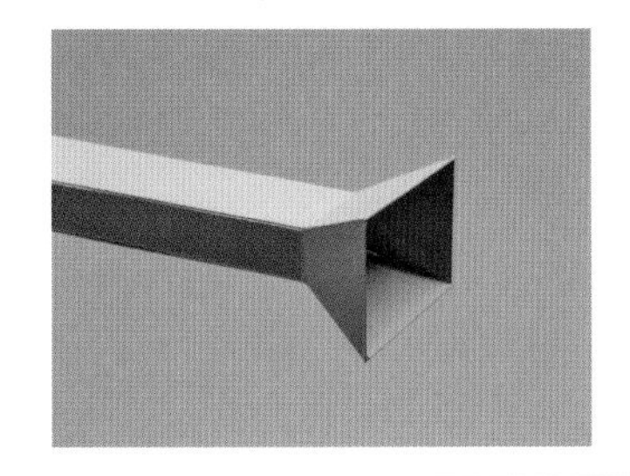

電磁ホーンアンテナが活躍する場面は多く、パラボラアンテナ等の反射鏡アンテナの一次放射器として用いられている他、利得測定時の受信方の標準アンテナとして用いられています。

したがって、②と④は正しいです。

（一陸特　平成28年2月PM　No.17）

〔解 答〕 ①誤り → 球面波に近づく

さらに詳しく

球面波とは、電磁波の先頭がボールの表面のように丸くなっているもの。このため電磁波は拡散してしまい、あまり遠方までは届かない。電磁ホーンアンテナから放たれる電磁波は、球面波である。

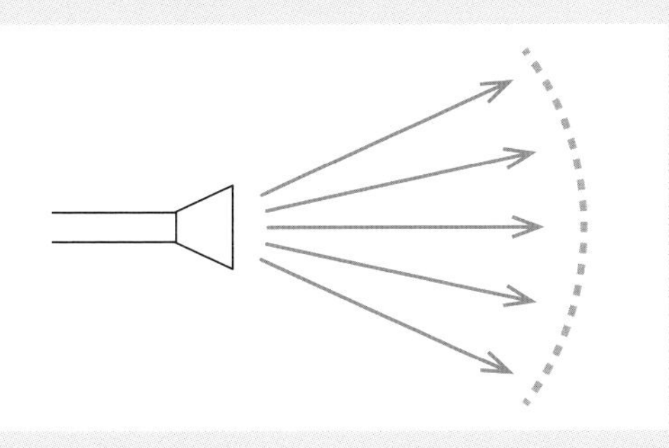

一方の平面波は、電磁波の先頭が円盤のように1枚板になっているもの。パラボラアンテナから放たれる電磁波は平面波であり、拡散しないために遠方まで届く性質がある。

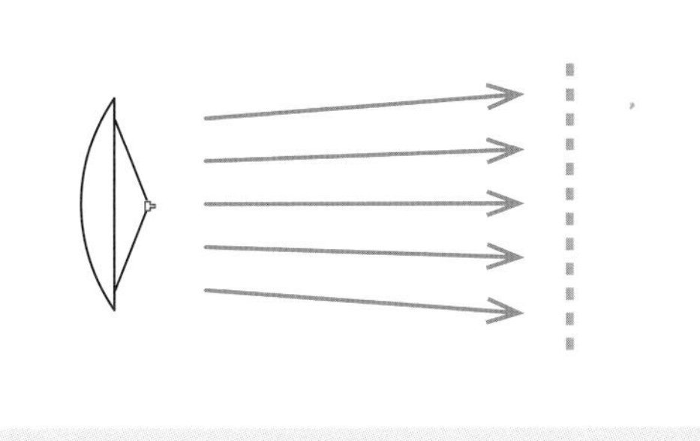

5-7 無線アンテナ④ ［パラボラアンテナ］

演習問題 パラボラアンテナに関する記述として、適当でないものはどれか。

①アンテナの性能を測定するための、基準アンテナとして用いられる
②特定方向に電波をビーム状に放射したり、特定方向からの電波を高感度で受信できる
③衛星通信やマイクロ波通信等では、利得の高いアンテナとして広く用いられている
④放物面をもつ反射器と一次放射器から構成されるアンテナである

ポイント▶ 無線通信の目的や相手方は一律ではない。それぞれの用途に見合った形での設備仕様となるが、特に周波数や空中線は、これらの用途に深く依存するものとなる。ここでは、パラボラアンテナを用いるケースを理解したい。

解　説

無線通信の態様は複数あります。パラボラ形の空中線を用いるのは、例外はありますが、主に送受信局が「1対1」の関係にある運用スタイルの場合です。

つまり、送信者と受信者とが常に固定されている状態です。一般的には、同一の免許人が、離れた2地点間で通信を行うケースで専ら採用されます。

この場合には、広い範囲に電波を拡散する必要がありません。そのため、指向性の強いパラボラアンテナを用いて、高い周波数で運用することが多いです。

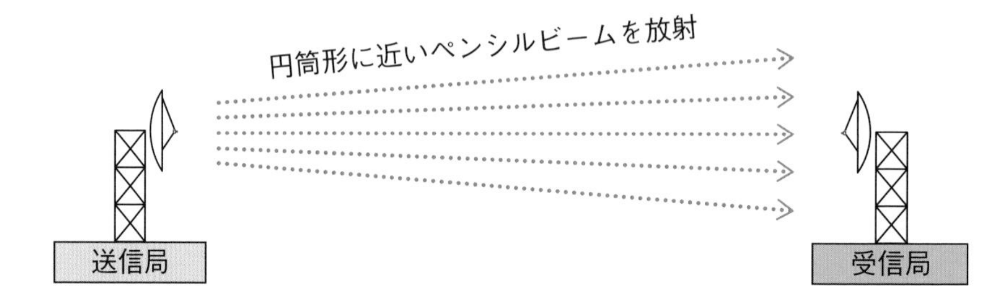

パラボラアンテナのような、特に指向性の強い空中線を用いると、電波は細く高密度で放射されます。このような電波をペンシルビームと呼びます。

受信方も同様で、送信局の方向に正しく調整できていれば、高い利得で受信が可能です。②は適当です。

比較的遠距離で、送受信局が1対1の関係になる、マイクロ波通信等での採用例が多いです。電波を細く高密度にして伝送できることが特徴です。③も適当です。

他の空中線の性能を測定するために、基準アンテナとして活用するのは、電磁ホーンアンテナです。パラボラを用いることは一般にはありません。

したがって、①が不適当です。　（2級電気通信工事　令和5年後期　No.19）

〔解 答〕 ①不適当

演習問題 パラボラアンテナに関する記述として、適当なものはどれか。

①放物面をもつ反射器と、一次放射器から構成されるアンテナである
②放射器の後方にV型の反射器を配置したアンテナである
③反射器、放射器、導波器で構成されるアンテナである
④複数のアンテナ素子をある間隔で並べ、各アンテナ素子に給電するアンテナである

ポイント▶ 立体アンテナの代表格の1つが、パラボラアンテナである。街中でもよく見かけるお馴染みの空中線であり、マイクロ回線や衛星通信等に用いられる。その構造や大きさには用途による意味があるため、理解しておきたい。

解　説

パラボラアンテナは、右図のように反射鏡を用いた空中線です。反射鏡に向けて電波を放つ一次放射器には、電磁ホーンアンテナを使用します。したがって、①が適当です。

反射鏡には、2次曲線（放物線）を回転させた回転放物面を採用します。この放物面の焦点に一次放射器を配すると、反射した電波が平面波となって右方へ進行する仕組みです。

■パラボラアンテナの構造

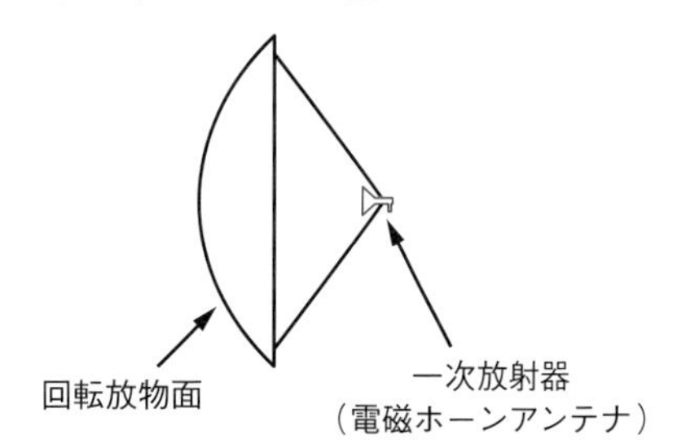

放射器の後方にV型の反射器を配置したアンテナは、コーナレフレクタアンテナです。パラボラアンテナの構造とは異なります。②は不適当となります。

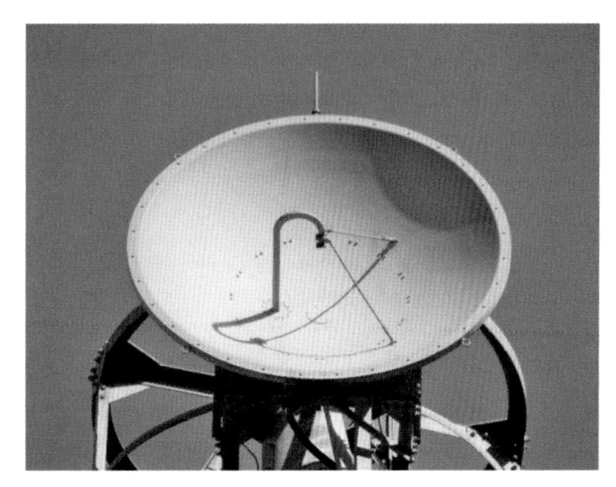
パラボラアンテナの例

反射器、放射器、導波器の3本の要素で構成されるアンテナは、八木アンテナです。③も不適当です。

複数のアンテナ素子を並べて、各素子に給電する方式は、一例として対数周期アンテナがあります。これは使用する周波数帯域を広くしたい場合等に用いられます。④も不適当です。

（2級電気通信工事　令和3年前期　No.20）

〔解 答〕 ①適当

5-7 無線アンテナ⑤ ［パラボラ派生形］

演習問題 無線通信で使用するアンテナに関する記述として、適当なものはどれか。

①オフセットパラボラアンテナは、伝送路となるパラボラ反射鏡の前面に一次放射器を置かないことで、サイドローブ特性を改善している
②折り返し半波長ダイポールアンテナの放射抵抗は、半波長ダイポールアンテナの約2倍になる
③スリーブアンテナは、同軸ケーブルの内導体を1/8波長延ばして放射素子とし、さらに同軸ケーブルの外側導体に長さが1/8波長の円筒導体を設けることで、1波長のアンテナとして動作させるものである
④八木アンテナは、導波器、放射器、反射器からなり、導波器に給電する

ポイント▶ 比較的よく目にする各種空中線の、特性や仕様に関して問われている設問である。エレメント（素子）だけでなく、これを取り巻く反射鏡等の付帯的な部材の役割や位置関係等、全体像として理解しておきたい。

解　説

■ オフセットパラボラアンテナのあらまし

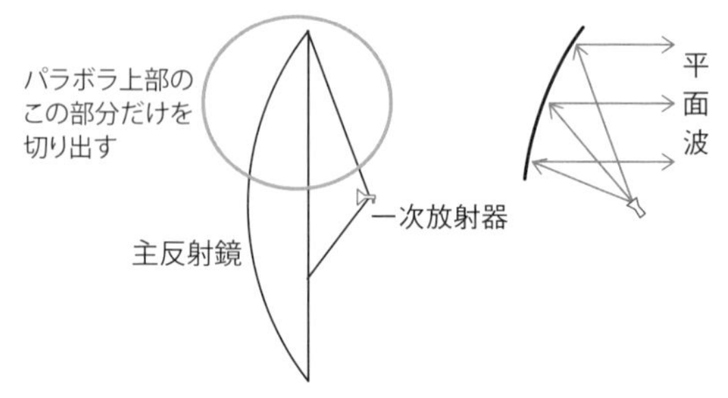

折り返し半波長ダイポールアンテナの放射抵抗は、約292〔Ω〕です。これは半波長ダイポールアンテナの約73〔Ω〕と比較すると、4倍の大きさです。②は不適当です。

スリーブアンテナは、同軸ケーブルの内部導体を上に延ばして放射素子とします。外部導体はそのまま折り返すか、または円筒導体を被せる形状になります。

長さはどちらも1/4波長で、全体として半波長アンテナと等価になります。③も不適当です。

八木アンテナの構成は、導波器、放射器、反射器の3部材です。給電は、このうち放射器（輻射器ともいう）に行います。④も不適当です。

通常のパラボラアンテナでは、一次放射器や支柱が電波の伝播路に入り込んでいるため、これらに反射してサイドローブを発生させてしまいます。

不要な反射を改善するため、オフセットパラボラアンテナは、パラボラアンテナの主反射鏡の一部を切り取った形にしています。

これにより、伝播路から障害物を外すことができます。①が適当です。

（1級電気通信工事　令和2年午前　No.24）

オフセットパラボラアンテナの例

〔解 答〕 ①適当

演習問題 図は、マイクロ波（SHF）帯で用いられるアンテナの原理的な構成例を示しものである。このアンテナの名称として、正しいものを下の番号から選べ。

①グレゴリアンアンテナ
②カセグレンアンテナ
③コーナレフレクタアンテナ
④ホーンレフレクタアンテナ

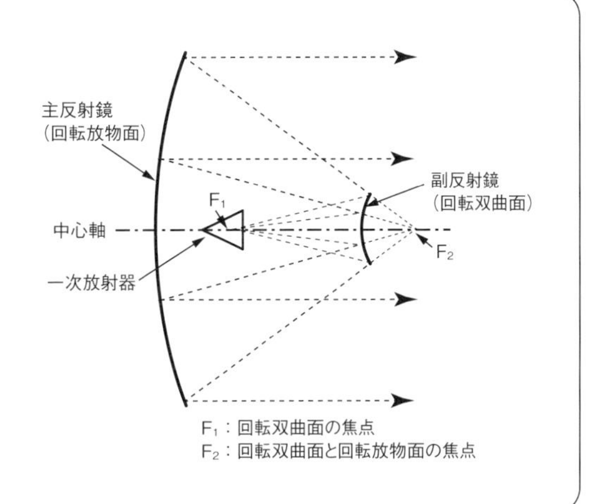

ポイント▶ 人工衛星と通信するためのパラボラアンテナは、必然的に反射鏡が上方を向く。その結果、一次放射器が下方を向いてしまい、地上のさまざまな電波を拾いやすくなってしまう。これの改善を目的とした空中線に関する設問である。

解　説

人々が生活する地球上には、実に多くの電波が縦横無尽に飛び交っています。衛星通信の場合は、自身に関係のない、これら地球上の電波を「大地雑音」と呼んでいますが、これは大敵です。地球外の遥か遠方より到来する人工衛星の微弱な電波が、地球上に溢れる強力な大地雑音によって潰されてしまう可能性があるためです。

カセグレンアンテナの例

この大地雑音が受信系に入り込むことをできるだけ低減するため、一次放射器である電磁ホーンアンテナを、下方に向けないという工夫があります。一次放射器を上方へ向けることで、大地雑音が直接混入することを避ける狙いです。そのため一次放射器と反射鏡との間に鏡を1枚挟むアンテナが開発されました。

間に挟む鏡を「副反射鏡」といい、電波を効率よく反射させるために曲面状になっています。その曲面は、焦点を2つ持つ曲線を回転させたもので、掲題の回転双曲面によるものは「カセグレンアンテナ」と称されています。②が正しいです。 （一陸特　平成29年6月AM　No.18）

〔解 答〕 ②正しい

さらに詳しく

副反射鏡として用いる曲面は、焦点を2つ持っている必要がある。これを満たすものとして、カセグレンアンテナの他にグレゴリアンアンテナがある。こちらは回転楕円面の曲面を用いたものである。

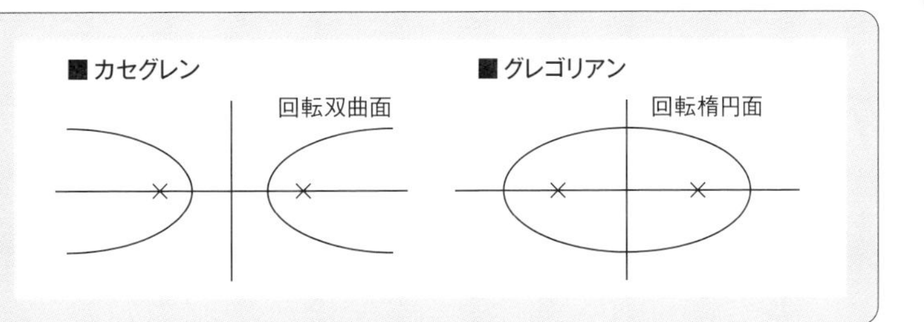

5-8 光ケーブル① ［特徴・特性］

有線通信回線の王道は、光ファイバ伝送線路である。メタル回線と比較して高速で長距離の伝送が可能であり、外部からのノイズにも強い。LAN配線からユーザ宅配線、あるいは拠点間の長距離伝送まで、用いられる範囲は広い。

演習問題 光ファイバ通信技術を用いた伝送システムに関する記述として、適当でないものはどれか。

①電気エネルギーを光エネルギーに変換する素子には、発光ダイオードと半導体レーザがある

②光ファイバ増幅器は、光信号のまま直接増幅する装置である

③光送受信機の変調方式には、電気信号の強さに応じて光の強度を変化させるパルス符号変調方式がある

④光ファイバは、コアと呼ばれる屈折率の高い中心部と、それを取り囲むクラッドと呼ばれる屈折率の低い外縁部からなる

ポイント▶ 光ファイバを用いて伝送を行うためには、送信方で電気信号を光信号に変換する技術が必要となる。一方の受信方では、到着した光信号を電気信号に戻す逆変換の技術が求められる。これらの変換部にて行われる処理に着目する。

解　説

「半導体レーザ（LD）」は、電気信号を光信号に変換する発光素子です。原理的には発光ダイオードと同じPN接合で構成されており、N型とP型の両半導体の間に非常に薄い発光層（活性層）を挟んでいます。この半導体PN接合に順バイアス電圧を加えたとき、発光層から光信号が出力されます。

光ファイバ線路が長距離となる場合には、信号の劣化が懸念されます。したがって伝送線路の途中に中継点を設けて、増幅を行うことになります。従来はいったん電気信号に戻した上で、パルスを成形した後、再び光信号に変換する再生中継方式が主流でした。

この方式では、処理にあたって少なからず遅延が発生します。そのため、光信号をそのまま増幅できる光ファイバ増幅器に移行しつつあります。

変調にあたって電気信号の強さに応じて光の強度を変化させる方式は、**強度変調**です。パルス符号変調（PCM）方式はアナログ信号をデジタル信号に変換する手段であり、ここでは関係ありません。③が不適当です。

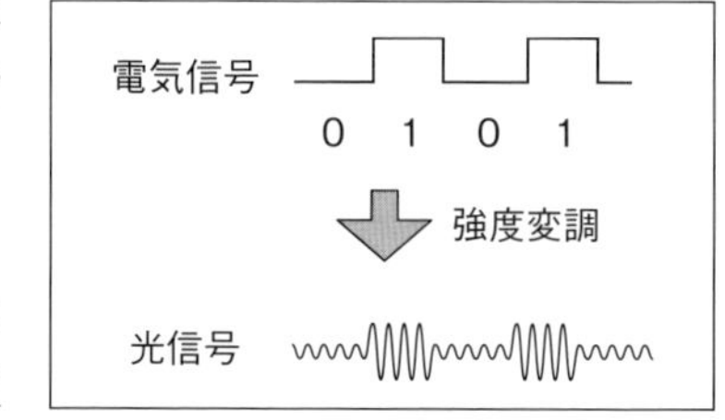

光ファイバの物理的な構造は、屈折率の違いにより2種類に分かれます。中心部は屈折率が高くコアと呼ばれ、それを取

り囲む外縁部は屈折率が低いクラッドと呼ばれる領域です。この屈折率の差を利用して光信号は全反射を起こし、コアの中を進んでいきます。

（2級電気通信工事　令和1年前期　No.13）

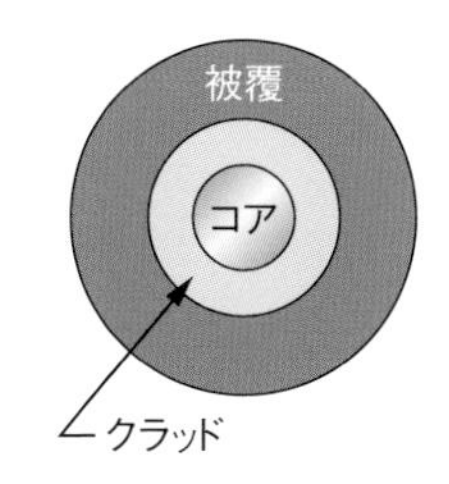

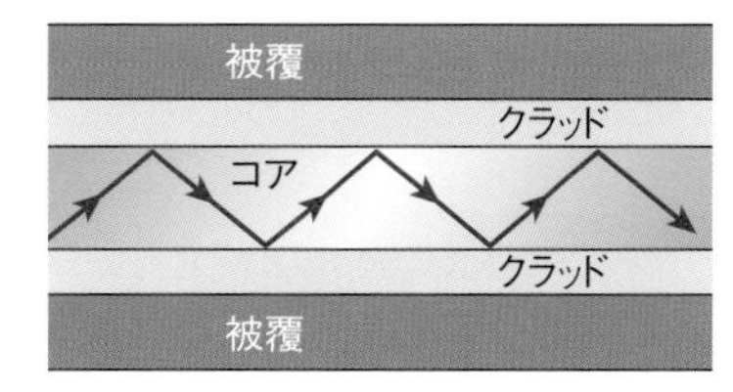

〔解 答〕 ③ 不適当 → 強度変調

演習問題 光ファイバ通信の特徴に関する記述として、適当でないものはどれか。

①メタルケーブルに比べ伝送損失が少ない
②メタルケーブルに比べ伝送帯域が広い
③電磁界の影響を受ける
④波長多重により通信容量の増大が可能である

ポイント▶ 光ケーブルの弱点は、ファイバ自体が非常に細くて構造的に脆いこと、ファイバ同士の接続が容易でないこと、そして高価なことが挙げられる。一方メリットも大きい。電気信号を伝送する金属製（メタル）回線と比較した長所を理解する。

解　説

伝送帯域は、どれだけ多くの情報量を送る能力があるかの尺度です。伝送帯域が広いほど、単位時間あたりにより多くの情報量を送ることができ、これは通信速度が速いとも表現できます。光ファイバ回線は、メタル回線と比較して伝送帯域が広いです。②は適当。

光ファイバの特徴の1つが、外部からの影響を受けにくいことです。被覆部が損傷して外部の光が混入した場合は別ですが、正常な状態では、電気的なノイズや電磁誘導はほとんど受けることがありません。これは電気信号を伝送しているメタルケーブルと比べて、大きなメリットといえます。したがって③が不適当です。

■波長多重方式

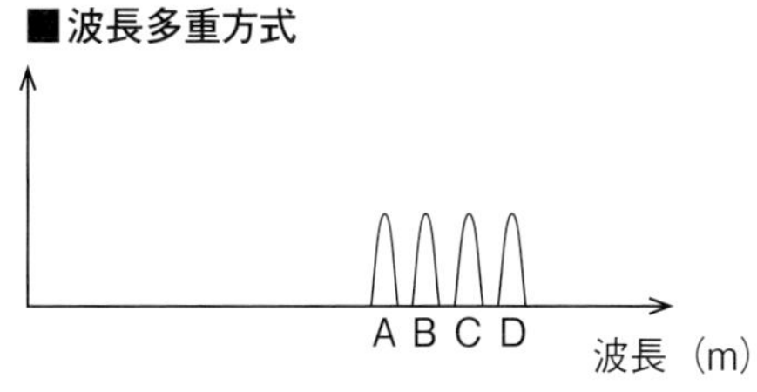

複数のチャネルを束ねて1本の物理回線に重畳（ちょうじょう）する技術を、「多重化」と呼んでいます。アナログ信号でもデジタル信号でも重畳は可能です。多重化を行うことで通信容量を増大させることができ、多数のユーザを収容したり、高速化が実現できます。

多重化方式の1つである波長多重とは、使用する波長を少しずつ変えながら、各波長にそれぞれのチャネルを割り当てる方式です。波長と周波数とは裏返しの関係ですから、無線回線の周波数多重と原理は同じです。④は適当です。

（2級電気通信工事　令和1年後期　No.13）

〔解 答〕 ③ 不適当 → 受けない

演習問題 光ファイバの種類・特徴に関する記述として、適当でないものはどれか。

①光ファイバには、シングルモード光ファイバとマルチモード光ファイバがあり、伝送損失はシングルモード光ファイバのほうが小さい
②長距離大容量伝送には、マルチモード光ファイバが適している
③マルチモード光ファイバには、ステップインデックス型とグレーデッドインデックス型の2種類がある
④シングルモード光ファイバは、マルチモード光ファイバと比べてコア径を小さくすることで、光伝搬経路を単一としたものである

ポイント▶ 一口に光ファイバといっても、大きく分けて2種類のモードに分類できる。シングルモード（Single Mode Fiber）とマルチモード（Multi Mode Fiber）の2種類である。このモードの違いは何を表し、どういった長所や欠点があるかを理解する。

解　説

単一の光信号が、コアの中を一直線に進むものを「シングルモード」といいます。反射を起こさずに一直線に進ませるため、コア径は約9μmと非常に細いです。

一方で、複数の光信号がコアとクラッドの境界面で反射を繰り返しながら進むタイプを、「マルチモード」と呼びます。こちらは意図的に反射を起こさせるためにコア径が太く、約50μmまたは62.5μmの2種類があります。どちらのモードでも、クラッドの外径は125μmで同じです。④は適当。

■シングルモードとマルチモード

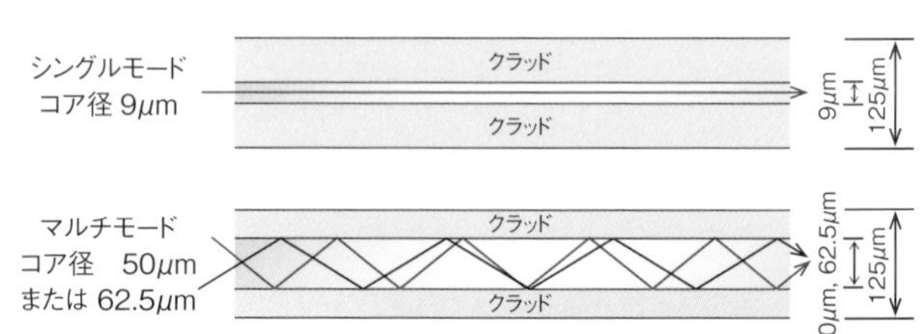

右図に示す通り、シングルモード光ファイバは反射をせずに一直線に進んでいきます。つまり反射損がないため、マルチモード光ファイバと比べて伝送損失は小さくなります。①も適当。

ゆえに、長距離の伝送にはシングルモード光ファイバのほうが向いています。標準的な伝送距離はマルチモードが2km程度なのに対し、シングルモードは約40kmと圧倒的です。②が不適当です。

マルチモード光ファイバの中にもいくつかの種類があります。大別すると「ステップインデックス型（SI）」と「グレーデッドインデックス型（GI）」の2種類です。一般には、グレーデッドインデックス型のほうが主流です。③は適当です。

モードは被覆の色で判別できる。シングルモード光ファイバ（左）の被覆は黄色となっている。

（2級電気通信工事　令和1年前期　No.15）

〔解 答〕　②不適当

演習問題 光ファイバの光損失に関する記述として、適当でないものはどれか。

①吸収損失とは、光ファイバ中を伝わる光が光ファイバ材料自身によって吸収され電流に変換されることにより生じる損失である
②レイリー散乱損失とは、光ファイバ中の屈折率のゆらぎによって光が散乱するために生じる損失である
③構造不均一性による損失とは、光ファイバのコアとクラッドの境界面の凹凸により光が乱反射され、光ファイバ外に放射されることにより生じる損失である
④接続損失とは、光ファイバを接続する場合に、軸ずれ、光ファイバ端面の分離等によって生じる損失である

ポイント▶ 光ファイバの長所として伝送損失が少ないことが挙げられるが、これはあくまでメタル回線と比較した場合の話である。光ファイバといえども伝送損失はいくつかの種類が存在し、波長（周波数）によって損失量が変わる要素もある。

解　説

吸収損失は光ファイバを構成する材料自身に吸収されますが、電流ではなく熱に変換されるものです。したがって①が不適当です。

光ファイバの光損失は大きく分類すると、材料に起因するものと外部環境から影響を受けるものの2種類があります。このうち、材料要因の損失は吸収の場合と散乱の場合とに分けられます。要因と各特性との関係は、以下の表を参照してください。

■材料特性と外部要因の関係

材料要因		外部要因
吸収	散乱	
不純物吸収 赤外吸収 紫外吸収	レイリー散乱 誘導ラマン散乱 誘導ブリルアン散乱	構造不均一による損失 曲り損失 接続損失 結合損失

（2級電気通信工事　令和1年後期　No.14）

〔解 答〕　①不適当→熱に変換

★★★★★優先度
★★★★優先度
★★★優先度
★★優先度
★優先度
索引

さらに詳しく

設問にはありませんが、下記も重要です。
- マイクロベンディングロス：曲がり損失の一種。光ファイバに側面から不均一な圧力が加わった場合に、ファイバの軸がわずかに曲がって発生する損失のこと。

5-8 光ケーブル② [構 造]

演習問題

光ファイバ接続に関する次の記述に該当する接続方法として、適当なものはどれか。
「接続部品のV溝に光ファイバを両側から挿入し、押さえ込んで接続する方法で、押え部材により光ファイバ同士を固定する。」

①融着接続
②メカニカルスプライス
③接着接続
④光コネクタ接続

ポイント▶ 低損失で長距離大容量の伝送が実現できる等利点の多い光ファイバであるが、必ずしもメリットばかりではない。弱点の1つが接続部の処理である。簡単な手持ち工具で圧着処理ができるメタルと違い、光ファイバの接続は奥が深い。

解 説

光ファイバの接続技術は、大きく分けると「永久接続」と「着脱可能な接続」とに分類できます。永久接続はいったん接続処理を施すと切り離すことができない接続方法で、融着接続やメカニカルスプライスが該当します。

一方の着脱可能な接続としてはコネクタ接続が該当し、運用の切り替えや保守等で回線を物理的に切り離す箇所に用いられます。

- 永久接続 → 融着接続、メカニカルスプライス
- 着脱可能な接続 → コネクタ接続

「融着接続」は、接続したい心線同士を突き合わせて、端面を加熱溶融することで物理的に固着させるもの。作業は手持ちの工具では不可能で、専用の融着接続機を用いて行います。また、接続箇所では若干の伝送損失が発生します。①は不適当。

光コネクタの例(SCコネクタ・メス)

題意の接続方法は、「メカニカルスプライス」です。電源や接着剤を必要とせずに、比較的簡単に施工できます。ただし、近年はあまり用いられなくなってきています。②が適当です。

「コネクタ接続」は、文字通り光ファイバの端部にコネクタを取り付けて、コネクタ同士の着脱を行うものです。着脱を短時間で行える利点がありますが、伝送ロスは比較的大きいです。④は不適当です。

(2級電気通信工事　令和1年後期　No.15)

〔解 答〕 ②適当

演習問題 下図に示すスロット型光ファイバケーブルの断面において、①の名称として適当なものはどれか。

①光ファイバ心線
②単芯コード
③メッセンジャーワイヤー
④テンションメンバ

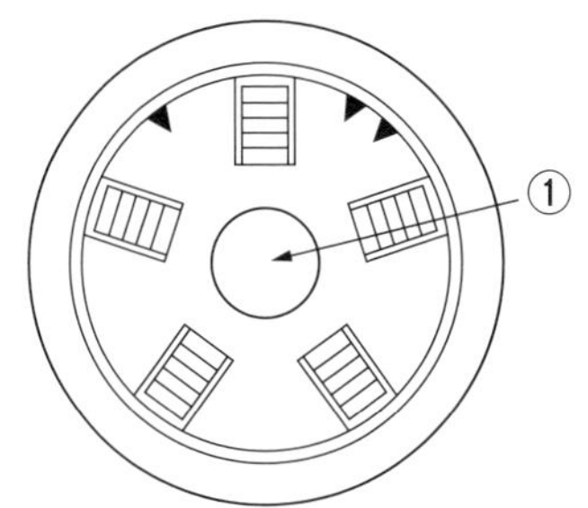

ポイント▶ 光ファイバは非常に細く脆いため、通信回線で用いるためには十分な被覆が必要である。さらには架空配線を行う場合や地中に埋設する場合等は、それら張力や外圧から保護するために、心線を専用のスロットに収納する形をとる。

解　説

単芯コードの例

「単芯コード」とは、1本の光ファイバを一重もしくは二重の被覆のみで包んだシンプルな構造のものです。少しの外圧でも簡単に曲がってしまうため、中長距離の配線には向きません。主に装置内のジャンパ接続等に用います。

スロット型光ファイバケーブルの中に収納するファイバは、複数本（4本等）の素線を平行に並べて樹脂で一括被覆した、テープ心線が用いられます。②は不適当。

「メッセンジャーワイヤー」は架空配線において、通信ケーブルを吊るすための鋼製のワイヤーです。架空配線では通信ケーブルを直接架設してしまうと、ケーブルの自重によって張力を受けてしまいます。これを回避するために、支持点間にメッセンジャーワイヤーを敷設し、これにケーブルを吊るす形を採用します。③は不適当です。

掲題のスロット型光ファイバケーブルの各部の名称は下図の通りです。断面の中央に位置する丸い箇所に相当する部材は、「テンションメンバ」です。④が適当です。

（2級電気通信工事　令和1年前期　No.14）

メッセンジャーワイヤーの例

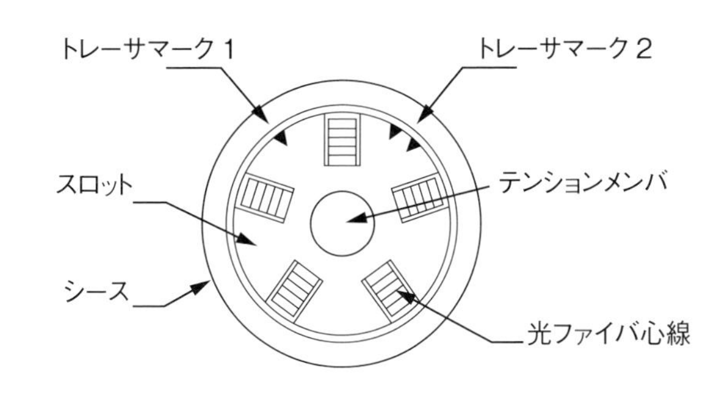

〔解答〕④適当

5-9 通信規格 [イーサネット]

OSI参照モデルの7階層のうち、下から2番目のレイヤがデータリンク層である。別名をMAC層ともいい、直接つながっている機器間でのデータのやり取りを担当している。

演習問題 GE-PONにおいては、OLTからの下り信号は放送形式で配下の全ONUに到達する。そのため各ONUは受信フレームの取捨選択を行うが、その際に用いるイーサネットフレームのPreambleに収容された識別子として、正しいものはどれか。

①SFID　②CID　③SAID　④LLID

ポイント▶ 回線の途中に分岐箇所がある場合には、データの交通整理を行う必要がある。送信者から受信者へ、適切にデータを伝送する手段を理解する。

解　説

GE-PONは光ファイバ回線です。局方のOLTからユーザ方のONUに至る途中に、分岐箇所「光スプリッタ」を置く配線形態です。1台のOLTに複数のONUが収容されるため、OLTは全ONU宛のデータを詰め込んだ形で送信します。これを「放送形式」といいます。

光スプリッタの例

光スプリッタは、データの中身には関与しません。OLTから到着した下りデータを、宛先を見て出力先を選ぶのではなく、全ONUに向けて全てのデータを放送形式のまま再送信します。

■GE-PONと光スプリッタ

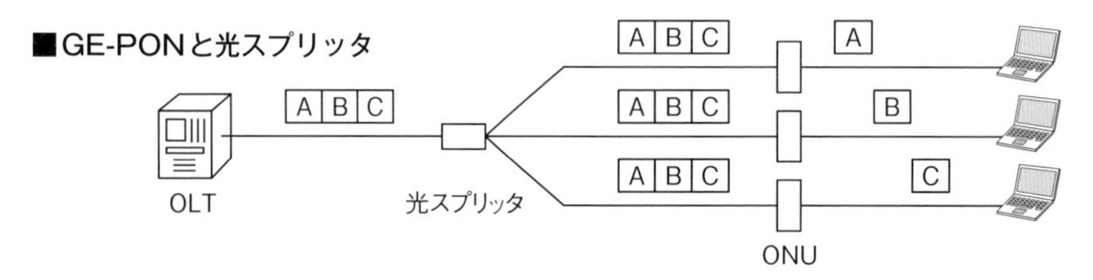

その結果、ONUにはOLTが送信した全てのデータが到着します。ここでONUは、その中から自分宛のデータだけを抽出します。その際の判別する根拠が**LLID**（Logical Link ID）識別子です。

■イーサネットのフレームフォーマット

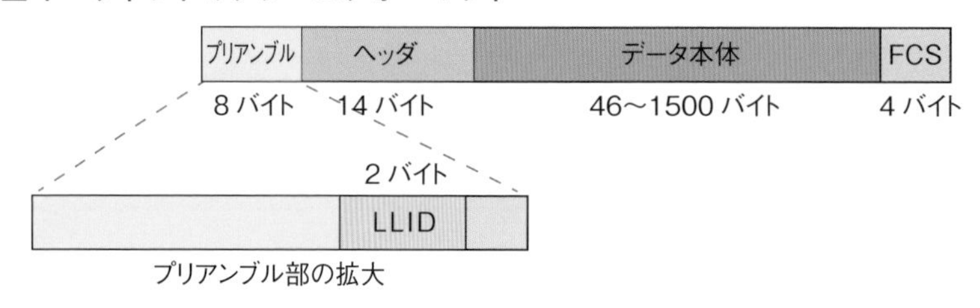

イーサネットフレームは、同期を取るためのプリアンブル（Preamble）がヘッダの前にあります。この中にLLIDを格納しており、ONUはこのLLIDを読み取って、自分宛かどうかの判別をしています。④が正しいです。

〔解 答〕 ④正しい

学習のヒント

GE-PON：Gigabit Ethernet-Passive Optical Network

演習問題 イーサネットの規格に関する記述として、適当でないものはどれか。

①10BASE2の伝送媒体は、同軸ケーブルである
②10BASE-T の伝送媒体は、ツイストペアケーブルである
③1000BASE-T の伝送媒体は、光ファイバケーブルである
④1000BASE-SX の伝送媒体は、光ファイバケーブルである

ポイント▶ イーサネットは、有線LANを構築する媒体としてお馴染みである。多数の種類が混在するこれらの規格については、基本として把握しておきたい。

解　説

まず、最初の数字は能力としての伝送速度を表します。単位はおおむねMbpsです。10であれば10Mbpsの伝送速度のイーサネット規格となります。

次の「BASE」は、ベースバンド方式という意味になります。これは、デジタル信号を用いて伝送する方式のことです。現代では、デジタル以外はありません。

最後が伝送媒体の態様です。主に同軸ケーブル、ツイストペアケーブル、光ファイバケーブルの3種類が存在します。「T」とは、ツイストペアの頭文字です。

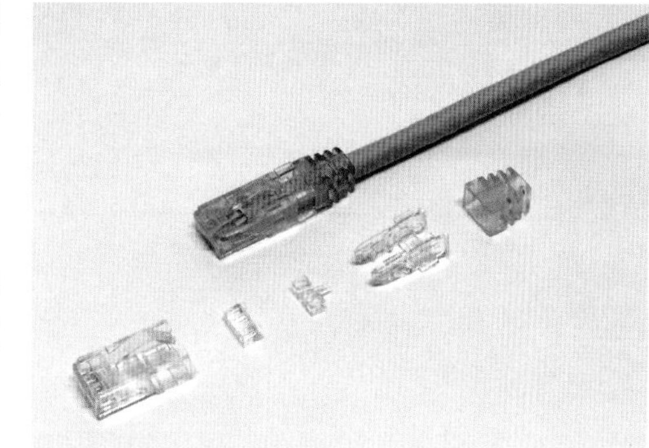

ツイストペアケーブルの例

・数字　：同軸ケーブル（2や5）
・T、TX ：ツイストペアケーブル
・その他 ：光ファイバケーブル（FX、SX、LX等）

選択肢の中では、1000BASE-Tは末尾が「T」ですから、伝送媒体はツイストペアケーブルです。光ファイバケーブルではありません。③が不適当です。

（2級電気通信工事　令和3年後期　No.15）

〔解 答〕 ③不適当 → ツイストペアケーブル

5-10 伝送線路 ［各種線路］

有線通信では無論のこと、無線通信であっても伝送線路は重要な概念である。ただ単につなげばよいといった性質のものではなく、用途によって適切な伝送媒体を選択しなければならない。ここでは代表的な線路を把握しておきたい。

演習問題 同軸ケーブル「S－5C－FB」の、記号の中の「C」が意味するものとして、適当なものはどれか。

①内部導体を発泡ポリエチレンで絶縁している
②特性インピーダンスが75Ωである
③アルミニウムはく張付けプラスチックテープに編組を施した外部導体である
④用途が衛星放送受信用である

ポイント▶ 無線機と空中線との間の接続には、主に同軸ケーブル等の金属製線路が用いられる。一口に同軸ケーブルといっても、用途や構造によっていくつか種類があり、これらを区別するための「呼び」は知っておこう。

解　説

同軸ケーブルの呼びは、以下のように定められています。内部導体を発泡ポリエチレンで絶縁しているものは、末尾の項の1つめが「F」になります。①は不適当。

特性インピーダンスは主に50Ωと75Ωがあります。このうち75Ωの場合は、中央の項目の2つ目が「C」となります。したがって、②が適当です。

■同軸ケーブルの呼び

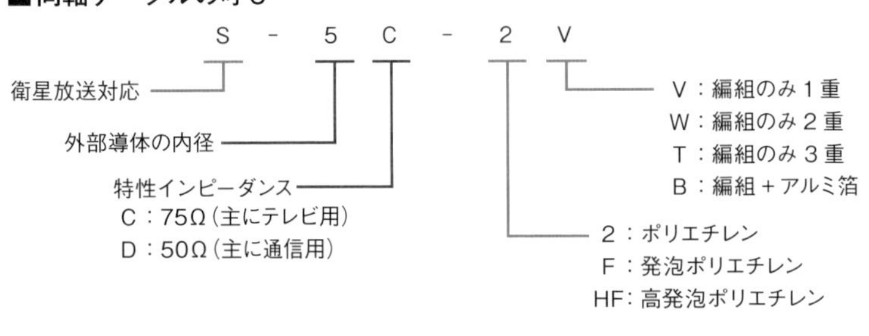

外部導体をアルミニウムはく張付けプラスチックテープに編組を施したものは、末尾の項の2つめが「B」になります。③は不適当です。

衛星放送受信用のものは、先頭の項が「S」になります。④も不適当。

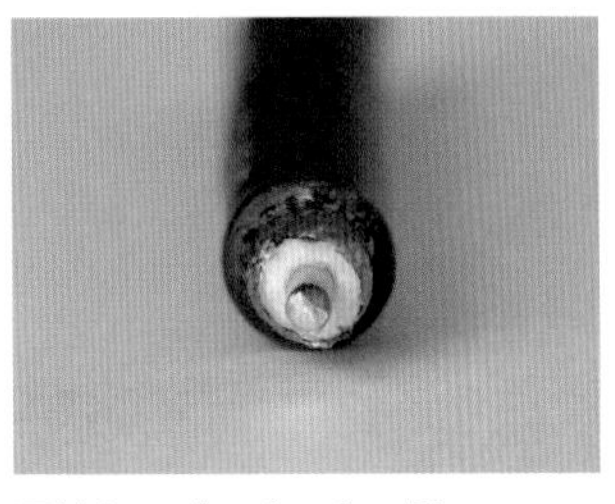
同軸ケーブル（5D）の例

同軸ケーブル（20D）の例

（2級電気通信工事　令和3年前期　No.16）

〔解 答〕 ②適当

演習問題 高周波伝送路に関する記述として、適当でないものはどれか。

①特性インピーダンスが異なる2本の通信ケーブルを接続したとき、その接続点で送信側に入力信号の一部が戻る現象を反射という
②平行線路は、電磁波が伝送線路の外部空間に開放された状態で伝送されるため、外部空間の電磁波からの干渉に弱く、また、外部空間への電磁波の放射が生じるという問題が起こる
③同軸ケーブルの特性インピーダンスは、内部導体の外径と、外部導体の内径の比を変えると変化する
④同軸ケーブルの記号「3C－2V」の最初の文字「3」は、外部導体の概略外径をmm単位で表したものである

ポイント▶ 伝送線路には特性インピーダンスが存在する。これは線路の形態や諸寸法によって異なり、線路設計にあたっては、これらの諸数値の把握が必要である。しかし数値化はできても、実態の理解はなかなか難しい。

解　説

特性インピーダンスが異なるケーブル同士を直接接続した場合には、その結合点で不整合が起こり、信号の一部が反射してしまいます。①は適当です。

平行線路は平行2線式給電線ともいい、掲題の説明の通りです。かつてはテレビジョン受像機の伝送線路として広く普及しましたが、近年ではあまり見られません。②も適当。

同軸ケーブルの特性インピーダンスは、構成する諸寸法によって変化します。中央部に位置する内部導体の外径(d)と、外周部に位置する外部導体の内径(D)です。この両者の比によって、下記の式で算出できます。③も適当です。

同軸ケーブルの特性インピーダンス　$Z_0 = \dfrac{138}{\sqrt{\varepsilon}} \times \log_{10}\dfrac{D}{d}$

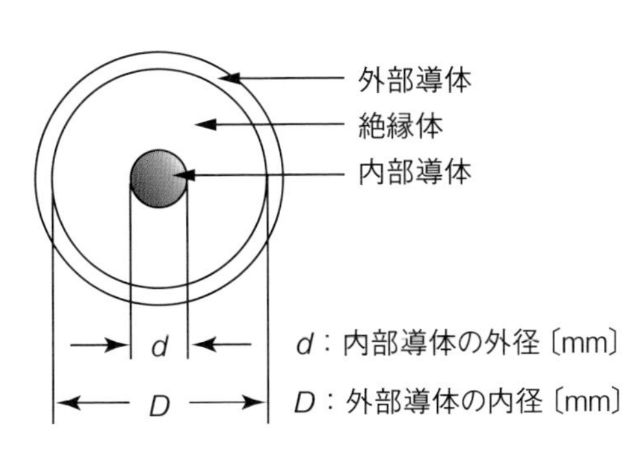

同軸ケーブルの呼びの最初の数字(衛星放送対応でない場合)は、**外部導体の概略内径**です。外径ではありません。したがって、④が不適当です。　（2級電気通信工事　令和1年前期　No.31）

〔解答〕 ④不適当 → 外部導体の概略内径

演習問題 伝送線路に関する次の記述の[ ]に当てはまる語句の組合わせとして、適当なものはどれか。

「下図に示すように伝送線路の特性インピーダンスZ_0と負荷のインピーダンスZ_rが等しくない伝送線路に電気信号を流した場合、負荷との接続点において[(ア)]が生じ、これが入射波と干渉することによって伝送線路上に[(イ)]が現れる。」

	(ア)	(イ)
①	近接効果	表皮効果
②	近接効果	定在波
③	反射波	表皮効果
④	反射波	定在波

特性（とくせい）インピーダンス　Z_0　[Z_r]　負荷（ふか）のインピーダンス

$Z_0 \neq Z_r$

ポイント▶ 特性インピーダンスの高低によって、線路内での電流の振る舞いが異なる。特性インピーダンスが高い場合には、電圧が主体でエネルギーを伝送している。逆に低い場合には、電流が主体で伝送していると捉えられる。

解　説

どのような伝送線路であっても、その媒体に固有の特性インピーダンスを持っています。線路を接続する際には、両者のインピーダンスを一致させることが必要です。

インピーダンスが異なる媒体を接続してしまうと、接続点において**反射波**が生じてしまい、それによって**定在波**を発生させる原因となってしまいます。

したがって、④が適当となります。

■ 定在波の例

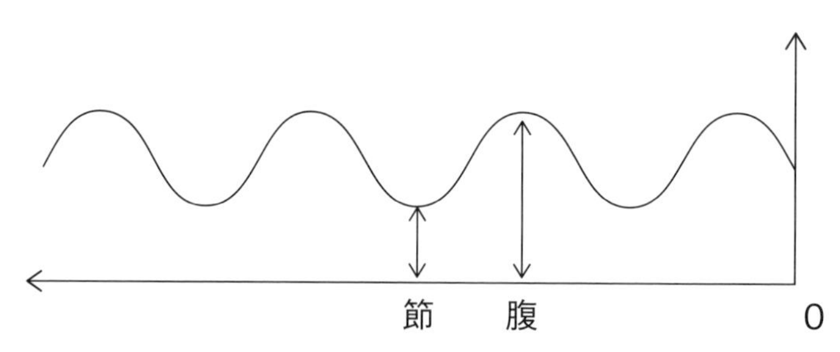

この現象はケーブル間だけでなく、空中線等の負荷との間でも同様のことがいえます。インピーダンスが異なる場合には、整合回路を挟む等の対策が求められます。

（2級電気通信工事　令和3年後期　No.16）

〔解 答〕 ④適当

演習問題 LANに使用されるケーブルに関する記述として、適当でないものはどれか。

①UTP ケーブルは、ツイストペアケーブルで曲げに強く集線接続が容易である
②STP ケーブルは、UTP ケーブルにシールドを施したもので外部ノイズの影響を受けにくい
③同軸ケーブルは、10BASE5や10BASE2の配線に使用される
④光ファイバケーブルは、電磁誘導の影響を受けやすい

ポイント▶ 一般的なイーサネットケーブルのみならず、有線LANに用いることができる線種は多い。カテゴリやクラスまで分類すると実にさまざまな仕様が存在する。それぞれの線種の特性を理解して、場面により使い分けていく。

解　説

LANに用いられる最も一般的な配線材料が、「UTP（Unshielded Twisted Pair）」ケーブルです。ツイストペアとは、2本の芯線をツイスト状に編んだもので、撚り対線（よりついせん）ともいいます。この撚り対線を4組集めて、合計8芯の構成となっています。

名称の頭にアンシールドとある通り、外周部にはシールドが施されていません。シールドがないために柔らかくて曲げやすく、STPと比べると施工がしやすいです。①は適当。

左がUTP、右がSTP（共にカテゴリ5e）

「STP（Shielded Twisted Pair）」ケーブルは、UTPケーブルの外周部（被覆の内側）にアルミ等でシールドを施したものです。シールドの遮へい効果によって、外部からのノイズに対する耐性が高くなっています。②も適当。

同軸ケーブルは、無線機と空中線とをつなぐ場面等でよく見られます。この同軸ケーブルもLAN配線として利用することが可能です。端末との接続にあたっては、同軸モデムを介して行います。③も適当です。

光ファイバケーブルは金属製のメタルケーブルとは違い、外部からの電磁誘導等のノイズの影響を、ほとんど受けることがありません。

したがって、④が不適当となります。　（2級電気通信工事　令和1年前期　No.21）

〔解 答〕 ④不適当 → 受けにくい

5-11 OSI参照モデル ［各層の役割］

高度情報化社会の現代では、通信ネットワークは自分の配下のみでは完結できない。全世界が網の目のようにつながっている状況においては、他のネットワークや市販の機器と規格上の整合が取れていないと、通信はままならない。

演習問題

下表に示すOSI参照モデルの空欄（ア）、（イ）、（ウ）に当てはまる名称の組合わせとして、適当なものはどれか。

階層	名称
7	アプリケーション層
6	（ア）
5	セッション層
4	トランスポート層
3	（イ）
2	データリンク層
1	（ウ）

	（ア）	（イ）	（ウ）
①	ネットワーク層	プレゼンテーション層	物理層
②	ネットワーク層	物理層	プレゼンテーション層
③	プレゼンテーション層	ネットワーク層	物理層
④	プレゼンテーション層	物理層	ネットワーク層

ポイント▶ 全世界のネットワーク間で相互通信を行うために、ISO（国際標準化機構）が定めた統一規格がOSI参照モデルである。全7つの階層（レイヤ）から成っている。それぞれの階層ごとに役割が分担されており、用いる機器も異なる。

解　説

OSI参照モデルの「OSI」とは、Open System Interconnectionの頭文字をとったもの。各層ごとに通信プロトコル等が定められていますが、特に下位の3層（第1～3層）はハードウェアとの関連性が強いです。

階層	名称
7	アプリケーション層
6	プレゼンテーション層
5	セッション層
4	トランスポート層
3	ネットワーク層
2	データリンク層
1	物理層

役割の一例として、「ネットワーク層」は、目的とする通信相手までデータを転送するために、必要となる通信経路の選択や、データの転送、中継機能を提供する階層といえます。

今回の空欄部のみならず、これら7階層の名称は、暗記必須です。

したがって、③が適当です。定番の暗記法は、「あ！プレゼントね、デーブ」でしたね。

（2級電気通信工事　令和3年後期　No.22）

〔解 答〕 ③適当

演習問題 有線LANを構成する場合の機器について、正しいものを選べ。

①イーサネットを構成する機器として使用されるブリッジは、IPアドレスに基づいて信号の中継を行う
②スター型のLANで用いられるリピータハブは、OSI参照モデルのデータリンク層の機能を利用して、信号の中継、増幅および整形を行う
③OSI参照モデルのネットワーク層の機能を利用して、異なるネットワークアドレスを持つLAN相互の接続ができる機器にL2スイッチがある
④RIPやOSPF等のルーティングプロトコルを、L3スイッチにて使用することができる

ポイント▶ OSI参照モデルの階層が異なれば、扱うデータも変わる。例えばL2ではMACアドレスで相手先を探すのに対し、L3ではIPアドレスで探す。どの階層にて通信を行うかに応じて、それに適した振舞いを選択しなければならない。

解　説

まず「ブリッジ」は、レイヤ2（L2）と呼ばれる下から2層目のデータリンク層にて動作する機器です。電気信号の波形の整形や増幅を行うとともに、MACアドレスを読んで適切なポートに信号を発する中継器です。IPアドレスを読む機能はありません。よって①は誤りです。

「リピータハブ」とは、一般に「ハブ」と呼ばれている機器のこと。L1である最下層の物理層で用いられる機器です。電気信号の波形の整形や増幅を行うリピータに、複数のポートを追加して分岐機能を持たせたものがリピータハブです。②は誤りです。

「L2スイッチ」は、文字通りレイヤ2のデータリンク層にて動作する機器です。単に「スイッチ」と呼ぶ場合には、このL2スイッチを指すことが多いです。別名をスイッチングハブともいいます。ブリッジと同様にMACアドレスを見て、該当するポートに信号を中継します。

異なるネットワークアドレスを持つLAN相互の接続はできません。これを担当するのは1つ上のL3（ネットワーク層）です。したがって③は誤りです。

■各レイヤごとの主な通信機器

レイヤ3	ネットワーク層	ルータ、L3スイッチ
レイヤ2	データリンク層	ブリッジ、L2スイッチ（スイッチングハブ）
レイヤ1	物理層	リピータ、リピータハブ（ハブ）

「L3スイッチ」はルータと同じく、レイヤ3のネットワーク層にて用いられる機器です。

L3スイッチはルータから高度な機能を省略して、処理の高速化に特化した機器といえます。ルータと同様に、TCP/IPに準拠した外部ネットワークへのルーティングが可能です。④の記載が正しいです。

〔解答〕 ④正しい

5-12 インターネット技術 [接続]

ユーザレベルではすっかり市民権を得たインターネット接続であるが、もはやビジネス上でも私生活でも欠かせない存在となってきている。本項では、人間とデジタルとの融合ともいえるこれらインターネットを支える技術を見ていきたい。

演習問題 インターネットで使われている技術に関する記述として、適当でないものはどれか。

①DHCP サーバとは、ドメイン名をIP アドレスに変換する機能を持つサーバである
②ルーティングとは、最適な経路を選択しながら宛先 IP アドレスまでIP パケットを転送していくことである
③プロキシサーバとは、クライアントに変わってインターネットにアクセスする機能を持つサーバである
④CGI とは、Web ブラウザからの要求に応じてWeb サーバがプログラムを起動するための仕組みである

ポイント▶ インターネット接続を実現するためには、目に見えないところでさまざまな技術が用いられている。単純に自分のコンピュータと相手のサーバだけを見ても、それぞれを特定する名前が付いていないと、相互の通信は不可能となってしまう。

解説

「DHCP (Dynamic Host Configuration Protocol)」は、LANに参加したコンピュータ等の端末(ホスト)に自動的にIP アドレスを割り当てる機能のことです。有線LANでも無線LANでも同様の役割を果たします。

「Dynamic」は動的という意味です。DHCPサーバが使われていないIPアドレスを当該ホストに自動的に割り当てます。

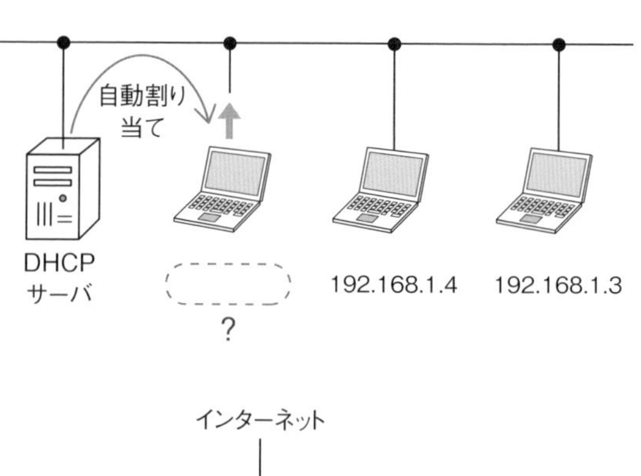

一方で、題意の「ドメイン名」をIPアドレスに変換する機能は、DNS (Domain Name System)です。ドメイン名とは、URL(統一資源位置指定子)の中に含まれるWebサーバが存在する位置を示す情報のことです。

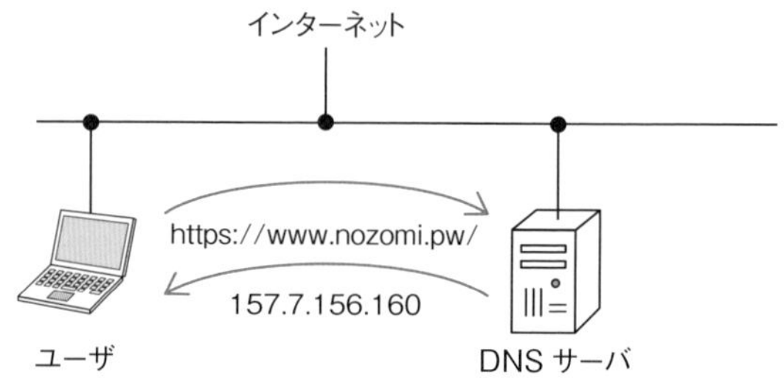

ユーザ端末からWebページを参照する場合には、一般的にはURLを指定します。例えば本書の著者である、のぞみテクノロジーのURLは「https://www.nozomi.pw/」ですが、インターネット上のルータはこの情報を読むことができません。したがってDNSサーバに問い

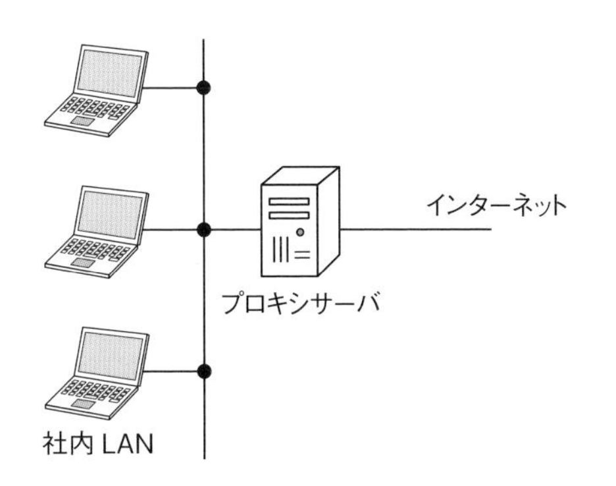

合わせをして、このURLをIPアドレスに変換してから送出しなければなりません。①が不適当です。

「プロキシサーバ」は、クライアント端末から直接インターネットへアクセスさせずに、両者の接続をいったん中継するためのサーバのことです。③は適当です。

（2級電気通信工事　令和1年前期　No.23）

〔解 答〕 ①不適当

演習問題 TCP/IPにおけるIP（インターネットプロトコル）の特徴に関する記述として、適当でないものはどれか。

①パケット通信を行う
②最終的なデータの到達を保証しない
③経路制御を行う
④OSI参照モデルにおいて、トランスポート層に位置する

ポイント▶ プロトコルとは、通信を行うためのルールのことである。送信者と受信者は無論のこと、通信を中継する各機器等もこのプロトコルに準拠していなければならない。そしてこれらプロトコルは、階層ごとにそれぞれの役割を持っている。

解　説

インターネットに出ていく通信は、レイヤ3のフォーマットに準拠していなければなりません。これは、1つ上のレイヤ4のPDUにIPヘッダを付けたものです。すなわちパケットの形式です。①は適当です。

なお、IPヘッダはIPv4とIPv6とで形式が大きく異なります。IPv6はIPアドレスの枯渇問題を解消するために新設された規格で、IPv4の後継となるものです。現在ではこの両者が混在する形で使用されています。

■OSI参照モデル各層の主なプロトコル

レイヤ7	アプリケーション層	HTTP、SMTP、POP3、FTP 等
レイヤ6	プレゼンテーション層	
レイヤ5	セション層	
レイヤ4	トランスポート層	TCP、UDP 等
レイヤ3	ネットワーク層	IP、ICMP 等
レイヤ2	データリンク層	ARP、RARP、PPP 等
レイヤ1	物理層	

インターネット通信の標準的なプロトコルといわれるTCP/IPは、第4層のTCP（Transmission Control Protocol）と、第3層のIP（Internet Protocol）の総称です。一口にTCP/IPという表現が用いられるため同階層のプロトコルと勘違いしがちですが、両プロトコルの階層は異なるので注意してください。④が不適当です。　（2級電気通信工事　令和1年後期　No.22）

〔解 答〕 ④不適当→ネットワーク層

5-13 IPアドレス① ［IPv4］

レイヤ3で、各ノードを区別する手段がIPアドレスである。IPv4は、8ビットのオクテット単位を4組連ねた全32ビットで構成。後継のIPv6では、枯渇解消のため拡大された。

演習問題 IPアドレスの表現方法であるクラスCに関する記述として、適当なものはどれか。

①ホストが10,000台以上のネットワークを構築する場合に使用する
②ホストアドレス部が8ビットのネットワークを構築する場合に使用する
③マルチキャストに対応したネットワークを構築する場合に使用する
④IP アドレスの先頭の1ビットが「0」で始まる

ポイント▶ IPアドレスは、前方が所属するネットワークアドレスを示し、後部はその中での個別のホストアドレスを表す。両者の境界はクラスで定義できる。

解　説

IPアドレスは32ビットの信号の連なりなので、どこが境界なのか判別できません。そこで、ネットワークアドレスとホストアドレスとの境界点を示す指標が必要となります。

IPv4ではこの指標の1つに、「クラス」があります。クラスはA～Eの5種類があり、Eは実験用です。また、複数のユーザに同一の情報を放送形式で配信するマルチキャストは、クラスDです。③は不適当です。

一般的なノードに割り当てるクラスは、A～Cの3種類です。これらのクラスはそれぞれ頭から8ビット、16ビット、24ビットがネットマスクとなっています。

ネットマスクとは、ネットワークアドレスに該当する部分を示す範囲のことです。下図の黄色に塗られた部分が、各クラスのネットマスクです。

■クラスの態様（先頭の1～3ビットで判別）

クラスA	0 x x x x x x x	x x x x x x x x	x x x x x x x x	x x x x x x x x
クラスB	1 0 x x x x x x	x x x x x x x x	x x x x x x x x	x x x x x x x x
クラスC	1 1 0 x x x x x	x x x x x x x x	x x x x x x x x	x x x x x x x x
	ネットワークアドレス　24ビット			ホストアドレス 8ビット

クラスCはネットワーク部が24ビット分で、ホスト部は残る8ビットで表現します。ホストへの割り当て可能数は理論上は0～255の256個ですが、特殊アドレスを2つ除いて、254台分となります。①も不適当です。

（2級電気通信工事　令和2年後期　No.24）

〔解 答〕 ②適当

演習問題 LANにつながっている端末のIPアドレスが「192.168.3.121」でサブネットマスクが「255.255.255.224」のとき、この端末のホストアドレスとして適当なものはどれか。

①9　②25　③121　④249

ポイント▶ IPv4において、ネットワークアドレスとホストアドレスとをクラスによって分割する形を、クラスフル方式という。一方でクラスを用いずに、サブネットマスクで分割する形を、クラスレス方式という。本設問は後者のケース。

解　説

サブネットマスクとは、IPアドレスの中で左から何ビット目までがネットワークアドレスに該当するかを示します。これを解くために、10進数を2進数に変換しなければなりません。

まず10進数の「255」は、2進数で表すと「11111111」です。つまり8ビットのオクテット単位が、全て1で埋まっている状態です。これが左から3オクテット続いています。

数字が異なるのが、第4オクテットの「224」です。これを2進数に変換すると、「11100000」となります。

以上より、2進数に読み替えた32桁の数値は、下図のように左から27桁が1で、残り5桁が0になります。つまり、左から27ビット目までがネットワークアドレスを表します。残った右寄りの5ビット分がホストアドレスです。

次に、当該端末のIPアドレスに着目します。「192.168.3.121」ですが、今回は左から3つのオクテットは無視してよいです。第4オクテットだけに着目します。

10進数の「121」を2進数に変換すると、「01111001」です。上記で算出したサブネットマスクにより、左から3ビット目までがネットワークアドレスなので、ホストアドレスは残りの「11001」だけです。

これを10進数に変換すると、「25」です。したがって、②が適当です。

（2級電気通信工事　令和1年後期　No.24）

〔解 答〕 ②適当

さらに詳しく

上記のケースでは、左から27ビット目までがネットワークアドレスであった。サブネットマスクは「/**」という簡略した形で表現することもでき、この場合は192.168.3.121/27となる。これは掲題のアドレスの条件と同じ意味である。

5-13 IPアドレス② [IPv6]

演習問題 IPv6に関する記述として、適当でないものはどれか。

①IPv6のIPアドレスは、128ビットで構成されている
②IPv6ヘッダのヘッダ長は、データに応じた可変長となっている
③IPv6のグローバルユニキャストアドレスは、インターネット通信や組織内での通信等に利用される
④IPv6のホスト部のIPアドレスは、MACアドレスを基に自動的に設定できる

ポイント▶ IPv4では、割当て可能なホスト数が限界に近づいてきた。この解決策として、従来のv4と互換性を持たせながら収容数を拡大した規格がv6である。v6のIPアドレスは、16ビットの単位を8つ連ねた形となっている。

解　説

IPv4のIPアドレスは32ビットでしたが、枯渇問題を解消するために、v6では大幅に拡充されました。16ビット単位のフィールドを、8つ束ねているので、合計128ビットになります。①は適当です。

v6では16進数で表記します。一例として、「2409：0010：21E0：4600：89BD：C25C：1A93：AE11」のような、英数字が混在した32桁の形となります。

パケットを構成する際のヘッダは、IPv4では20バイト以上の可変長でした。改良型のv6では、「基本ヘッダ」として40バイトの固定長が定義されています。②は不適当です。

これは中継ルータでの負担を軽くするために、付加的な情報を拡張ヘッダに移設したことによるものです。

■IPv6パケットの構造

基本情報	送信元IP	宛先IP	拡張ヘッダ	データ部分
64bit (8バイト)	128bit (16バイト)	128bit (16バイト)		
320bit(40バイト)の固定長 基本ヘッダ			ペイロード	

IPv6はv4と同じIPプロトコルでありながら、ヘッダはかなりシンプルな構成になっています。必要に応じて、基本ヘッダの後に拡張ヘッダを追加することで、機能性とシンプルさを両立しています。

さらに特筆すべきこととして、IPv4にて設けられていたヘッダチャックサムが、v6では廃止されました。これによってルータ中継時のTTLの再計算がなくなり、高速化に寄与しています。

グローバルユニキャストアドレスは、IPv6環境で用いる最も一般的なIPアドレスの種類です。インターネット上、あるいはネットワーク内部で、一意に識別することができます。③は適当。

IPv6アドレスは、MACアドレス等の情報を元にした自動生成が可能です。しかし、プライバシーやセキュリティ面での問題があるため、今日ではあまり推奨されていません。④は適当です。

（2級電気通信工事　令和2年後期　No.16）

〔解 答〕 ②不適当 → 40バイトの固定長

演習問題 次のIPv6のアドレスをRFC5952で規定されているIPアドレス表記法で記述した場合、適当なものはどれか。

「0192：0000：0000：0000：0001：0000：0000：0001」

①192：：：：1：：：1
②192：：1：：1
③192：：1：0：0：1
④192：0：0：0：1：：1

ポイント▶ IPv6ではフィールド内を省略するケースが多く、慣習的にさまざまな表記方法が乱立して運用されてきた。これでは問題が発生する懸念があったため、表記方法を統一するガイドラインとして、RFC5952が発行された。

解　説

RFC5952はあくまでガイドラインであって、厳格なルールではありません。必ずしも、この表記方法に従わなければ通信できないという性格のものではありません。

IPv6においてRFC5952に沿った表記方法をブレイクダウンすると、以下のような形になります。なお、4桁の数字（10進数で表した場合）の組を、「フィールド」と呼びます。

イ. フィールド内の先頭の“0”は省略せよ
（ただし“0000”の場合は“0”とする）
ロ. “0000”は、“::”を用いて可能な限り省略せよ
ハ. “0000”が1つだけの場合は、“::”を用いて省略してはならない
ニ. “::”を用いて省略できるフィールドが複数あるときは、最も多く省略できる箇所を省略せよ
（ただし、省略するフィールド数が同じ場合は前方を省略する）

① 192::::1:::1　　複数の::を省略していない。ロの条件に不適合
② 192::1::1　　前も後ろも省略している。ニの条件に不適合
③ 192::1:0:0:1　　適合した表記法
④ 192:0:0:0:1::1　　より少ない後ろを省略している。ニの条件に不適合

これらにより、RFC5952に準拠した表記法は、「192::1:0:0:1」のみとなります。③が適当です。

（2級電気通信工事　令和1年後期 No.21）

〔解 答〕 ③ 適当

5-14 情報保護① ［脅 威］

電気通信に携わる者として、情報セキュリティは非常に重要な概念である。外部に漏えいさせない機密性、改竄されない完全性、正当な利用者がいつでも使える可用性。これらセキュリティの3大要素をいかに確保するかが求められる。

演習問題 マルウェアに関する次の記述に該当する名称として、適当なものはどれか。

「感染したコンピュータ内や、ネットワーク上の記憶装置内のファイルを暗号化して、ファイルの復号と引換えに金銭を要求することが特徴の、不正プログラムである。」

①ランサムウェア
②ワーム
③ボット
④キーロガー

ポイント▶ マルウェアは、ウイルス、ワーム、トロイの木馬、スパイウェア、キーロガー、バックドア、ボット等に細分化できる。不正かつ有害な動作を行う目的で作られた、悪意のあるプログラムやコード等の総称である。

解　説

各選択肢に掲示されたキーワードは、いずれもマルウェアの仲間です。それぞれのプログラムがどういった性質のものか、特徴をおさえておきましょう。

「ワーム」は、独立したプログラムとして存在しています。自身を複製して、他のコンピュータに拡散し感染させる性質を持ったマルウェアです。

宿主となるファイルを必要としない点が、特徴といえます。

「ボット」は、攻撃者からの遠隔の指令によって、有害な動作を行うプログラムのことです。他のコンピュータやネットワークへの攻撃や、サーバからのファイルの盗み出し等を行います。

「キーロガー」は、ユーザがキーボードの操作を行った際に、そのデータを外部に送信するプログラムです。スパイウェアの一種といえます。

掲題の、「ファイルを暗号化して、その復号と引換えに金銭を要求する目的の、不正プログラム」は、ランサムウェアといいます。

このランサムウェアもマルウェアの1つで、近年になって、被害の実例が急増してきています。暗号化が最大の特徴なので、覚えておきましょう。

したがって、①が適当となります。　（2級電気通信工事　令和3年前期　No.28）

〔解 答〕 ①適当

演習問題 ゼロデイ攻撃に関する記述として、適当なものはどれか。

①大量のパケットを送りつけるなどして、標的のサーバやシステムが提供しているサービスを妨害する攻撃である
②他人のセッションIDを推測したり窃取することで、同じセッションIDを使用したHTTPリクエストによって、なりすましの通信を行う攻撃である
③Webアプリケーションを通じて、Webサーバ上でOSコマンドを不正に実行させる攻撃である
④ソフトウェアのセキュリティホールの修正プログラムが提供される前に、修正の対象となるソフトウェアのセキュリティホールを突く攻撃である

ポイント▶ 通信回線を介した攻撃には、さまざまな態様が存在する。手口によっては対策が困難なものもあるため、非常に厄介である。したがって、攻撃を受けた際でも機密性や完全性が守られるような備えが要求される。

解　説

OSやアプリケーションにて、セキュリティ上の脆弱性が発見された場合の流れを考えます。まず開発元は、それら脆弱性に対処すべく、修正プログラムに取りかかります。

そして開発元から修正プログラムがリリースされ、ユーザが適切にアップデートを完了します。ここではじめて、セキュリティホールが塞がれたことになります。

ゼロデイ攻撃は、このセキュリティホールが塞がれる前の段階で、攻撃を仕掛ける手口のことです。ユーザ側がまだ対処できていない段階での攻撃であることから、0日目という意味の名称が付けられています。④が適当。

■ゼロデイ攻撃の例

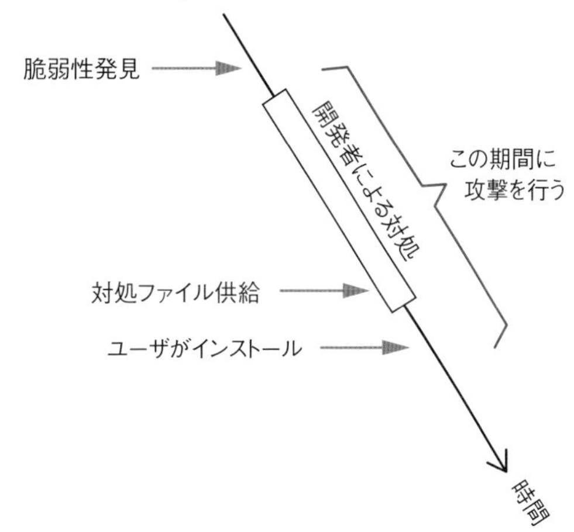

「標的のサーバやシステムに対して大量のパケットを送りつける等して、提供しているサービスを妨害する攻撃」①はDoS（Denial of Service Attack）攻撃といいます。

「他人のセッションIDを悪用して、同じセッションIDを使用したHTTPリクエストによって、なりすましの通信を行う攻撃」②はセッションハイジャックの説明です。

「Webアプリケーションを通じて、Webサーバ上でOSコマンドを不正に実行させる攻撃」③は、OSコマンドインジェクションと呼ばれています。（2級電気通信工事　令和3年後期　No.28）

〔解 答〕 ④適当

5-14 情報保護② [対 策]

演習問題 次の文章のうち、情報セキュリティポリシーに関して望ましいとされている運用方法等について、誤っているものを選べ。

①一般に、情報セキュリティポリシー文書は、基本方針、対策基準および実施手順の3階層の体系で構成され、基本方針はポリシー、対策基準はスタンダードとも呼ばれる
②組織の業務分掌等、組織の状況に合わせて、一般的に基本方針は複数策定する
③情報資産のセキュリティ確保のために、組織の基本方針を表明することで、経営層が情報セキュリティに本格的に取り組む姿勢を示し、組織がとるべき行動を社内外に宣言するものを、基本方針という
④基本方針に準拠して何を実施しなければならないかを明確にした基準であって、実際に守るべき規定を具体的に記述し、適用範囲や対象者を明確にしたものを対策基準という

ポイント▶ 情報セキュリティポリシーの文書構成には特に決まったルールはないものの、3階層のピラミッド構造で表現することが一般的である。3階層を構成する基本方針をWhy、対策基準をWhat、実施手順をHowと言い換えることもできる。

解　説

基本方針
(ポリシー)
対策基準
(スタンダード)
実施手順
(プロシージャー)

情報セキュリティポリシー文書の体系は、基本方針と対策基準の他、基盤層に位置する実施手順にも「プロシージャ—」という別名があります。

「基本方針」は、組織の経営層が情報セキュリティの目標と、その目標を達成するために組織がとるべき行動を組織内外に宣言するものです。
あくまで基本方針であり責任の所在を示すものですから、ブレてはいけません。当然に組織として1つでなければならず、複数策定する理由がありません。②が誤り。

なお、上記の設問内には記述されていませんが、「実施手順」は対策基準で定めた規程を実施する際に、「どのように実施するか」という「How」について記述します。すなわちマニュアル的な位置づけの文書であり、詳細な手順を記述していきます。

〔解 答〕 ②誤り

【重要】▶情報セキュリティの3大要素

「機密性」「完全性」「可用性」　通信に携わる者にとっては常識であるため、確実に覚えたい。

演習問題 コンピュータウイルスの感染を予防する対策として、適当でないものはどれか。

①ウイルス対策ソフトウェアのウイルス定義ファイルを、最新の状態に更新しておく
②OS や使用しているソフトウェアに、最新のセキュリティパッチを適用する
③Web ブラウザのセキュリティ設定を行う
④インターネットからダウンロードしたファイルは、使用する前に暗号化する

ポイント▶ コンピュータウイルスに代表される有害プログラム等は、そもそもコンピュータ内に侵入させないことが理想である。しかし現実的には、これは容易ではない。ウイルス感染をどう予防していくかを考えてみたい。

解　説

高度な情報化社会では、他のコンピュータやサーバと接続することを前提とした運用を行っています。それゆえに、意図しないファイルの侵入を完全に遮断することは、困難といえます。

そして、コンピュータ内に入り込んでしまった際の取り扱いには、特に留意しなければなりません。本設問では、人間側が対処できる取り組みを確認しておきます。

ウイルス対策のソフトウェアは、一般的には、実際に新しい攻撃手法が確認されてからその対処を行います。つまり後追い形のため、常にリスクにさらされています。

そのためウイルス定義ファイルは、可能な限り早めに最新のものに更新することが大切です。①は適当です。

OSをはじめとする各種のソフトウェアは、たくさんのバグやセキュリティホールを内在させています。これらの脆弱性を突いた攻撃も想定できます。

セキュリティパッチも同様に、なるべく早く最新のものを適用することが推奨されます。②も適当です。

Webブラウザは種類にもよりますが、セキュリティの厳しさを設定できるものがあります。ここで、あまり厳しくしすぎると実用面で使い難くもなってしまいます。

実情に応じた、適度なセキュリティ設定を行うことが望ましいといえます。③も適当です。

インターネットからファイル等をダウンロードする際には、特に慎重にならなければなりません。悪意のあるプログラム等が紛れ込んでいる可能性があります。

ダウンロードしたファイルは、すぐにセキュリティソフト等を用いて安全性を確認することが大切です。Eメールに添付されたファイルにも、同様のことがいえます。

なお**暗号化を行っても、ウイルス対策としてはメリットはありません**。暗号化は、大切な情報を他人に見られないようにするための手段です。

したがって、④が不適当です。

（2級電気通信工事　令和4年前期　No.28）

〔解 答〕 ④不適当

5-15 レーダ ［レーダの機能］

自位置からの距離と方角を測る手段として、電波を用いたレーダ装置がある。ごく短い時間だけ電波を発射して、目標となる物体に反射して戻ってくるまでの時間を計測することで、当該物体までの距離を算出することができる。

演習問題 レーダの性能に関する次の記述に該当する名称として、適当なものはどれか。

「レーダからの方位が同じで、距離が近接した2つの物標を画面上で識別して表示できる物標間の最小距離をいう。」

①最大探知距離
②最小探知距離
③方位分解能
④距離分解能

ポイント▶ レーダ装置が捉える物標は1つではない。複数の物標が存在していれば、それら全てが画面上に表示される。このとき複数の物標が近接している場合に、それらが近すぎると、1つの点として認識してしまう。この限界値を考える。

解　説

電波を放射して、物標で反射して戻ってきた受信波を演算し画面上に表示するのがレーダ装置です。探索範囲内に物標が2つ存在すれば、画面上の点も2つになります。

これら2つの物標があまりにも近接している場合には、両者の区別が困難になってきます。レーダ装置の能力として、どこまで精密に表示できるかの指標が「分解能」です。

距離が同じで、方位が近接した2物標の識別能力は、「方位分解能」といいます。③は不適当。

一方で、方位が同じで、距離が近接した2物標の識別能力は、「距離分解能」です。したがって、④が適当となります。

方位分解能

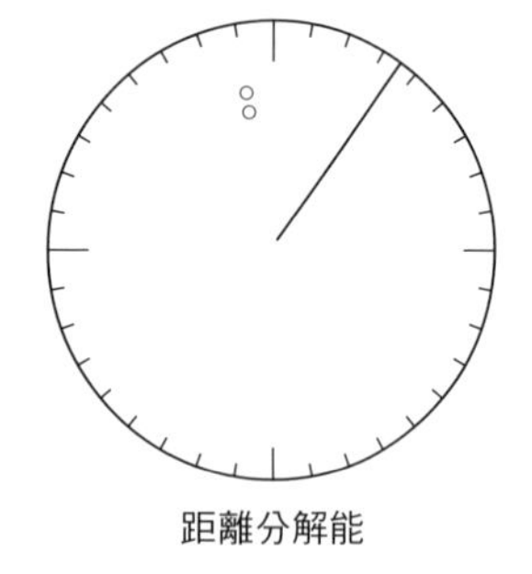
距離分解能

「最大探知距離」は、どこまで遠距離の物標の探索が可能かを表す能力です。空中線の位置を高くしたり、出力を大きくすることで対処します。①は不適当。

「最小探知距離」は、逆にどこまで近距離の物標を探索できるかの能力です。物標が近すぎると、電波の放射が終わる前に反射波が戻ってきます。これだと探索ができません。放射電波のパルスを短くして対処します。②も不適当。

（2級電気通信工事　令和3年後期　No.32）

〔解 答〕 ④適当

演習問題 パルスレーダーにおいて、パルス波が発射されてから、物標による反射波が受信されるまでの時間が65〔μs〕であった。このときの物標までの距離の値として、正しいものを下の番号から選べ。

①2,437〔m〕　②4,875〔m〕　③9,750〔m〕
④14,625〔m〕　⑤19,500〔m〕

ポイント▶ 具体的にパルスレーダにおける送受信の時間差によって、距離を算出する設問である。基礎的な問題ではあるが、これを解くためには光の速度を知らなければならない。電波の速度は光の速度と同じであり、周波数には依存しない。

解　説

電波の速度は、秒速30万km（3.0×10^8m/s）です。ただしこれは真空中での速度であって、大気が存在する地球上では若干遅くなります。とはいえ、ほとんど無視できる誤差の範囲であるため、この数値で計算を行います。

引っかかりやすい点として、自局から目標となる物標までの電波の往復の時間が65〔μs〕という部分です。距離の算出にあたっては、片道の所要時間で計算しなければなりません。

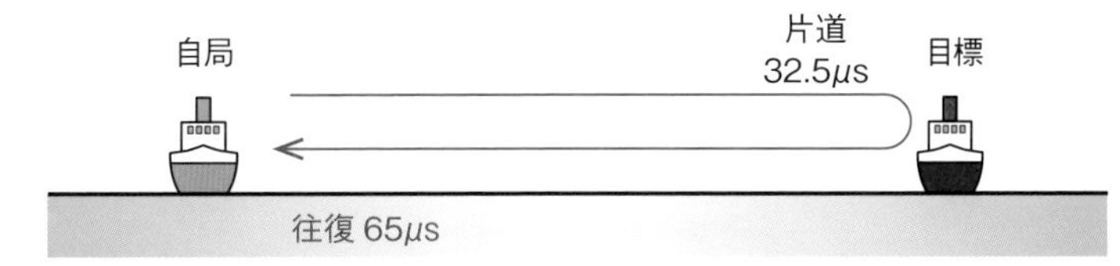

片道の所要時間は、65μs／2＝32.5〔μs〕です。ここで、距離は時間と速度の掛け算ですので、

距離　$S = 32.5 \times 10^{-6} \times 3.0 \times 10^8 = 97.5 \times 10^2$
＝9,750〔m〕

となります。

したがって、③が正しいです。

（一陸特　平成30年10月AM〔無線工学〕 No.16）

レーダアンテナの例（航空レーダ）

〔解答〕 ③ 正しい

【重要】▶電波の速度

光と電波は同じものであるから、電波の速さは光と同じ 3.0×10^8m/sである。これは秒速に直すと30万kmであり、無線屋であれば必須。本業の無線屋でなくとも、電気通信に携わる者であれば、できれば知っておきたい。

目安としては、1秒間に地球の表面を7周半する速さ。太陽まで8分19秒である。

5-16 テレビジョン放送 ［受信］

テレビジョンは戦後復興の象徴ともいわれてきたが、広い電気通信産業の中では異色の存在である。一般的な電気通信は互いが送受信者となる相互通信のケースが多いが、テレビジョンは一方的に放送形式で送信するのみである。

演習問題 テレビ共同受信設備に関する記述として、適当でないものはどれか。

①テレビ共同受信設備は、受信アンテナ、増幅器、混合器（分波器）、分岐器、分配器、同軸ケーブル等で構成される
②増幅器は、受信した信号の伝送上の損失を補完し信号の強さを必要なレベルまで増幅するものである
③混合器は、UHF、BS・CSの信号を混合するものである
④分配器は、幹線の同軸ケーブルから信号の一部を取り出すものである

ポイント▶ テレビジョン放送における受信方での設備に関する設問である。空中線にて入力した搬送波を表示画面まで伝送するにあたり、主役は同軸ケーブルである。しかしその間には、実にさまざまなデバイスを経由している。詳細を見ていきたい。

解　説

テレビジョンの受信方の各機器のつなぎは、代表的な表現をすると以下の図のようになります。

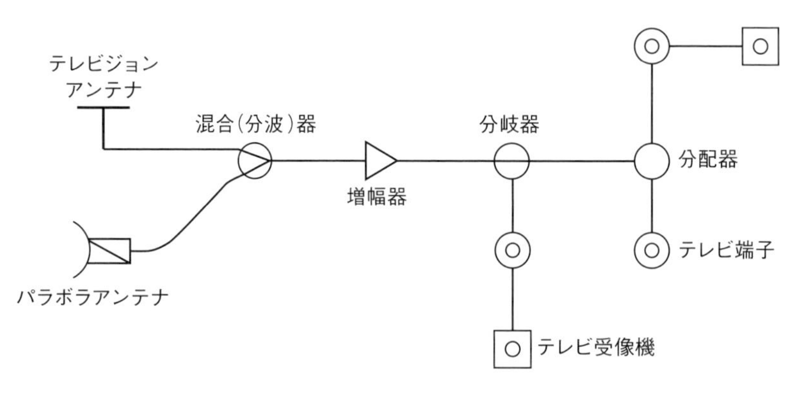

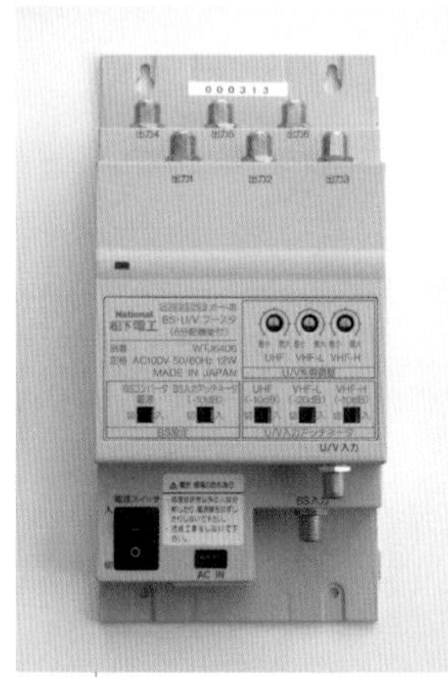
増幅器（ブースター）の例

「増幅器」はブースターとも呼ばれます。文字通り、微弱な搬送波を必要なレベルまで増幅するための機器です。特に遠距離を旅してきた電波は減衰が著しいため、増幅器の役割は重要です。

「混合（分波）器」は、複数の空中線から入力された電波を合流させる（混合する）デバイスです。VHFとUHFでは空中線が異なり、衛星放送（CSやBS）とも空中線は異なります。そのため、これら両者の空中線を設けている場合には混合（分波）器で合流させる必要があります。

「分配器」は、入力された信号を出力方へ**等しく分配**するデバイスです。2分配型であれば2等

分し、4分配型であれば4等分を行います。題意のように、信号の一部を取り出すものではありません。したがって④が不適当です。

選択肢④の、幹線の同軸ケーブルから信号の一部を取り出すデバイスは「分岐器」です。これは分配器とは異なり、出力方で等分配がなされません。出力方でのケーブルの長さが極端に異なる場合等、出力に差をつけたい場合に用いられます。

これらは分波器や分岐器、分配器と、紛らわしい名称が多いので、しっかりと峻別しておきましょう。

（2級電気通信工事　令和1年前期　No.29）

混合（分波）器の例

分岐器の例（2分岐器）

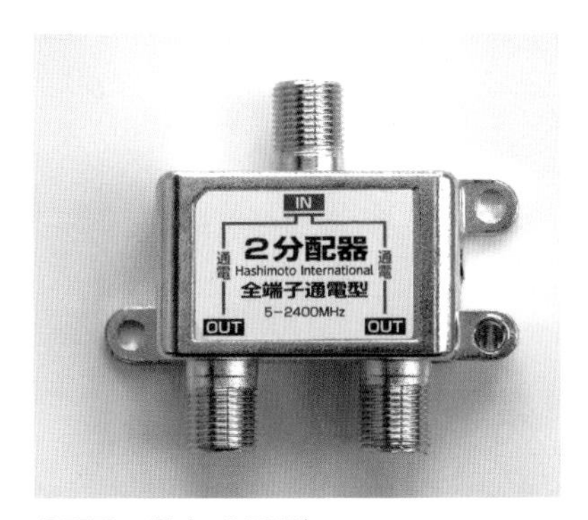

分配器の例（2分配器）

テレビ端子の例

空中線の例（左VHF、右UHF）

CS、BS用の空中線の例

〔解 答〕 ④不適当 → 等分配するもの

5-17 交通通信システム① ［鉄道保安］

電気通信工学の中でも、やや異色なジャンルが交通通信システムである。交通であるがゆえに、移動する物体を対象としてそれを追跡したり、制御するための通信技術である。本項では特に、鉄道に関する保安システムに着目する。

演習問題 次の鉄道における信号設備や保安設備等についての文章で、不適当なものを選べ。

①分岐器を転換して列車または車両の進路を変えるための装置を、転てつ装置という
②列車の運行状況を集中的に監視し、一括して列車運行の管理等を行うための装置を、運行管理装置という
③1区間に1列車のみ運転を許容し、列車の衝突や追突等を防止するための装置を、軌道回路装置という
④列車または車両に対して、区間の進行や停止等の運転条件を示すための装置を信号装置という

ポイント▶ 鉄道産業は非常に保守的な考え方で成り立っている。車両は比較的進化しているが、インフラ側は規模が大きいために、一度決めた仕様はなかなか変えられない性格がある。そのため部分的な自動化を積み重ねて、現在に至っている。

解　説

列車や車両は自ら進路を選ぶことができないため、進路は地上（線路）側で設定しなければなりません。例えば場外から停車場内に進入するにあたり、本線と副本線の2つの進路をとり得る場合に、これを選択する設備が「分岐器」です。

この分岐器は多数の部品で構成されていますが、転換部を動作させる媒体が「転てつ装置」です。転てつ装置には、手動のものと電動のものとがあります。①は適当です。

「運行管理装置」とは、広く漠然とした表現です。定義としては掲題の選択肢の通りですが、古くは列車の位置を自動的に判別できず、直接連絡する手段もありませんでした。そのため、列車位置の把握と運行調整のための指示を、駅との音声電話を介して行っていました。近年では自動化されつつあります。②も適当。

転てつ装置（電動式）の例

停車場間の本線をいくつかの区間に区切り、1区間に1列車のみの運転を許容して、列車の衝突や追突等を防止するための装置は「閉そく装置」です。区切られた区間を「閉そく区間」と呼び、その入口に進入の可否を示す信号機を建植することが一般的です。③が不適当です。

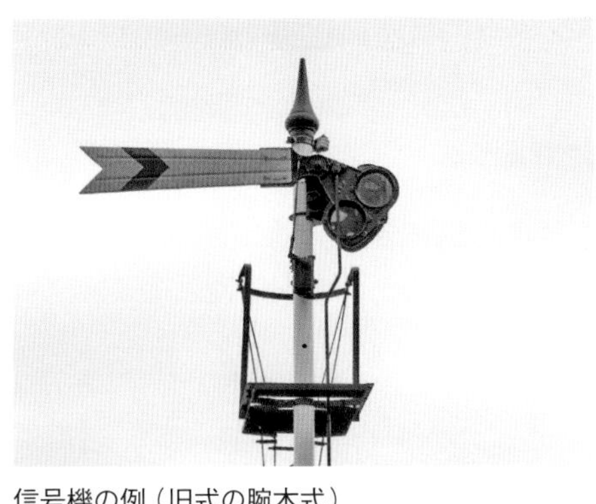

信号機の例（旧式の腕木式）

「軌道回路装置」は、列車や車両の在線状況を電気的に検知するための装置です。鉄製の車輪と車軸とで左右2本のレールを短絡することによって地上側の電流値を変化させ、リレーを落下させることで在線検知を行っています。

信号装置の概念はとても広く深いです。一括りに定義すると、線路の1つの区間に対して進入の可否、または可の場合には許容する速度の情報も付加して操縦者に対して現示するもの、となります。線路脇に建植するものを「色灯式」と呼ぶ一方で、車両の運転台に現示する「車内信号式」も存在します。④は適当。

〔解答〕 ③ 不適当 → 閉そく装置

演習問題

次の鉄道における信号設備や保安設備等についての略称として、適当なものはどれか。

「先行列車との間隔および進路の開通状況に応じた情報をもとに、自列車を許容速度以下に保つようにブレーキの制御を自動的に行うシステム」

①ATS　②ATC　③ATO　④CTC

ポイント▶ 鉄道の歴史は、事故の歴史といっても過言ではない。多数の犠牲者を伴う大事故を繰り返しながら、保安システムが進化してきた。安全装置としてのATSが導入されるきっかけとなったのは、昭和37年の三河島事故である。

解　説

「ATS（Automatic Train Stop）」は、自動列車停止装置のことです。原則は、列車の操縦者は信号の現示に従って運転します。信号現示がR（赤色）であれば、信号機の手前で停止しなければなりません。

万が一にRを現示している信号を操縦者が見落としてしまうと、その先には大事故が待っています。しかるに、R現示の信号機に接近している事実を操縦者に伝えるとともに、場合によっては強制的に非常ブレーキを作用させて列車を停止させなければなりません。これを担うのがATSです。

ATS地上装置の例

しかし、実際には鉄道事業者によってATSの仕様はさまざまです。題意のように「許容速度以下に保つようにブレーキの制御を自動的に行う」システムは、小田急や西武、東武の各事業者では「ATS」という名称で実

装されているため、紛らわしいところがあります。①は不適当となります

ATCを用いた車内信号の例（停止信号を現示している）

　題意のシステムの名称は、定義としてはATC（Automatic Train Control）です。日本語名は自動列車制御装置です。そもそもATCは見通しのきかない地下鉄道にて、人間の操作よりもバックアップを優先させたシステムです。その後、高速運転を行う新幹線鉄道にも導入されました。

「ATC」は地上装置で区間ごとの許容最高速度を定めて、これを当該区間内の列車側へ伝達します。車上装置でこの情報と現在の速度とを常時比較しています。実速度が許容速度を超えた場合には自動的にブレーキを作用させ、下回った段階で自動的にブレーキを緩めます。近年では列車だけでなく、車両にもバックアップとして作用させる事業者があります。

　なお、ATCは駅の所定停止位置に自動的に止める機能は持っていません。②が適当です。

車上のATC受信機

「ATO（Automatic Train Operation）」は自動列車運転装置のことであり、文字通り自動運転を行うシステムです。起動時のみ人間がスイッチ操作を行いますが、その後は加速や再加速、ブレーキ作用、所定停止位置への停車まで、完全に自動化されています。③は不適当です。

CTCの表示盤

「CTC（Centralized Traffic Control）」は列車集中制御装置です。名称は「列車」と謳っていますが、列車のみならず地上側の設備の制御も含めて1か所で行っています。朝ラッシュ時等、時間帯を限って、特定の停車場内だけを「駅扱い」と称して当該駅に任せる機能もあります。④も不適当。

〔解 答〕 ②適当

学習のヒント

キーワード
・ATSは人間優先
・ATCは装置優先

　名称が似ており紛らわしいが、この両者は導入の目的が異なっており、仕様も根本的に違うものである。混同しないように注意したい。

5-17 交通通信システム② ［ITS］

道路交通においては、ETCや自動運転に代表されるITSの急速な発達が目覚ましい。この中でも特に無線通信は、衛星マイクロ通信の技術を応用したデジタル伝送が、その基盤を支えている。

演習問題 我が国のITS（高度道路交通システム）で用いられるDSRC（狭域通信）に関する記述として、適当でないものはどれか。

①DSRCで用いられる周波数は、5.8GHz帯である
②DSRCは、路側機と車載器の双方向通信が可能である
③DSRCの伝送速度は、最大100Mbpsである
④有料道路料金収受で用いられているETCは、DSRCを用いたシステムである

ポイント▶ 高度道路交通システムと訳されるITS（Intelligent Transport Systems）は、情報通信や制御技術を用いて、道路交通が抱えるさまざまな課題を解決するためのシステムの総称である。ITSの下位に、ETC等の個別のシステムが存在する。

解　説

DSRCはDedicated Short Range Communicationsの頭文字をとったものです。道路交通での通信において、路側の空中線と車載装置との間で無線通信を行う、狭域通信です。主に、料金収受のためのETC等の送受信で用いられています。④は適当。

「狭域」とは、電界のビームを細くして、狭い範囲だけに集中して電波を放出する特性のことです。移動中の車両が通信対象ですから、別の車両に対して同一の情報を通信しないように、狭域にする必要があります。そのため電波の直進性を高めるために、周波数を比較的高めの5.8GHz帯に設定しています。①も適当。

信号の変調方式は、ASKとQPSKの2種類があります。伝送速度はそれぞれの変調方式によって異なり、ASKの場合が1Mbps、QPSKの場合が4Mbpsとなります。したがって、「伝送速度は、最大100Mbps」は誤りです。③が不適当となります。

（2級電気通信工事　令和1年前期　No.20）

ETC設備の例

〔解答〕 ③不適当 → 4Mbps

● COLUMN ●

電気設備の技術基準の解釈

〔抜粋〕
【架空電線路の強度検討に用いる荷重】(省令第32条第1項)

第58条　架空電線路の強度検討に用いる荷重は、次の各号によること。
1　風圧荷重　架空電線路の構成材に加わる風圧による荷重であって、次の規定によるもの
イ 風圧荷重の種類は、次によること。
(イ) 甲種風圧荷重 58-1表に規定する構成材の垂直投影面に加わる圧力を基礎として計算したもの、又は風速40m/s以上を想定した風洞実験に基づく値より計算したもの
(ロ) 乙種風圧荷重 架渉線の周囲に厚さ6mm、比重0.9の氷雪が付着した状態に対し、甲種風圧荷重の0.5倍を基礎として計算したもの
(ハ) 丙種風圧荷重 甲種風圧荷重の0.5倍を基礎として計算したもの
(ニ) 着雪時風圧荷重 架渉線の周囲に比重0.6の雪が同心円状に付着した状態に対し、甲種風圧荷重の0.3倍を基礎として計算したもの
〔図表略〕
ロ 風圧荷重の適用区分は、58-2表によること。ただし、異常着雪時想定荷重の計算においては、同表にかかわらず着雪時風圧荷重を適用すること。
〔図表略〕
ハ 人家が多く連なっている場所に施設される架空電線路の構成材のうち、次に掲げるものの風圧荷重については、ロの規定にかかわらず甲種風圧荷重又は乙種風圧荷重に代えて丙種風圧荷重を適用することができる。
(イ) 低圧又は高圧の架空電線路の支持物及び架渉線
(ロ) 使用電圧が35,000V以下の特別高圧架空電線路であって、電線に特別高圧絶縁電線又はケーブルを使用するものの支持物、架渉線並びに特別高圧架空電線を支持するがいし装置及び腕金類
ニ 風圧荷重は、58-3表に規定するものに加わるものとすること。
〔図表略〕

2　垂直荷重 垂直方向に作用する荷重であって、58-4表に示すもの
3　水平横荷重 電線路に直角の方向に作用する荷重であって、58-4表に示すもの
4　水平縦荷重 電線路の方向に作用する荷重であって、58-4表に示すもの
5　常時想定荷重 架渉線の切断を考慮しない場合の荷重であって、風圧が電線路に直角の方向に加わる場合と電線路に平行な方向に加わる場合とについて、それぞれ58-4表に示す組合せによる荷重が同時に加わるものとして荷重を計算し、各部材について、その部材に大きい応力を生じさせる方の荷重
6　異常時想定荷重 架渉線の切断を考慮する場合の荷重であって、風圧が電線路に直角の方向に加わる場合と電線路に平行な方向に加わる場合とについて、それぞれ58-4表に示す組合せによる荷重が同時に加わるものとして荷重を計算し、各部材について、その部材に大きい応力を生じさせる方の荷重
7　異常着雪時想定荷重 降雪の多い地域における着雪を考慮した荷重であって、風圧が電線路に直角の方向に加わる場合と電線路に平行な方向に加わる場合とについて、それぞれ58-4表に示す組み合わせによる荷重が同時に加わるものとして荷重を計算し、各部材について、その部材に大きい応力を生じさせる方の荷重
〔図表略〕
8　垂直角度荷重 架渉線の想定最大張力の垂直分力により生じる荷重
9　水平角度荷重 電線路に水平角度がある場合において、架渉線の想定最大張力の水平分力により生じる荷重
10　支線荷重 支線の張力の垂直分力により生じる荷重
11　被氷荷重 架渉線の周囲に厚さ6mm、比重0.9の氷雪が付着したときの氷雪の重量による荷重
12　着雪荷重 架渉線の周囲に比重0.6の雪が同心円状に付着したときの雪の重量による荷重
13　不平均張力荷重 想定荷重の種類に応じ、次の規定によるもの
〔中略〕
14　ねじり力荷重 想定荷重の種類に応じ、次の規定によるもの
〔中略〕

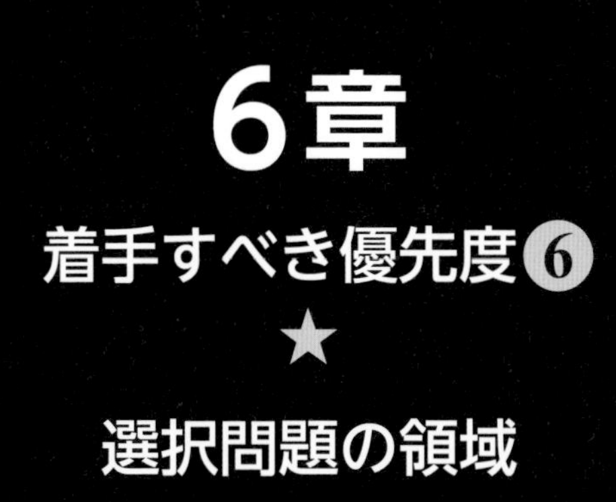

最後の6章も選択問題の領域である。出題される全7問のうち、たった3問のみを選択して解答すればよい。すなわち半数以上は捨ててもよく、重要度はかなり低い。
解答すべき全40問のうち、この3問はたったの7％でしかない。

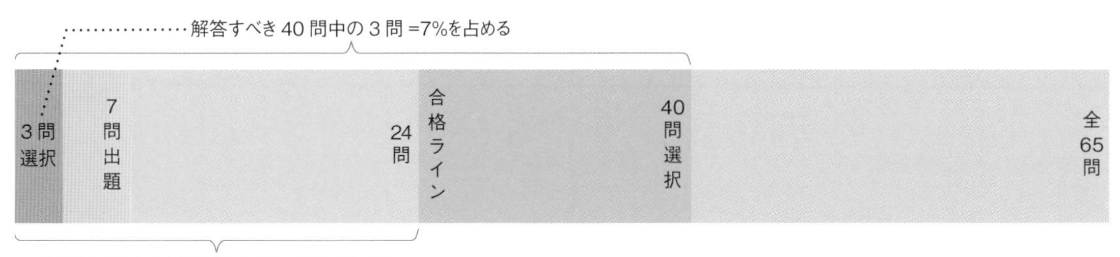

合格に必要な24問に対して3問は、わずかに12％。技術系と法令関係の設問が出題されるが、それほど神経質になる必要はない。
ここまで来ると、余裕がある場合にリラックスして解く程度でよい。あるいは最初から省略してしまい、前方の章に集中する戦略でもよいだろう。無理して取り組む範囲ではない。

6-1 電気設備の技術基準 ［工事種］

電気を操る折には、その電圧の高低はさまざまある。しかし電気通信の分野では電源部を含めても、高圧を取り扱うケースはほとんどない。そのため配線工事に関する基準等については、低圧に着目しておけば十分と考えられる。

演習問題 低圧屋内配線における、施設場所による工事の種類に関する記述として、「電気設備の技術基準の解釈」上、誤っているものはどれか。

①ケーブル工事は、使用電圧が300V超過で、乾燥した展開した場所に施設することができる

②合成樹脂管工事は、使用電圧が300V以下で、湿気の多い展開した場所に施設することができる

③金属可とう電線管工事は、使用電圧が300V超過で、乾燥した展開した場所に施設することができる

④金属ダクト工事は、使用電圧が300V以下で、湿気の多い展開した場所に施設することができる

ポイント▶ 使用電圧、点検の可否、あるいは乾燥か湿気があるか等によって、施工できる工事種に制約がある。ここは覚える項目が多いために、注意が必要である。各選択肢の中の細かい言い回しも、見落とさないようにしたい。

解　説

「電気設備の技術基準の解釈」を根拠とした場合の、施設場所ごとの工事種は、下表に示した形となります。これは極めて重要な表ですので、**暗記必須**です。

施設場所の区分		ケーブル工事	合成樹脂管（可とう含む）	金属管（可とう含む）		バスダクト	金属ダクト	300V以下専用				
								金属線ぴ	ライティングダクト	セルラダクト	フロアダクト	平形保護層
展開した場所	乾燥した場所	●	●	●		●	●	●	●			
	湿気が多い場所	●	●	●		●						
点検できる隠ぺい場所	乾燥した場所	●	●	●		●	●	●	●	●		●
	湿気が多い場所	●	●	●								
点検できない隠ぺい場所	乾燥した場所	●	●	●						●	●	
	湿気が多い場所	●	●	●								

選択肢①～③のケーブル工事、合成樹脂管工事、金属可とう電線管工事は、全ての環境で工事可能であることがわかります。

金属ダクト工事は、湿気の多い展開した場所（表の2行目）には施設することができません。したがって、④が誤りとなります。　（2級電気通信工事　令和1年前期　No.46）

〔解答〕④誤り → 工事不可

演習問題 低圧屋内配線における、施設場所による工事の種類に関する記述として、「電気設備の技術基準の解釈」上、誤っているものはどれか。

① 合成樹脂管工事は、使用電圧が300V超過で、湿気の多い展開した場所に施設することができる
② 金属管工事は、使用電圧が300V以下で、乾燥した点検できる隠ぺい場所に施設することができる
③ ライティングダクト工事は、使用電圧が300V以下で、乾燥した展開した場所には施設することができない
④ 金属線ぴ工事は、使用電圧が300V以下で、乾燥した点検できない隠ぺい場所には施設することができない

ポイント▶ 前ページに掲載した表を、完全に理解していないと解けない問題となる。他よりも優先して、早目にマスターしておきたいジャンルといえる。

解　説

金属管の例

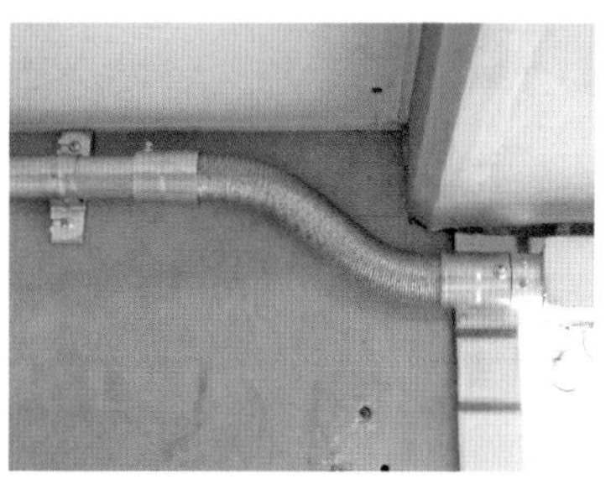
金属可とう電線管の例

合成樹脂管の例

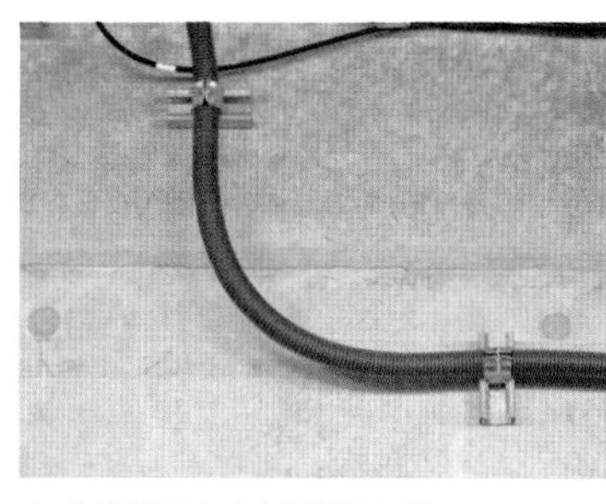
合成樹脂可とう電線管の例

まず合成樹脂管工事、金属管工事の2種は、全ての施設場所において工事が可能です。選択肢①、②は正しいです。

ライティングダクト工事については、使用電圧が300V以下で、乾燥した展開した場所には施設が可能です（左ページの表の1行目）。したがって、③が誤りです。

金属線ぴ工事は、点検できない隠ぺい場所では施設不可です。④は正しいです。

（2級電気通信工事　令和2年後期　No.46）

〔解答〕③誤り → 工事可能

6-2 電源設備① [UPS]

電気通信を謳っているからには、少なからず外部から電力を取り入れた上で運用を行っている。ここで安定的な電源を確保したい場合には、1つの入力ルートに依存せずに、あらかじめ複数の手段を設けておく必要がある。

演習問題 無停電電源装置(UPS)に関する次の記述の□に当てはまる語句の組合わせとして、適当なものはどれか。

「常時インバータ給電方式のUPSは、主に(ア)、インバータ、バッテリから構成されている。平常時は、(ア)からの直流によりバッテリを充電すると共に、インバータにより交流に変換して負荷に電力を供給するが、停電時は、バッテリからの直流を交流に変換して負荷に電力を供給する方式であり、停電時の切替において(イ)。」

	(ア)	(イ)
①	整流器	瞬断が発生しない
②	整流器	瞬断が発生する
③	電圧調整用トランス	瞬断が発生しない
④	電圧調整用トランス	瞬断が発生する

ポイント▶ 取り入れる電力の源流が商用電源の場合には、いつ発生するかわからない停電のリスクが付きまとう。これら停電時に運用が停止する事態を避けたいのであれば、電源と負荷との間に無停電電源装置を挟む方策がある。

解　説

インバータは、直流を交流に変換する装置です。つまり、題意にある「常時インバータ給電方式」とは、少なくとも回路中に、直流の状態が存在することを意味します。

ここで、回路の入口が商用電源等の交流であるならば、交流を直流に均(なら)すデバイスが必要です。これが整流器です。古くは水銀整流器が用いられましたが、現代ではブリッジダイオード等の半導体が主流です。

選択肢にある「トランス」は電圧を変えているだけですから、二次側の出力は、あくまで交流です。直流にはなりません。

整流器の例

回路中のバッテリは、浮動充電の形に組まれています。これにより、入力方の商用電源が停電すると、直ちにバッテリからインバータへと電流が流れ始めます。

そもそも、装置の名称が「無停電電源装置」です。これは文字通り、出力方を停電させない、つまり瞬断を発生させないことが目的です。

したがって、①の記載が適当となります。　(2級電気通信工事　令和1年後期　No.47)

〔解 答〕 ①適当

演習問題 下図に示す無停電電源装置（UPS）の基本構成において、□ に当てはまる語句の組合わせとして、適当なものはどれか。

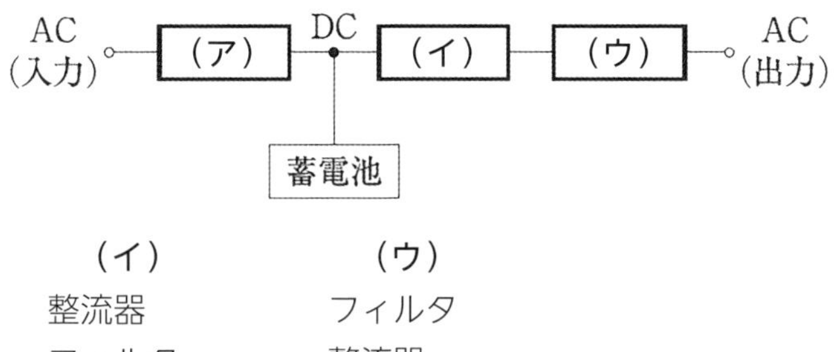

	（ア）	（イ）	（ウ）
①	インバータ	整流器	フィルタ
②	インバータ	フィルタ	整流器
③	整流器	フィルタ	インバータ
④	整流器	インバータ	フィルタ

ポイント▶ 無停電電源装置を設けることによって、短時間ではあるが停電時の対策をとることが可能となる。負荷の消費電力と蓄電池の容量にも左右されるが、一般的には、数10分から2時間程度の停電には、瞬断なく対処できる。

解　説

掲題の図において、電力は左から右に向かって流れます。まず空欄（ア）に関しては、AC（交流）をDC（直流）に変換する装置ですから、「整流器」です。

蓄電池（バッテリ）より下流方は、DCを再びACに戻すプロセスです。直流を交流に変換する手段の王道が、半導体を駆使した「インバータ」です。

インバータ装置の例

サイリスタ等の半導体を高速でスイッチングすることで、擬似的な正弦波を生み出します。ただし発電機のような理想的な正弦波ではなく、波形にはギザギザした部分が残ってしまいます。

このギザギザした部分を、滑らかな波形に整えるデバイスが「フィルタ」です。ここでは、高い周波数成分を減衰させる低域フィルタ（LPF）を用います。

したがって、空欄の（イ）と（ウ）の位置関係は、交流を作るインバータが先に置かれます。出力の波形を整えるフィルタは、インバータの下流方です。④が適当です。

（2級電気通信工事　令和1年前期　No.47）

〔解 答〕 ④ 適当

学習のヒント

UPS：Uninterruptible Power Supply
AC：Alternating Current
DC：Direct Current

6-2 電源設備② [二次電池]

演習問題 リチウムイオン電池に関する記述として、適当でないものはどれか。

①セルあたりの起電力が3.7Vと高く、高エネルギー密度の蓄電池である
②自己放電や、メモリ効果が少ない
③電解液に水酸化カリウム水溶液、正極にコバルト酸リチウム、負極に炭素を用いている
④リチウムポリマー電池は、液漏れしにくく、小型・軽量で長時間の使用が可能である

ポイント▶ 携帯電話をはじめ、電子機器を持ち歩くことがステータスになると、電源の小型・軽量化が急務となった。ここで市民権を得たのがリチウムイオン電池である。現代のモバイル技術の発達は、この電池抜きには語れない。

解　説

「リチウムイオン電池」の起電力は3.7Vです。これは重要な数値であるため、覚えておきましょう。他の充電池と比較すると、エネルギー密度が高い利点があります。①は適当。

リチウムイオン電池の構造は、正極(陽極)にはリチウムやコバルトの酸化物を、負極(陰極)には結晶構造中にリチウムを含んだ炭素を用いています。

電解質には、液状のリチウム塩を溶かした有機溶媒が使われています。水酸化カリウム水溶液ではありません。したがって、③が不適当です。

「リチウムポリマー電池」は、リチウムイオン電池の進化版です。液状の有機溶媒であった電解質をゲル状の導電性ポリマーに変えたことで、小型・軽量化が実現でき、形状の自由度も向上しました。

さらに、エネルギー密度もリチウムイオン電池の約1.5倍と高くなっています。欠点は高価であることです。④は適当です。

(2級電気通信工事　令和1年前期　No.32)

リチウムイオン電池の例

■リチウムイオン電池の仕組み

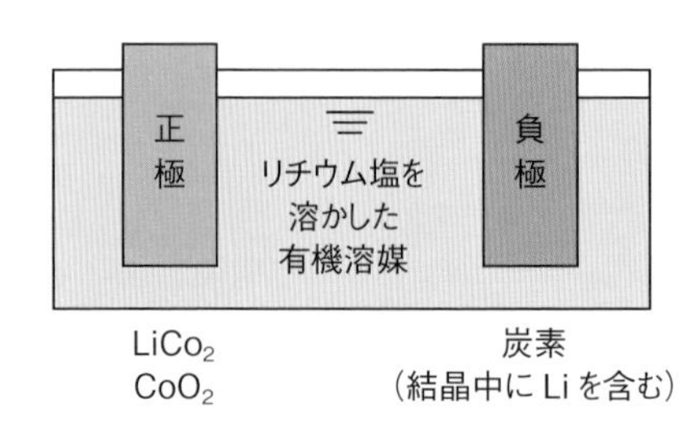

〔解 答〕 ③不適当

演習問題 鉛蓄電池に関する記述として、適当でないものはどれか。

①放電すると水ができ、電解液の濃度が下がり電圧が低下する
②完全に放電しきらない状態で再充電を行ってもメモリ効果はない
③正極に二酸化鉛、負極に鉛、電解液には、水酸化カリウムを用いる
④ニッケル水素電池に比べ、質量エネルギー密度が低い

ポイント▶ 充電が可能で繰返し使用できる二次電池の中でも、最もポピュラーな存在といえるのが、鉛蓄電池である。製造コストが低く、性能が安定している等の長所があり、長年にわたって広い分野で用いられてきた。

解　説

鉛蓄電池の単セルあたりの起電力は、約2Vです。これはとても重要な数値となります。単セルとは、電池を構成する最小の単位のことです。

通信設備の装置は、入力電源が直流48Vとなっているものが多いです。これは商用電源の停電時にも継続運用が可能なように、バッテリ供給による稼働を前提としているからです。

充電池を使用する際に残量を残したまま再充電を行うと、電池自身がその位置を覚えてしまい、総充電量が小さくなってしまう場合があります。

これを「メモリ効果」といいます。一般論的には、鉛蓄電池にはメモリ効果はないといわれています。②は適当です。

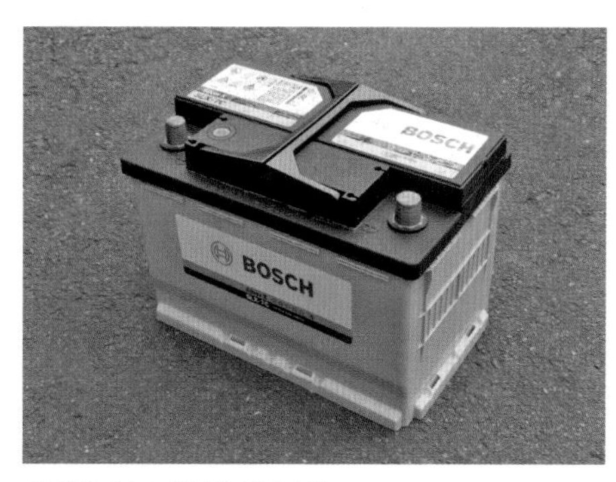

鉛蓄電池の例（自動車用）

鉛蓄電池の構造は、正極には二酸化鉛を、負極には鉛を配し、そして電解液には希硫酸を用いています。水酸化カリウムではありません。

したがって、③が不適当です。

1kgあたりの出力エネルギーの尺度である、質量エネルギー密度は、下表の通りです。④は適当です。

■鉛蓄電池の仕組み

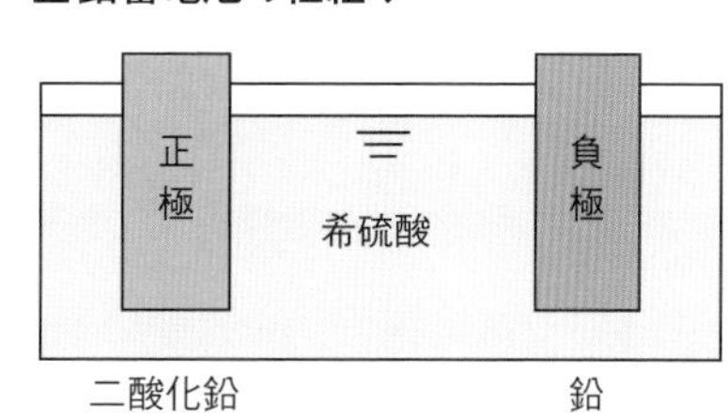

種類	質量エネルギー密度
鉛蓄電池	40Wh/kg
ニッケル水素電池	60～100Wh/kg
リチウムイオン電池	200Wh/kg

（2級電気通信工事　令和1年後期　No.32）

〔解 答〕 ③不適当

6-2 電源設備③ ［予備電源］

演習問題 予備発電装置の原動機として使用される、ディーゼルエンジンの特徴に関する記述として、適当なものはどれか。

①点火方式は、火花点火である
②燃料に、都市ガスを使用する
③軽負荷運転時は、燃料の完全燃焼が得られにくい
④ガスタービンと比べ、運転時の振動が小さい

ポイント▶ 運用を停止させたくない装置を有する場合には、電力事業者による商用電源が、長期間にわたって停電するリスクへの備えが不可欠となる。これら予備電源の確保の1つとして、エンジンによる発電が考えられる。

解　説

ディーゼルエンジンは、シリンダーの中で燃料を燃焼させ、この爆発力でピストンを押し、クランク軸を介して回転運動に変えるものです。

出力軸が2回転する間に、吸入、圧縮、爆発、排気の4つの行程を持っています。ここだけを見ると、ガソリンエンジンによく似ています。

ディーゼル発電機の例

この両者の決定的な違いとして、ガソリンエンジンは圧縮後に、点火プラグで火花を発生させて爆発させる仕組みとなっています。

一方のディーゼルエンジンは、点火プラグがありません。圧縮させて高温となった空気に燃料を噴射して、自然着火させる形となっています。

この自然着火の構造を、発明者の名にちなんで、ディーゼルエンジンと呼びます。①は不適当。

燃料は主に軽油、あるいは重油が用いられます。都市ガスは使用できません。②も不適当です。

ディーゼルに限りませんが、動力装置は一般に、大きな出力を得る状態を主眼において設計します。そのため、アイドリング時や軽負荷時は、不完全燃焼となる場合が多いです。③が適当です。

ガソリンエンジンも同様ですが、ピストンの往復運動があるため、振動が発生します。回転運動のみのガスタービンのほうが、振動は小さいです。④は不適当です。

（2級電気通信工事　令和4年後期　No.49）

〔解 答〕 ③適当

演習問題 予備電源の原動機に関する記述として、適当でないものはどれか。

①ガスタービンは、燃料として、軽油、灯油、A重油および都市ガスが使用できる
②ディーゼルエンジンは、燃焼ガスのエネルギーをいったんピストンの往復運動に変換し、それをクランク軸で回転運動に変換する
③ガスタービンは、ディーゼルエンジンと比べ、構成部品が少なく、寸法、重量とも小さく軽い
④ディーゼルエンジンは、ガスタービンと比べ、燃料消費率が高い

ポイント▶ **これら内燃機関を用いて交流発電機を回転させる電源装置は、電力事業者に依存しないため、停電時でも安定した給電が可能である。またインバータで作った交流と違い、波形が理想的な正弦波に近い特徴がある。**

解　説

ガスタービンは、航空用のジェットエンジンと原理は同じです。ガソリンエンジンやディーゼルエンジンとは構造が大きく異なります。

行程という概念がなく、環状に配置された燃料注入口から燃焼器に向けて順次燃料を投入して、タービンを回転させる仕組みです。

燃料には、軽油や灯油、A重油、あるいは都市ガスが用いられます。①は適当です。

■ガスタービン方式エンジンの仕組み

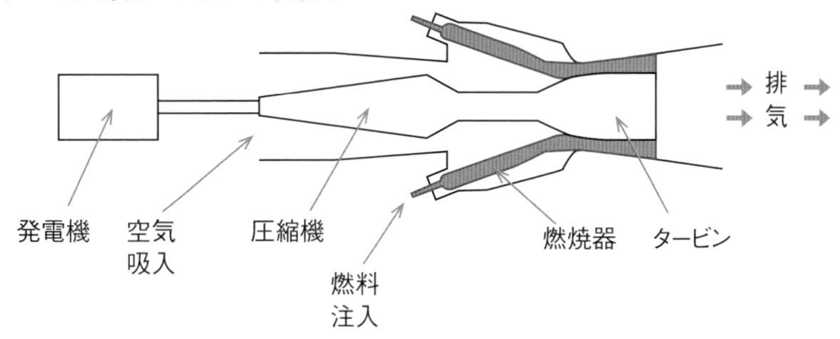

このガスタービンは、他のエンジンと比較すると、構造がシンプルです。一般には小型・軽量化がしやすく、部品点数も少ない特徴があります。③も適当です。

燃料消費率は単位出力あたりの消費燃料量です。ディーゼルの場合は約0.2～0.3〔ℓ/kVA・h〕です。一方のガスタービンは、軽油に換算すると約0.4～0.5〔ℓ/kVA・h〕となります。

すなわち、燃料消費率はガスタービンのほうが高いです。同じ出力を得るのに、倍近い燃料を投入しています。つまり燃費が悪いことを意味します。

したがって、④の記述が不適当となります。　（2級電気通信工事　令和1年後期　No.48）

〔解 答〕　④不適当 → ガスタービンのほうが高い

6-3 保安設備 ［防護デバイス］

地震、台風、洪水、津波、大雨、竜巻、土砂、雪害、状況によっては火山の噴火等、自然災害は数多くあれど、人間の英知を絞ってもこれらには無力である。落雷もまた人類にとっての脅威であり、通信設備を破壊する原因にもなる。

演習問題 雷サージ電流が電源ラインや通信ラインに侵入したときに、雷サージ電流をアースにバイパスし情報機器を保護する避雷器として、適当なものはどれか。

①UVR　②UPS　③SPD　④OCR

ポイント▶ 雷サージ電流が機器に入り込むと基盤を焼いてしまったり、故障の原因となる。よって侵入を未然に防がなければならない。避雷器は気中ギャップによって通常時は絶縁されているが、高電圧がかかると短絡して大地へと逃がす。

解　説

「UVR（Undervoltage Relays）」は、不足電圧継電器のことです。電圧が一定の設定値以下になった場合に動作するものです。短絡や地絡、電圧降下等の検知に用いられることが多いです。①は不適当です。

「UPS（Uninterruptible Power Supply）」は、無停電電源装置のことです。商用電源が短時間の停電となった際に、瞬断することなく電力の供給を継続するためのものです。整流装置、蓄電池、インバータから構成されます。②も不適当。

掲題の設問の避雷器は、「SPD（Surge Protective Device）」です。別名をアレスタともいいます。③が適当となります。

■避雷器のはたらき

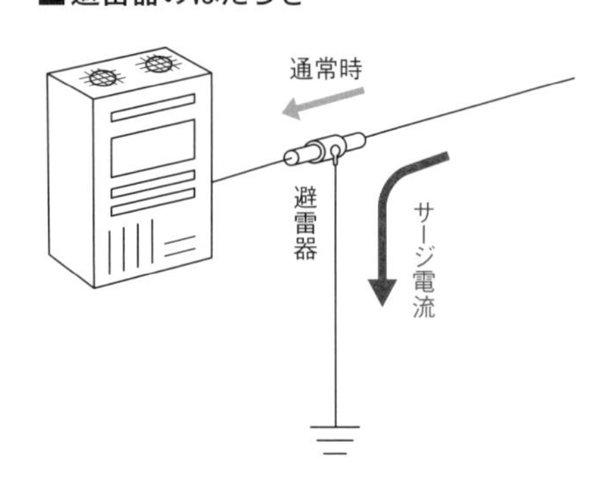

避雷器の例（鉄道車両用）

「OCR（Over Current Relay）」は、過電流継電器のことです。文字通り、電流が一定の設定値以上になった場合に動作して、回路や装置を保護するものです。④は不適当です。

（2級電気通信工事　令和1年後期　No.27）

〔解 答〕 ③ 適当

演習問題 直撃雷サージは、落雷時の直撃雷電流が通信装置等に影響を与えるものである。一方で誘導雷サージは、落雷時の直撃雷電流によって生ずる[　　]によって、その付近にある通信ケーブル等を通して通信装置等に影響を与えるものである。

①複流　②不平衡　③電磁界　④瞬断　⑤熱線輪

ポイント▶ 雷にまつわる被害で最も大きいものは、いうまでもなく直撃雷によるものである。避雷針で引っ張り込むことができずに建造物に直接雷害が起きると、火災等に発展する。一方で、誘導雷サージに代表される直撃雷でない被害もある。

解　説

稲妻が発生した場合に、人間や建造物に直撃雷が落ちると甚大な被害となります。このためビル等に避雷針を設けることで、意図的に稲妻を誘導してその配下の範囲を守る策がとられています。

避雷針の保護角の外である場合は、一般的に比較的高い場所や、先が鋭利な物体に落雷するといわれています。電柱もこの1つです。電柱やそこで支持しているケーブル類に直撃雷が発生した場合には、これによるサージ電流が通信設備の中まで侵入してくるケースが考えられます。

直撃雷サージによる被害であれば、瞬時とはいえ高電圧・大電流が装置の中に入り込み、破壊してしまうことになります。

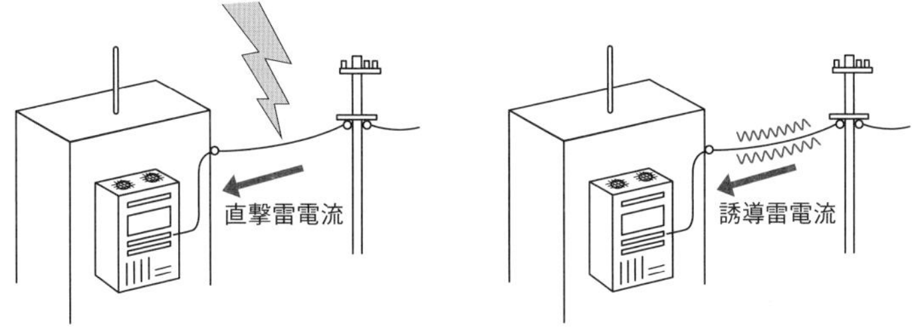

これとは別に、誘導雷サージによる被害も存在します。誘導雷は稲妻の直撃を受けるのではなく、近傍で雷が発生した場合に電磁界によってケーブルに誘起されるものです。

雷が発生したときには、LF（長波）帯やVHF（超短波）帯を中心にさまざまな成分の電磁波を放射します。架空ケーブルがアンテナの働きをしてこれらの電磁波を拾ってしまい、通信設備まで入り込んでしまう現象です。

これも基盤を焼いてしまったり、装置を故障させる原因となります。③が正しいです

〔解答〕 ③正しい

学習のヒント

一般には稲妻は「落ちる」という表現をするが、ときとして逆の場合もある。稲妻の正体は電流であるが、電流の実態は電子である。大地と雲とで正負のどちらに帯電しているかによって、電流の流れる向きは異なるからである。

夏の稲妻は雲から大地に向かって電子が落ちる場合が多いため、電流は大地から雲に向かって昇っていくことになる。冬場はこの逆のケースが多い。

6-4 消火設備 ［各種消火設備］

火災等の災害は、いうまでもなく未然に防ぐことを最優先としなければならない。しかし、万が一にも火災を発生させてしまった場合には、燃焼している物質の性質によって、とり得る中で適切な消火手段を選択しなければならない。

演習問題 消火設備に関する記述として、適当でないものはどれか。

①屋内消火栓設備は、人が操作し、ホースから放水することにより消火する設備である
②スプリンクラー設備は、スプリンクラーヘッドから散水することにより消火する設備である
③不活性ガス消火設備は、二酸化炭素、窒素、あるいはこれらのガスとアルゴンとの混合ガスの放射により消火する設備である
④粉末消火設備は、ハロン1301の放射により消火する設備である

ポイント▶ 火災が発生したからといって、闇雲に散水をすると逆効果の場合がある。特に第3類危険物等の禁水性物質の場合は、水と接触することで一層激しく燃え広がる性質がある。燃焼している物質の特性を考慮しなければならない。

解　説

消防法施行令・第7条第2項で、消火設備として以下の10種が挙げられています。

1 消火器及び簡易消火用具	6 不活性ガス消火設備
2 屋内消火栓設備	7 ハロゲン化物消火設備
3 スプリンクラー設備	8 粉末消火設備
4 水噴霧消火設備	9 屋外消火栓設備
5 泡消火設備	10 動力消防ポンプ設備

ハロン1301を放射して消火の効果をもたらす設備は、「**ハロゲン化物消火設備**」です。粉末消火設備ではありません。したがって、④が不適当です。

このハロゲン化物消火設備は、薬剤が火災の熱により分解し、燃焼の連鎖反応を阻止します。この負触媒効果が消火の直接的な原理となります。消火後の汚損が少ないことが特徴で、サーバ室や電気室等の消火設備に適しています。

（2級電気通信工事　令和1年前期　No.50）

ハロゲン化物消火設備の例

〔解 答〕 ④不適当

演習問題 消火設備に関する次の記述の[　]にあてはまる語句の組合わせとして、適当なものはどれか。

「泡消火設備は、油火災の消火を目的として、泡が燃焼物の表面を覆うことによる[(ア)]と水による[(イ)]により消火する設備である。」

	(ア)	(イ)
①	窒息効果	除去効果
②	窒息効果	冷却効果
③	冷却効果	除去効果
④	冷却効果	窒息効果

ポイント▶ 燃焼を開始し、そして継続する場合には、燃焼するための原因がある。したがって消火活動を行うにあたっては、これらの原因を取り除いてやればよい。燃焼している対象物の性質によって、消火方法は異なることに注意したい。

解　説

物質が燃えるためには、「燃焼の4要素」の全てが揃う必要があります。燃焼の4要素とは、あまり聞き慣れない言葉ですが、下記の4つが該当します。

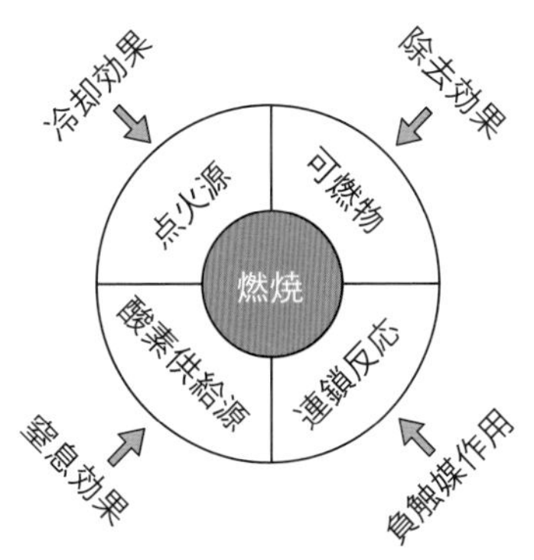

- 可燃物
- 点火源（熱エネルギー）
- 酸素供給源
- 連鎖反応（燃焼を継続すること）

4要素の全てが揃うと燃焼が起こり、かつ燃焼を継続します。つまり消火したければ、1つ以上の要素を排除してやればよいのです。各要素を取り除く手段は以下の通りです。

- 可燃物そのものを除去
- 点火源の熱エネルギーを冷却
- 酸素を断つ（窒息させる）
- 連鎖反応を弱め、酸化作用を抑制

泡消火設備の例

掲出の例文はまず、泡で燃焼物の表面を覆い、酸素の供給を断つ効果を狙っています。つまり「**窒息効果**」です。次に水による期待効果は、温度を下げ熱エネルギーを弱めることなので、「**冷却効果**」です。

したがって、②が適当です。（2級電気通信工事　令和1年後期　No.50）

〔解 答〕　②適当

演習問題 粉末消火設備に関する記述として、適当でないものはどれか。

① 粉末消火剤が、火炎の熱で分解して発生するヘリウムガスにより消火する
② 固定式の粉末消火設備の放出方式には、全域放出方式と局所放出方式がある
③ 第１種粉末、第２種粉末、第３種粉末、第４種粉末の消火剤は、電気火災に適用できる
④ 固定式の粉末消火設備の起動方式には、自動式と手動式がある

ポイント▶ 消火設備は用途に応じてさまざまなタイプがあるが、比較的よく目にするものに粉末消火設備がある。固定式と移動式とがあり、固定式は危険物を多く取り扱うプラントや工場、航空機格納庫等に設置されている。

解　説

粉末消火設備は、文字通り粉末状の薬剤を散布することで消火の効果をもたらす設備です。炭酸水素カリウムや炭酸水素ナトリウム等が主な構成成分になります。比較的短時間で高い消火能力を発揮します。

ガソリン等の燃料火災を得意としているため、駐車場に配備されている例を多く見かけます。

消火原理は、薬剤が熱分解することで発生した二酸化炭素による窒息効果、水による冷却効果、および燃焼連鎖反応を阻止する負触媒効果の複合作用によるものです。

分解によって発生する気体は、ヘリウムガスではありません。①が不適当です。

粉末消火設備（移動式）の例

■粉末消火設備の主な分類

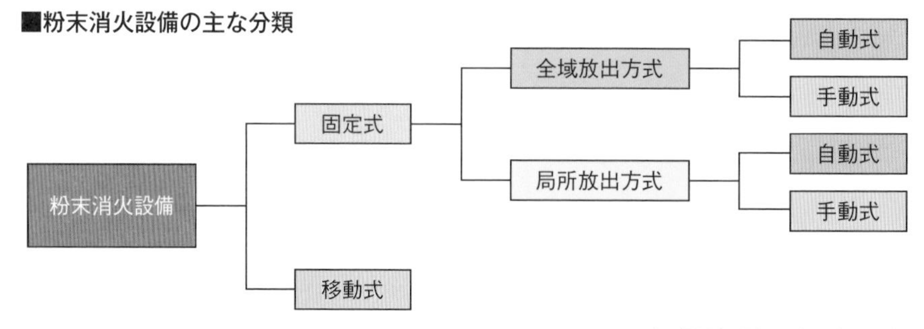

（2級電気通信工事　令和2年後期　No.50）

〔解 答〕 ①不適当

演習問題 粉末消火設備の消火剤に関する記述として、適当でないものはどれか。

① 第１種粉末は、油火災および電気火災に適応する
② 第２種粉末は、普通火災に適応する
③ 第３種粉末は、普通火災、油火災および電気火災に適応する
④ 第４種粉末は、油火災および電気火災に適応する

ポイント▶ 粉末消火設備は、大量の消火薬剤を短時間で放出することが可能で、高い消火効果を得ることができる。消火薬剤は気温に左右されず性能が変化しないため、寒冷地でも安定的に使用できる特徴がある。

解　説

粉末消火設備は、消火薬剤を構成する主成分の違いによって、第１種から第４種の４種類に区分されています。これらは主成分は違うものの、いずれの種類も、主に油火災、電気火災、ガス火災の３種に対する消火を得意としています。

これら４種類の主成分と適応火災の分類は、下表のようになります。

この中で唯一「第３種」だけは、普通火災に適応しています。したがって、第２種は普通火災には適応していませんので、②が不適当となります。

（2級電気通信工事　令和3年後期　No.50）

■粉末消火設備の適応一覧

種別	主成分	適応火災			
		普通火災（A火災）	油火災（B火災）	電気火災（C火災）	ガス火災
第1種	炭酸水素ナトリウム		○	○	○
第2種	炭酸水素カリウム		○	○	○
第3種	リン酸塩類	○	○	○	○
第4種	炭酸水素カリウムと尿素の反応物		○	○	○

※ 普通火災に適応しているのは、第3種だけである

〔解答〕 ②不適当 → 適応せず

演習問題 不活性ガス消火設備に関する記述として、適当でないものはどれか。

① 消火剤の放射により、空気中の酸素濃度を一定限まで下げることで消火する
② 水を使用することが不適切な油火災や電気火災、または散水によって二次的な被害が出ると予想される室に設置される
③ 固定式の不活性ガス消火設備の放出方式には、全域放出方式と局所放出方式がある
④ 移動式の不活性ガス消火設備の消火剤には、炭酸水素ナトリウムを主成分とするものが使用される

ポイント▶ 不活性ガスは一般論的には、ヘリウムやネオン等の希ガス類元素や窒素等、化学反応を起こしにくい気体を指す。消火設備における不活性ガスとは、酸素を排出せずに燃焼を継続させない性質の気体をいう。

解　説

不活性ガス等のガス系消火設備はその放出方式によって、全域放出、局所放出、移動式に分類することができます。さらに制御の方法によって、手動式、自動式に区分されます。

全域放出方式は通信機器室等に用いられるスタイルで、防護対象となる部屋全体に対して均一にガス放出を行う方式です。室中の酸素濃度が低下しますので、酸欠事故を防ぐために、人がいないことを確認した後に作動させる必要があります。

一方の局所放出方式は、部屋の中で防護対象となる機器だけに、集中的に不活性ガスの放出を行う方式となります。

不活性ガス消火設備の消火剤は、主に窒素ガスや二酸化炭素が用いられています。これらは熱の作用を受けても酸素を排出しないため、結果として酸素濃度を下げることで、消火の効果を得ます。

炭酸水素ナトリウムを主成分とするものは粉末消火設備です。④が不適当です。

全域放出方式

防護対象室

局所放出方式

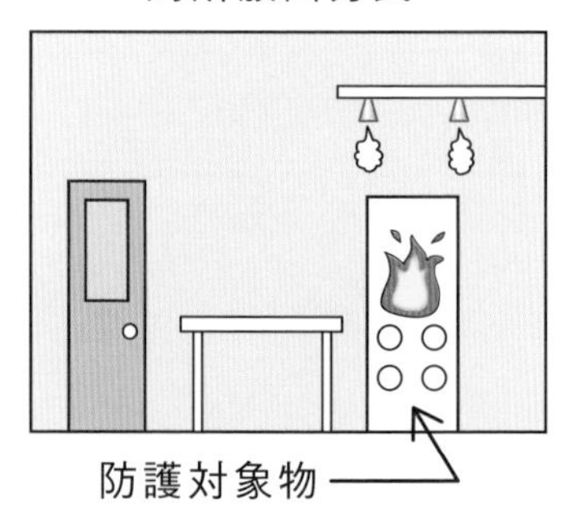

防護対象物

不活性ガス消火設備の例

（2級電気通信工事　令和3年前期　No.50）

〔解 答〕 ④不適当

演習問題 スプリンクラー設備に関する次の記述に該当する名称として、適当なものはどれか。

「感知器の作動と閉鎖型スプリンクラーヘッドの作動の、2つの作動により放水する方式であり、閉鎖型スプリンクラーヘッドの破損等の誤作動による放水で甚大な被害が予想される、コンピュータ室や通信機械室等で使われる。」

① 予作動式スプリンクラー設備
② 開放型スプリンクラー設備
③ 湿式スプリンクラー設備
④ 乾式スプリンクラー設備

ポイント▶ スプリンクラー設備の末端であるヘッドには、開放型と閉鎖型とがある。開放型は文字通り、常に開いているもの。一方の閉鎖型は、火災時の熱によってヘッドの感熱体が破壊あるいは変形して、栓が開く仕組みである。

解説

まず、加圧された水がヘッドまで来ている方式を、「湿式」と呼びます。ヘッドは閉鎖型で火災の熱によって開き、放水を開始する仕組みです。

この湿式は構造はシンプルですが、ヘッドが破損した際に、直ちに放水してしまう欠点があります。③は不適当です。

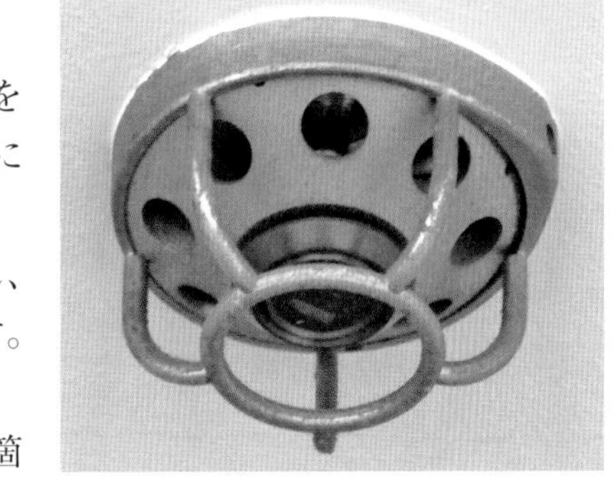

スプリンクラーヘッドの例

配管内の水が凍結する懸念がある場合には、「乾式」を用います。配管途中に検知装置を設け、これより下流方には圧縮空気を充填します。

火災によって閉鎖型ヘッドが開くと、空気圧が低下し、これをトリガーとして検知装置から送水が開始されます。④も不適当です。

これら閉鎖型ヘッドは、火災が局所的な場合に、当該箇所のみに放水できる利点があります。燃えていない部分は、ヘッドが開きません。

「開放型」は、ヘッドが常に開いており、配管内に水は充填されていません。手前の一斉開放弁で止められています。送水系統とは別に、電気式の感知器を設けることで火災信号を発し、送水を行う方式です。②も不適当。

最後に「予作動式」です。これは乾式に似ており、さらに感知器を併設しています。これら両方が作動した場合のみ、放水がなされる形です。

これにより、ヘッドの破損時でも誤放水が起きない利点があります。①が適当です。

（2級電気通信工事　令和4年前期　No.50）

〔解答〕 ①適当

6-5 空気調和設備① [ヒートポンプ]

旧来は温度調整にあたっては、冷房専用と暖房専用とで全く別の装置が用いられていた。近年になって、冷房装置に採用されているヒートポンプの機能を発展させて暖房にも利用するようになり、冷暖房兼用機が一気に普及してきた。

演習問題 空気調和設備に関する記述として、適当でないものはどれか。

①ヒートポンプは、冷媒が液体から気体に、気体から液体にそれぞれ変化するときに生じる顕熱の授受を利用している
②ヒートポンプで使う電力は、圧縮機を働かせることだけに使われるので、エネルギー効率の良い熱交換システムである
③通年エネルギー消費効率（APF）は、数値が大きいほどエネルギー効率が良く、省エネルギーの効果が大きいことを示している
④空気調和設備の除湿運転で用いられる再熱方式は、冷却器が湿った空気を除湿し、冷えた空気を再熱器で暖めることで、室内の温度を下げずに除湿を行うものである

ポイント▶ 空気調和設備において、ヒートポンプは空気中の熱を集めて別の場所に移動し、熱を渡すことで冷房や暖房を実現している。得たい熱エネルギーに対して投入エネルギーは1/6程度で済むため、省エネルギー化に大きく貢献している。

解　説

ヒートポンプ方式での駆動の要となるのは、圧縮器です。熱移動の担い手である気体の冷媒を急激に圧縮すると、温度が上昇します。暖房時はこの熱を室内へ持ち込み、熱を渡す際に凝縮して液体に変化します。

■ヒートポンプの仕組み

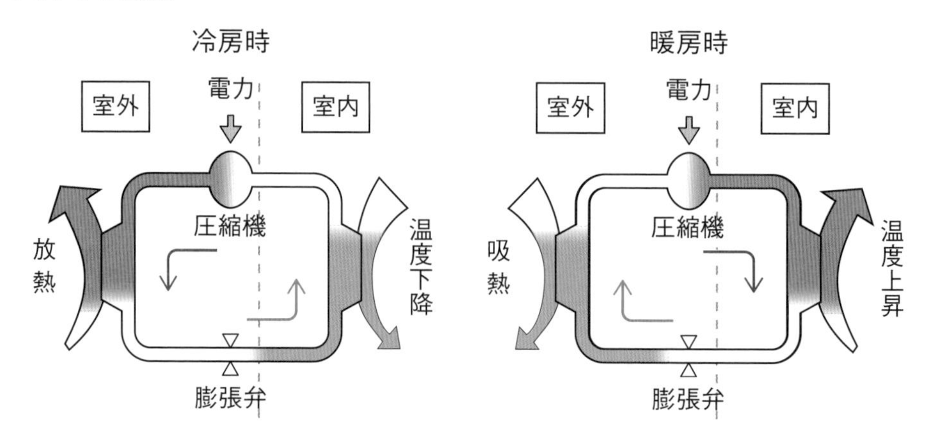

室内に熱を渡した後の高圧の冷媒は、膨張弁を通過する際に一気に減圧されます。減圧時には冷媒の温度は外気以下まで下降します。この冷熱を室外に解き放つ際に室外のわずかな熱を吸収して蒸発し、最初の気体に戻る仕組みです。冷房時は、単純にこれを逆回転させているだけです。

状態が変化する際に授受する熱は、顕熱ではなく**潜熱**です。したがって①は不適当です。

通年エネルギー消費効率（APF）は、下記の算出式で表されます。

$$\text{APF} = \frac{\textit{通年の発揮した能力（kWh）}}{\textit{通年の消費電力量（kWh）}}$$

つまり暖房時も冷房時も通算して、投入した消費電力量が少ないほど、発揮した能力が高いほど指標は高くなります。ヒートポンプ式の空調設備はAPF = 6.0前後で、この数値は省エネルギーな部類に入ります。③は適当です。

（2級電気通信工事　令和1年後期　No.49）

〔解 答〕 ①不適当

さらに詳しく

潜熱とは、物質が三態変化（右図）する際に外部と授受する熱のことである。熱の出入りがあっても温度変化を伴わない。

一方の顕熱は、液体が熱を吸収して温度が上昇する等、温度変化を伴う熱移動のことである。

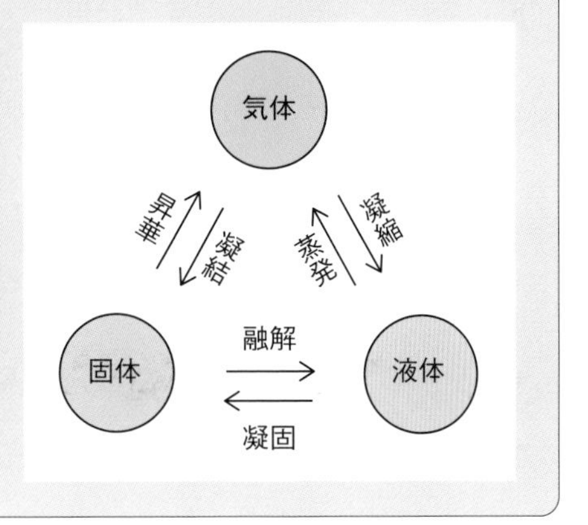

演習問題 空気調和設備に関する記述として、適当でないものはどれか。

①ヒートポンプ式の空気調和設備では、冷房と暖房を切り替えるために、四方弁が設けられている

②ヒートポンプによる熱の移動は、特定の物質を介して行われており、その物質を冷媒という

③ヒートポンプで使う電力は、冷媒の圧縮および電熱に利用されている

④通年エネルギー消費効率（APF）は、1年間を通して、日本産業規格（JIS）に定められた一定条件のもとに機器を運転したときの消費電力量1kW・hあたりの冷房・暖房能力を表す

ポイント▶ ヒートポンプ式の空気調和設備は、元来は冷房専用だった仕組みを、逆回転させて暖房にも使用できるように進化させたものである。そのため両者の切り替えにあたっては、内部を循環する熱の移動方向を的確に制御する必要がある。

解　説

冷房と暖房との切り替えは、単純に内部を循環する冷媒の流れる方向を変えるだけです。そのため圧縮機から出力される冷媒を、室内に向けるか室外に向けるか、進路を決定する弁が必要です。ここには四方弁が配置されています。①は適当です。

■ヒートポンプ式の空気調和設備の仕組み

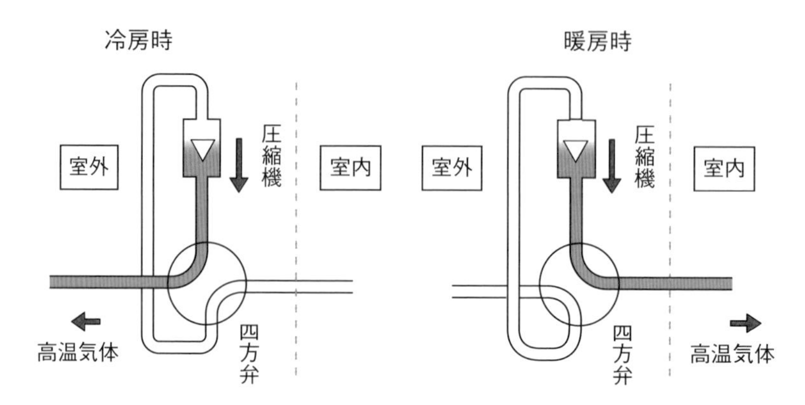

熱を移動させる際に、その担い手となる物質を冷媒といいます。暖房専用の装置では熱媒とも呼ばれますが、名称が異なるだけで役割は同じです。旧来は主にフロン（CFC）が採用されてきましたが、オゾン層の破壊問題から1996年に全廃されました。②も適当。

これに代わって、塩素原子を水素原子で置換した代替フロンが登場しましたが、問題点がないわけではありません。将来的には環境に優しい、アンモニアや二酸化炭素を用いた冷媒の開発が期待されています。

外部から投入される電力の主な使途は冷媒の圧縮用で、電熱には用いられていません。
したがって、③が不適当です。

空気調和設備の例（住宅用）

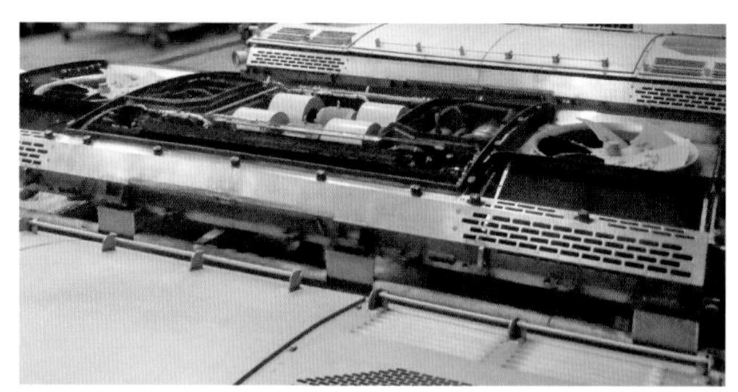
空気調和設備の例（鉄道車両用）

（2級電気通信工事　令和1年前期　No.49）

〔解 答〕 ③ 不適当 → 圧縮のみ

6-5 空気調和設備② ［換気方式］

演習問題 換気方式に関する記述として、適当でないものはどれか。

①自然換気の原動力は、建物内外空気の温度差および風である
②第１種機械換気は、給気側と排気側にそれぞれ専用の送風機を設ける換気方式である
③第２種機械換気は、室内を正圧に保ち、排気口等から自然に室内空気を排出する
④第３種機械換気は、給気側にだけ送風機を設ける換気方式である

ポイント▶ 機械換気とは、主にファンの回転等によって強制的に送風するものである。入口方あるいは出口方の、どの箇所に送風機を設けるかで、３種類に区分できる。一方で、自然換気はこれらの強制換気を用いない方式である。

解　説

自然換気方式は、ファン等の送風手段を使いません。窓を開けて、風上から風下へと空気が通り抜ける形は、風力換気とも呼ばれます。

また、給気口から自然に入った空気が、室内で暖められて上昇します。そして高い位置にある排気口より、自然と出ていきます。これを重力換気、または温度差換気ともいいます。①は適当。

機械換気は送風機を置く位置の違いによって、第1～3種に分けられます。入口方と出口方の両方に置くものが、第1種です。②も適当です。

第2種は、入口方にのみ送風機を設置します。こうすると室内の気圧は外気よりも高くなり、この状態を「正圧」と呼びます。③も適当です。

逆に第３種は、出口方にのみ設けます。室内の気圧は外気よりも低くなり、これを「負圧」といいます。入口方には送風機はありませんので、④が不適当となります。

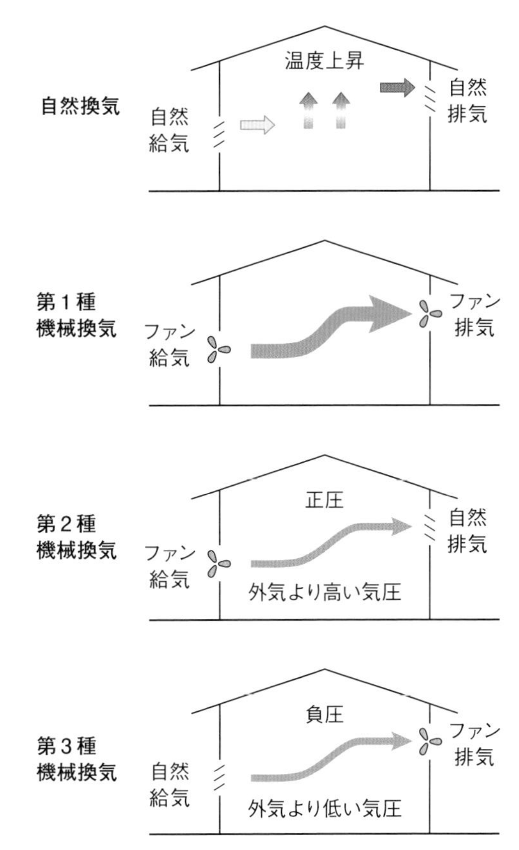

（2級電気通信工事　令和4年後期　No.50）

〔解 答〕 ④不適当 → 排気側にだけ送風機を設ける

6-6 建築構造 [構造形式]

建造物は、希望する形に造れるとは限らない。使用される目的や規模、周辺の環境、あるいは施工方法等によって構造的な制約を受けることがある。例えば鉄塔は風の影響を避けるために、投影面積を小さくする工夫が求められる。

演習問題 下図に示す通信鉄塔の構造および形状の名称の組合わせとして、適当なものはどれか。

(構造)	(形状)
①ラーメン	三角鉄塔
②トラス	四角鉄塔
③ラーメン	四角鉄塔
④シリンダー	多角形鉄塔

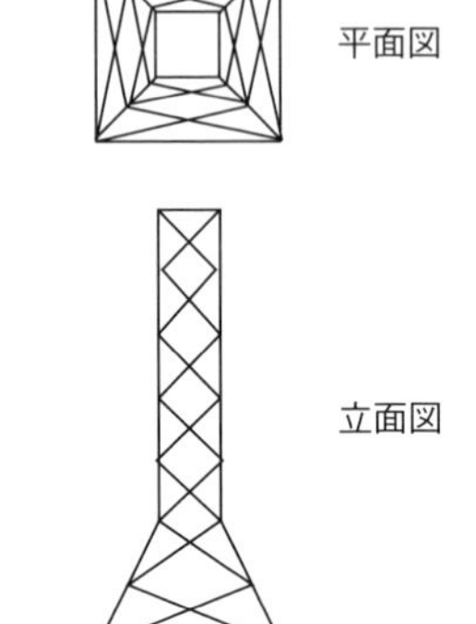

ポイント▶ 鉄塔の構造と形状に関する設問である。構造とは鉄塔を構成する各部材が、応力をどのような形で基礎まで伝達するかの設計上の仕様のことである。一方の形状は鉄塔の姿のことを指すが、どの部分の姿を示しているかを理解したい。

解　説

力学の分野において、「ラーメン構造」と「トラス構造」は対になる考え方です。ラーメン構造は、別名を剛結合ともいいます。自重や外部から荷重を受けたときの曲げモーメントが、結合部より先の部材まで伝わる構造のことです。

コンクリート製のカルバートが代表的な例であり、鉄塔でもラーメン構造のものは、多くはないですが存在します。

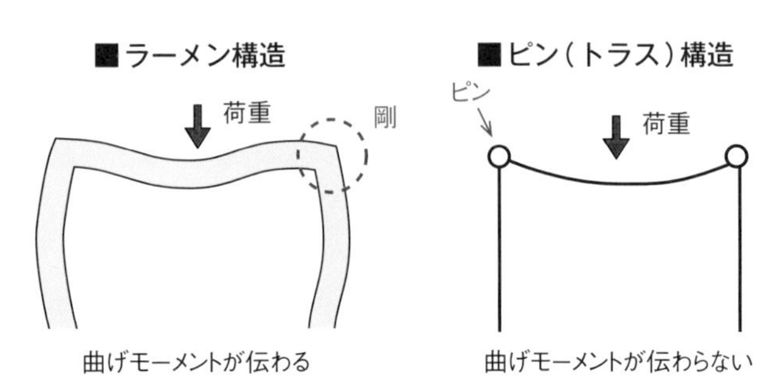

一方のトラス構造は、別名をピン構造とも呼びます。これは曲げモーメントが結合部より先の部材には伝わりません。結合部がピンのように回転する構造になっているからであり、伝わる応力は軸力のみです。

そのため1つひとつの部材を細くでき、風の影響を小さくできる利点があります。掲題の構造は**トラス構造**です。

次に、形状についてです。ここでの形状は水平面で見た場合の姿のことです。よって掲題の設問は「**四角鉄塔**」です。

送電鉄塔の場合は荷重のバランスが悪くなるため、「三角鉄塔」は採用されにくいです。三角鉄塔が用いられるのは、無線用の電波鉄塔のケースがほとんどです。

シリンダー構造とは、円筒形の部材を縦に積み上げていくスタイルの鉄塔です。投影面積が広くなるため、風圧を大きく受ける欠点があります。

したがって、②が適当です。 （2級電気通信工事　令和1年前期　No.52）

無線鉄塔　トラス構造　八角形状

無線鉄塔　トラス構造　六角形状

送電鉄塔 トラス構造 四角形状

無線鉄塔 ラーメン構造 三角形状

無線鉄塔　シリンダー構造

〔解 答〕 ②適当

演習問題 建築構造のブレース構造に関する記述として、適当なものはどれか。

① 板状の壁と床を箱形に組み、建築物とする構造である
② 柱を鉛直方向、梁を水平方向に配置し、接合部を強く固めた構造である
③ 建築物の内外の気圧差を利用して、膜状の材料で空間をおおう構造である
④ 柱や梁等で構成された四角形の対角線上に部材を入れた構造である

ポイント▶ 建築物が安定的に存続するためには、その建築物が受けるさまざまな力に耐える構造になっていなければならない。我が国のように、特に地震や台風が多い地域では、これらの外力を考慮した設計が不可欠である。

解　説

まず最初の、「板状の壁と床を箱形に組み、建築物とする構造」は、壁式構造です。柱がなく、平面的な部材の組合わせで構築します。①は不適当です。

次に、「柱を鉛直方向、梁を水平方向に配置し、接合部を強く固めた構造」は、ラーメン構造といいます。「接合部を強く固めた」という箇所が特徴です。②も不適当。

3つ目の、「建築物の内外の気圧差を利用して、膜状の材料で空間をおおう構造」は、空気膜構造です。膨らませた風船の表面が、張っているのと同じ原理です。

実例はあまり多くありませんが、東京ドームがお馴染みです。③も不適当です。

空気膜構造の例

最後に、「柱や梁等で構成された四角形の対角線上に部材を入れた構造」は、ブレース構造です。斜めに配する部材をブレース、あるいは筋交いともいいます。

主に地震や強風等、外的な水平方向の荷重によって、建造物が変形しないようにするための施策となります。したがって、④の記載が適当となります。

（2級電気通信工事　令和5年前期　No.52）

■ブレース構造の考え方

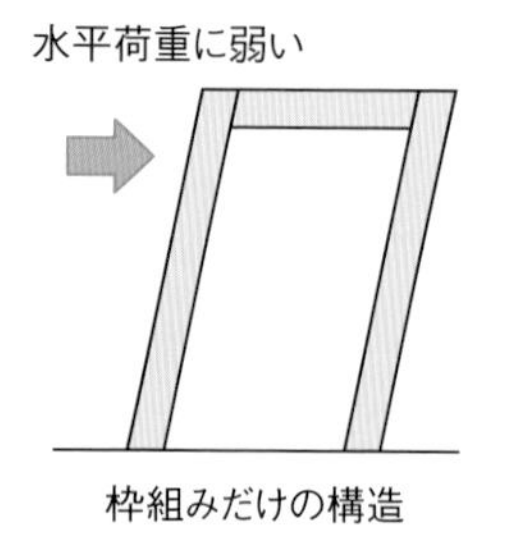

枠組みだけの構造

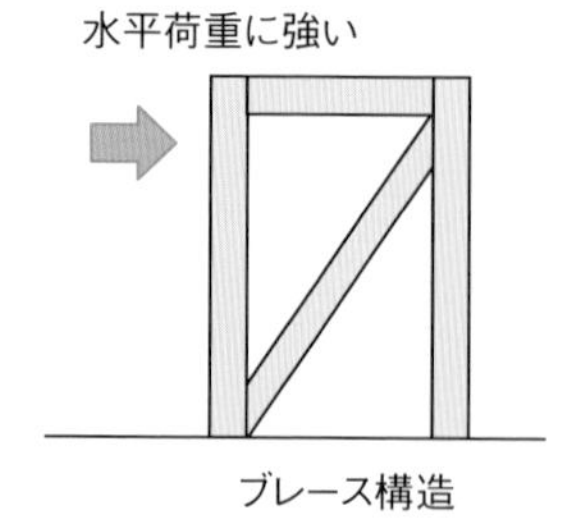

ブレース構造

〔解 答〕 ④適当

演習問題 建築構造の壁式構造に関する記述として、適当なものはどれか。

① 板状の壁と床を箱形に組み、建築物とした構造である
② 柱や梁等で構成された四角形の対角線上に部材を入れた構造である
③ 柱を鉛直方向、梁を水平方向に配置し、接合部を強く固めた構造である
④ 湾曲した部材や石材、れんがを積み重ねて曲線状にした構造である

ポイント▶ 当時の技術力や大災害の発生等、時代とともに、構造形式の考え方は変化してきている。明治期までは、機能美の追求とも思える、石積みが主流であった。阪神淡路大震災の後は、急速に耐震設計に流れが変わった。

解　説

冒頭の、「板状の壁と床を箱形に組み、建築物とした構造」は、壁式構造です。柱や梁といった部材を有さずに、躯体にかかる力を壁で支える構造になります。

一般には、鉄筋コンクリートで造られる場合が多いです。電気通信に関係するものとしては、現場打ちのマンホールがこの構造です。

したがって、①が適当な記述となります。

■壁式構造の考え方

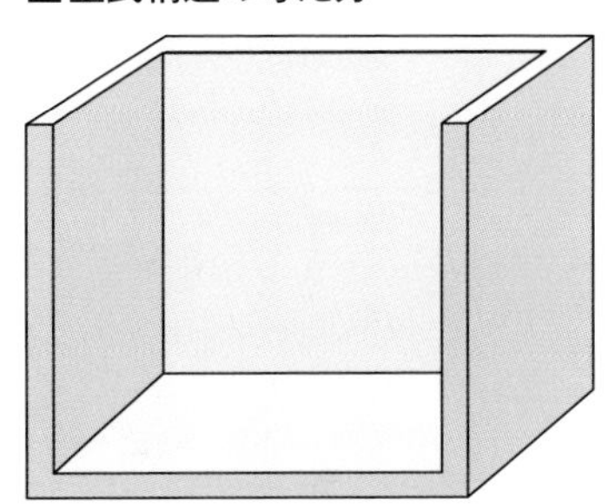

2番目の、「柱や梁等で構成された四角形の対角線上に部材を入れた構造」は、ブレース構造と呼ばれます。②は不適当です。

次の、「柱を鉛直方向、梁を水平方向に配置し、接合部を強く固めた構造」は、ラーメン構造です。③も不適当となります。

終わりに、「湾曲した部材や石材、れんがを積み重ねて曲線状にした構造」は、アーチ構造という名称になります。トンネルや橋、建物の入口等に見られます。④も不適当です。

（2級電気通信工事　令和4年前期　No.52）

アーチ構造の例

〔解 答〕 ①適当

6-7 土木技術概要① [土 工]

通信線路を地下に埋設する際には、土木工事の要素は外せない。特に道路の下部に敷設する場合には、作業規模が大きくなる。既設のアスファルトを除去した後に管路を施工し、埋め戻してから舗装作業と大がかりなものとなる。

演習問題 地中埋設管路の施工に関する記述として、適当でないものはどれか。

①掘削した底部は、掘削した状態のままで管を敷設した
②小石、砕石等を含まない土砂で埋め戻した
③管路周辺部の埋め戻し土砂は、すき間がないように十分に突き固めた
④ケーブルの布設に支障が生じる曲げ、蛇行等がないように管を敷設した

ポイント▶ 地中埋設管路の施工は、地盤の状況や土の性質に左右されるため一概にはいえない。場合によっては地下水が噴き出すこともあり、想定外の対処が必要となる。ここではあくまで、標準的な施工プロセスを前提とした設問である。

解　説

計画の深さまで掘削が完了したら、底部は平らに床付けをしなければなりません。掘削した状態のまま管を敷設することは好ましくありません。したがって、①が不適当です。

地盤の状況によっては砕石基礎を敷き詰めたり、軟弱地盤の場合には杭を打設するケースもあります。水位が高く地下水が噴出する場合には、掘削の前段階でシートパイル等による止水が必要になってきます。

掘削底部の床付けの例

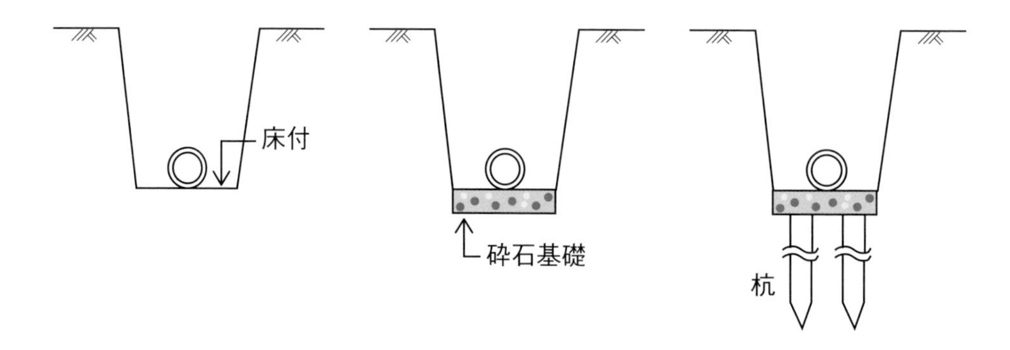

（2級電気通信工事　令和1年前期　No.51）

〔解 答〕 ①不適当

演習問題 土工の種類に関する次の記述の［　］に当てはまる語句の組合わせとして、適当なものはどれか。

「原地盤を切り崩すことを［(ア)］といい、原地盤上に土砂等を盛ることを［(イ)］という。また、［(ア)］や［(イ)］によってできる傾斜面を［(ウ)］といい、その最上部を［(エ)］という。」

	(ア)	(イ)	(ウ)	(エ)
①	盛土	小段	法面	法尻
②	盛土	切土	法勾配	法肩
③	切土	盛土	法勾配	法面
④	切土	盛土	法面	法肩

ポイント▶ 土木工学ならではの専門的な用語として、特殊な言い回しが出てくるため、慣れないと違和感を覚える部分でもある。一例として、傾斜面を「法（のり）」という表現で呼ぶ場合がある等、余裕があれば理解を深めておきたい。

解　説

まず、現状の地盤を切り崩すことを、「**切土**（きりど）」といいます。鉄道や道路を建設する際に、よく見られる工法です。

逆に、平地に土砂を運んできて高く盛ったものは、「**盛土**（もりど）」です。こちらも鉄道等の他、河川の堤防でもお馴染みです。

切土の例（もともとは1つの山だった）

盛土の例（もともとは平地だった）

切土でも盛土でも、土留め壁を設けない場合には、両脇には傾斜面ができます。この傾斜面のことを「**法面**（のりめん）」と呼びます。

盛土によって作られた最上部の平面部分を、「**天端**（てんば）」といいます。通常はこの天端に、鉄道や道路が敷設されることになります。

河川堤防が主たる目的の場合でも、天端は道路になっているケースが多いです。

そして、この平面の天端と、傾斜面の法面とが作る角の部分が、「**法肩**（のりかた）」と定義されています。④が適当となります。

（2級電気通信工事　令和3年前期　No.51）

〔解 答〕 ④適当

6-7 土木技術概要② ［建設機械］

演習問題 地中管路埋設工事に使用する建設機械として、適当でないものはどれか。

①バックホウ　②ハンドブレーカ　③アースオーガ　④ランマ

ポイント▶ 建設機械は用途、あるいは施工の規模等に応じてさまざまな種類がある。ここでは地中埋設管路を施工する際に用いる建設機械について問われている。掘削、突き固め、埋め戻し、それぞれの工程で、どういった機材を採用すべきだろうか。

解　説

「バックホウ」は、掘削および埋め戻しに使用します。

「ハンドブレーカ」は、硬い岩盤やコンクリート部の斫（はつ）り作業に用います。

「アースオーガ」は、杭や電柱等を施工する際に、地盤を鉛直方向に掘削するための機材です。埋設管路のための掘削には一般的には用いません。よって、③が不適当です。

「ランマ」は、掘削後の底床等を突き固めるための機材です。

バックホウの例

ハンドブレーカの例

アースオーガの例

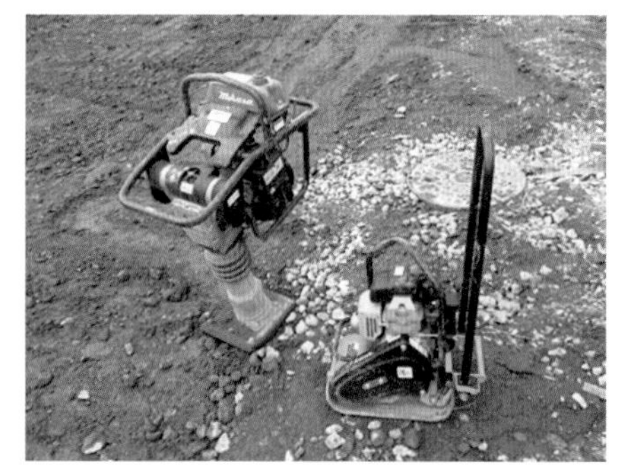

ランマの例

（2級電気通信工事　令和1年後期　No.51）

〔解 答〕　③ 不適当

演習問題 建設工事で使用する機械に関する次の記述に該当する名称として、適当なものはどれか。

「バケットを車体側に引き寄せて掘削する機械で、機械の位置よりも低い場所の掘削に適しており、かたい地盤の掘削ができ、掘削位置も正確に把握できるため、基礎の掘削や溝堀り等に広く使用される。」

①スクレープドーザ
②バックホウ
③ダンプトラック
④トラクターショベル

ポイント▶ 専ら電気通信工事に携っていると、日常の業務で建設機械に触れる機会があまりない。題意の建機については、「バケットを車体側に引き寄せ」と、「低い場所の掘削」の、2点のキーワードに着目して考えるとよい。

解　説

まず「スクレープドーザ」は、足回りはキャタピラ形式です。そして前方にボウルと呼ばれる、大型のバケットを有しているのが特徴です。

前方の土を掘り、そのまま場内での短距離の運搬も可能です。構造上、前方の掘削に特化しており、低い場所の掘削には不向きです。①は不適当。

次の「バックホウ」は、足回りはキャタピラ形式です。前方に大きなアームを持ち、小型のバケットが運転者の方を向いてセットされています。

つまり題意にある、「バケットを車体側に引き寄せて掘削」する形です。さらに、長いアームを生かし、「機械の位置より低い場所の掘削」も得意です。

したがって、②が適当です。

3つ目の「ダンプトラック」は、土砂等を積載して道路を運搬するためのものです。建設機械というよりは、車両に近い存在です。③は不適当です。

トラクターショベルの例

最後の「トラクターショベル」は、前出のスクレープドーザに近い建機です。こちらは足回りが、タイヤ形式になっているタイプが多いです。

やはり、「低い場所の掘削」には向いていません。④も不適当です。

（2級電気通信工事　令和4年前期　No.51）

〔解 答〕 ②適当

● COLUMN ●

電気工事士でなければ従事できない作業

電気工事士法及び電気工事士法施行規則によって、電気工事士でなければ従事できない作業が下記の通り定められている。

- 電線相互を接続する作業（電気さくの電線を接続するものを除く。）
- がいしに電線を取り付け、又はこれを取り外す作業
- 電線を直接造営材その他の物件（がいしを除く。）に取り付け、又はこれを取り外す作業
- 電線管、線樋び、ダクトその他これらに類する物に電線を収める作業
- 配線器具を造営材その他の物件に取り付け、若しくはこれを取り外し、又はこれに電線を接続する作業（露出型点滅器又は露出型コンセントを取り換える作業を除く。）
- 電線管を曲げ、若しくはねじ切りし、又は電線管相互若しくは電線管とボックスその他の附属品とを接続する作業
- 金属製のボックスを造営材その他の物件に取り付け、又はこれを取り外す作業
- 電線、電線管、線樋び 、ダクトその他これらに類する物が造営材を貫通する部分に金属製の防護装置を取り付け、又はこれを取り外す作業
- 金属製の電線管、線樋び 、ダクトその他これらに類する物又はこれらの附属品を、建造物のメタルラス張り、ワイヤラス張り又は金属板張りの部分に取り付け、又はこれらを取り外す作業
- 配電盤を造営材に取り付け、又はこれを取り外す作業
- 接地線を自家用電気工作物に取り付け、若しくはこれを取り外し、接地線相互若しくは接地線と接地極とを接続し、又は接地極を地面に埋設する作業
- 電圧600ボルトを超えて使用する電気機器に電線を接続する作業
- 接地線を一般用電気工作物に取り付け、若しくはこれを取り外し、接地線相互若しくは接地線と接地極とを接続し、又は接地極を地面に埋設する作業

●索引・INDEX●

数字

1 級河川 182
2B + D 構造 126
2 級河川 182
2 値形式 216
8PSK 219
10 進基軸変換 134
10 進数 134
16QAM 217,219
16 進数 135,136
23B + D 構造 126
36 協定 175

アルファベット

AES 207
AND 102
APF 289
ASK 218,269
ATC 268
ATO 268
ATS 267
BASIC 133
BIOS 131
Bluetooth 129
B チャネル 126
C 133
C++ 133
CDM 210
CDMA 222
COBOL 133
CPU 130
CTC 268
DBMS 131
Denial of Service Attack 259
DES 207
DHCP 252
DMA 221
DNS 252
DSRC 269
DSSS ⇒直接拡散
DoS 攻撃 259
D チャネル 126
ElGamal 209
eSATA 129
FDMA 221,222
FEP 56
FHSS ⇒周波数ホッピング
FORTRAN 133
FSK 216
GE-PON 244
GI ⇒グレーデッドインデックス型
GMSK 220
HDTV 203
HEVC 205
HF 帯 118
ICMP 253
IPv4 254
IPv6 256
IP アドレス 250,254,256
ISDN 126
ISM バンド 210
ITS 269
Ku バンド 227
KY 活動 61
K 形フェージング 213
L2 スイッチ 251
L3 スイッチ 251
LCL ⇒下方管理限界線
LD ⇒半導体レーザ
LLID 244
MAC アドレス 251
MIPS 130
MPEG-1 205
MPEG-2 205
MPEG-4 205
NAND 102
NOR 102
NOT 102
NSAP 250
N 形半導体 138
OCR 280
OFDM 204,211
OLT 244
ONU 244
OR 102
OSI 参照モデル 250,253
OS コマンドインジェクション 259
OTDR 88
PAM 122
Perl 133
PCM 122,124
PDCA サイクル 60
PDU 250
PN 接合ダイオード 138
PN 符号 211
Preamble 245
PSK 216
Python 133
P 形半導体 138
QAM 217,218
QC7 つ道具 78
QPSK 219,220
RC4 206,208
RFC5952 257
RSA 208
SAP 250
SDTV 203
SDU 250
SI⇒ステップインデックス型
SPD 280
TCP/IP 253
TDMA 222
TWT ⇒進行波管
UCL 80
UHF 202
UPS 274
UTP ケーブル 44,46,249
UVR 280
VHF 116,202
WEP 206
WPA 方式 207
WPA2 方式 206

ア

足場 24
アースオーガ 298
アセンブラ 133
アーチ構造 295
圧縮器 288
アップリンク 224
油火災 285
アレスタ 280
アロー形ネットワーク工程表 68
アロー・ダイヤグラム 68
泡消火設備 283
暗号化方式 206
安全委員会 151
安全衛生教育 30

イ

イーサネット 244
一括請負 94
一種金属線ぴ 49
位相 216
位相差 88,212
移動式クレーン 26
移動はしご 22
イベント番号 71
インタフェース 126,128
インタプリタ 131,133
インバータ 274
インピーダンス 113,247,248

ウ

ウイルス 261
運営管理 77
運行管理装置 266
運転特別教育 29
運転技能講習 27,29

エ

永久接続 42,242
衛生委員会 151
衛生管理者 152
影像周波数 120
エミッタ 141
エルガマル 209
演算装置 128
エンハンスメント形 143
円偏波 227

オ

オシロスコープ 86,88
オフセットパラボラアンテナ 236

カ

解雇の予告 170
回転放物面 231,235
架空電線 50,270
架空配線 50,53,243
下限規格値 79
ガス火災 285
ガスタービン 279
カセグレンアンテナ 237
河川区域 183
河川法 182
仮想記憶管理 132
型枠支保工 149
過電流継電器 280
ガードインターバル 204
壁式構造 295
可変容量ダイオード 141
下方管理限界線 80
下方限界線 66
仮設備計画 32
科料 171
換気方式 291
環境保全計画 32
干渉性フェージング 212
ガンダイオード 140
ガントチャート 65
監理技術者 158,160
管理図 80,81

キ

記憶管理 132
記憶装置 128
機械換気 291
機械計画 32
機械語 133
機械接続 42
機器製作設計図 38
擬似雑音符号 223
机上検討 34
軌道回路装置 267
基本ヘッダ 256
脚立 23
キャリア 138
球面波 233
共通鍵暗号方式 208
共通仕様書 37,92
強度変調 238
局所放出方式 284,286
許容限界曲線 63
距離分解能 262

切土 297
キーロガー 258

ク

空間ダイバーシチ 215
空気膜構造 294
空中線 117,228,230,232,234,236,246
空乏層 139,141
クラス 254
クラスフル方式 255
クラスレス方式 255
クラッド 239
グランドプレーンアンテナ 117
クリティカルパス 68,70
グレゴリアンアンテナ 237
グレーデッドインデックス型 240
グローバルユニキャストアドレス 256
クーロンの法則 104

ケ

計画工程表 38
型式検定 193
継続的改善 76
言語プロセッサ 131
検証 76
建設業許可 154
建築基準法 72
現地調査 34
顕熱 289
現場代理人 95,165

コ

コア 239,240
コイル 115
公開鍵暗号方式 208
公共工事標準請負契約 92,94,96,98
甲種風圧荷重 270
高所作業車 28
高水準言語 133
合成インピーダンス 113,114
合成抵抗 108
工程管理 60,62
コーナレフレクタアンテナ 232
コネクタ接続 42,242
コールサイン 190,194
コレクタ 141
ころがし配線 47
混合器 264
コンパイラ 131,133

サ

災害補償 178
再格付け 77
最小探知距離 262
再生中継方式 238
最早開始時刻 70
最早完了時刻 71
最大積載荷重 24
最大積載量 180
最大探知距離 262
最遅開始時刻 71
最遅完了時刻 71
サイドローブ 236
サイリスタ 141
作業主任者 21,146
座標式工程表 63
サブネットマスク 255
山岳回析波 117
三角鉄塔 293
産業廃棄物 196
酸素欠乏危険作業 20,148
散布図 83
サンプリング周波数 124

シ

四角鉄塔 292
識別信号 194
軸重 180
支持物 188
シース 43
自然換気 291
事前調査 32,34
実記憶管理 132
実効長 229
指定建設業 154
自動火災報知設備 74
自動列車運転装置 268
自動列車制御装置 268
シフト・キーイング 216
ジャイロ 226
斜線式工程表 63
車内信号式 267
周囲温度 107
周波数カウンタ 86
周波数ホッピング 211
主記憶装置 128,132
出力装置 132
主任技術者 158,162
シューハート管理図 80
瞬断 274
準用河川 182
上限規格値 79
上方管理限界線 80
上方限界線 66
消防設備士 74
情報セキュリティ 258,260
消防用設備 74
除去効果 283
シリンダー構造 293
新規入場者教育 30
シングルモード 240
人工衛星 224,226,237
進行波管 226
真性半導体 138
進捗度曲線 63
振動規制法 73
振幅偏移変調 218
真理値表 102
進数変換 134,136

ス

水平張力 53
スクレープドーザ 299
ステップインデックス型 240
ストリーム暗号 207
スネルの法則 213
スーパヘテロダイン方式 120
スプリンクラー設備 75,282,287
スペクトラムアナライザ 86
スペクトル拡散変調 210
スペースダイバーシチ 215
スポラディックE層 116

セ

正圧 291
正規分布 78
制御装置 128
正孔 138
静止衛星 224
整流器 274,275
セグメント配分 203
施工管理法 16
施工技術計画 32
施工計画書 37,38
施工体制台帳 167
是正処置 76
絶縁抵抗 40,89
設計図書 92,94,96,100
セッションハイジャック 259
絶対利得 228
絶対レベル 188
接地工事 40
ゼロデイ攻撃 259
全域放出方式 284,286
潜熱 289

ソ

素因数分解 209
総括安全衛生管理者 153
総重量 180
相対利得 228
増幅器 226,264
ソフトウェア 131,259,261

タ

対称暗号方式 208
ダイバーシチ 214
ダウンリンク 224,226
楕円曲線 209
大地雑音 237
タクト工程表 67
多元接続 221
多重化 203,239
多数キャリア 138
タスク管理 132
畳み込み符号 204
多値化 203,216
玉掛け 150
たるみ 53
単芯コード 243
単セル 277
ダンプトラック 299

チ

地下埋設物 34
地中埋設管路 56,58,296,298
秩序の維持 187
窒息効果 283
弛度 53
着雪時風圧荷重 270
着脱可能な接続 242
中継器 226
調達計画 32
直撃雷サージ 281
直接拡散 211,222
直線偏波 227
直交周波数分割多重 204
賃金 168,176

ツ

ツイストペア 44,245,249
墜落防止 22
通信衛星 224,226
通線 58
通年エネルギー消費効率 289
ツェナーダイオード 140
つり足場 147

テ

低圧屋内配線 272
低域フィルタ 275
定在波 248
ディーゼルエンジン 278
出来高累計曲線 66
デジタル変調方式 216,219
デジタルマルチメータ 87
データベース管理システム 131
鉄塔 292
鉄道横断架空配線 51
手直し 77
デプレッション形 143
デマンドアサイメント 221
デミングサイクル 60
デリンジャ現象 118
テレビジョン放送 202,264
電気火災 285
電気工事士 300
電磁ホーンアンテナ 233
店社安全衛生管理者 152
テンションメンバ 243
電線 188
伝送効率 219
伝送帯域 239
転てつ装置 266
天端 297
電波の窓 225

ト

統括安全衛生責任者 152

等価地球半径係数 …… 213
同軸ケーブル ………246,264
等方性アンテナ ………… 228
道路使用許可 ……………… 73
道路占用許可 …………73,181
特性インピーダンス 246,248
特性要因図 …………… 84,85
特別採用 …………………… 77
トータルフロート ………… 71
特記仕様書 ………………… 37
土止め支保工 …………… 146
ドメイン名 ……………… 252
トラクターショベル …… 299
トラス構造 ……………… 292
トランジスタ ………… 141,143
トランスポンダ ………… 226
トレーサビリティ ……… 76
トンネルダイオード……… 140

ナ

ナイキスト間隔 ………… 125
内線規程 ………………… 49
鉛蓄電池 ………………… 277
波付硬質ポリエチレン管… 56

ニ

二次電池 ………………… 276
二種金属線ぴ ……………… 49
入出力管理 ……………… 132
入力装置 ………………… 128

ネ

年少者の就業制限 172,200
ネットマスク …………… 255
ネットワークアドレス … 254
ネットワーク工程表 … 68,70
燃焼の 4 要素 …………… 283
燃料消費率 ……………… 279

ノ

法肩 ……………………… 297
法面 ……………………… 297

ハ

廃棄物処理法 …………… 196
賠償の予定 ……………… 171
バイナリデータ ………… 219
バイポーラ形 …………… 143
ハインリッヒの法則 ……… 61
バーチャート ……………… 64
波長多重 ………………… 239
バックホウ ……………… 298
ハードウェア …………… 128
バナナ曲線 ………………… 66
幅木 ………………………… 18
バラクタダイオード……… 141
パラボラアンテナ ……… 234
バリキャップダイオード 141
張り出し足場 ……… 147,149
パルス符号変調 ……⇒PCM
パルスレーダ …………… 263
パレート図 ………………… 82
ハロゲン化物消火設備 282
反射鏡アンテナ ………… 233
反射波 ………………… 212,248
半導体 ………………… 138,140
半導体レーザ …………… 238
ハンドオーバー ………… 222
ハンドブレーカ ………… 298
ハンドホール …………… 57,59
半波長ダイポールアンテナ
………………………… 228

ヒ

光クロージャ ……………… 58
光コネクタ ……………… 242
光スプリッタ …………… 244
非対称暗号方式 ………… 208
光ファイバケーブル …………
……… 42,58,243,245,249
光ファイバ増幅器 ……… 238
ヒストグラム …………… 78,79
ビット誤り ……………… 204
ヒートポンプ …………… 288
標準放送 ………………… 203
標本化 ………………… 122,124
標本化周波数 ……… 123,124
標本化定理 ……………… 124
飛来 ………………………… 18
ピン構造 ………………… 292
品質管理計画 ……………… 33
品質マネジメントシステム 76
品質目標 …………………… 77

フ

ファイル管理 …………… 132
負圧 ……………………… 291
ファームウェア ………… 131
フィッシュボーン ………… 85
フィルタ ………………… 275
フィールド ……………… 257
フェージング ………… 212,215
副反射鏡 ………………… 237
符号誤り ………………… 204
符号化 …………………… 123
符号分割多元接続方式
………………………… 223
負触媒作用 ……………… 283
ブースター ……………… 264
不足電圧継電器 ………… 280
普通火災 ………………… 285
普通河川 ………………… 182
ブラウンアンテナ ……… 231
プリアサイメント ……… 221
プリアンブル …………… 245
ブリッジ ………………… 251
フリーフロート …………… 71
ブレース構造 …………… 294
フレミングの法則 … 105,144
プロキシサーバ ………… 253
プロジェクト ……………… 77
プロシージャー ………… 260
プロセス …………………… 76
ブロック暗号 ……… 207,208
プロトコル …………… 207,253
分岐器 ………………… 265,266
分波器 …………………… 265
分配器 …………………… 264
粉末消火設備 ……… 284,285

ヘ

平行 2 線式給電線 …… 247
平行線路 ………………… 247
丙種風圧荷重 …………… 270
閉そく装置 ……………… 266
平面波 …………………… 233
ベース …………………… 141,143
ベースバンド方式 ……… 245
ヘッダチャックサム …… 256
ペンシルビーム ………… 234
偏波 …………………… 214,227
偏波ダイバーシチ ……… 214

ホ

方位分解能 ……………… 262
放送形式 ………………… 244
補償 ……………………… 178
補助記憶装置 …………… 128
ボット …………………… 258
ホストアドレス ………… 254

マ

マイクロ波 …………… 119,140
マイクロベンディングロス 241
埋設標識テープ …………… 56
マシン語 ………………… 133
マルウェア ……………… 258
マルチキャスト ………… 254
マルチキャリア ………… 211
マルチパス ……………… 203
マルチモード …………… 240
マンホール ………… 20,57,146

ミ

見通し …………………… 116
見通し距離 ………… 116,213
ミドルウェア …………… 131

ム

無線従事者 ………… 190,192
無線 LAN ………… 206,210
無停電電源装置 …… 274,280

メ

メカニカルスプライス 42,242
メタル通信ケーブル ……… 59
メタルモール ……………… 49
メッセンジャーワイヤー 243
メモリ効果 ……………… 277

モ

元方安全衛生管理者 … 153
盛土 ……………………… 297

ヤ

八木アンテナ ……… 228,230

ユ

有線 LAN ……… 44,245,251
有線電気通信設備令 ………
……………… 89,188,191
融着接続 ………… 42,46,242
誘導性リアクタンス …… 114
誘導灯 ……………………… 74
誘導雷サージ …………… 281
床付け …………………… 296
ユニポーラ形 …………… 143

ヨ

容量性リアクタンス …… 114
予作動式スプリンクラー設備
………………………… 287
呼び ……………………… 246
予備電源 ………………… 278
予防処置 …………………… 76

ラ

ライティングダクト 48,90,273
ラジオダクト …………… 118
落下 ………………………… 18
ラーメン構造 …………… 292
ランサムウェア ………… 258
ランマ …………………… 298

リ

離隔 ………………………… 50
リサジュー図形 …………… 88
離散対数 ………………… 209
立体アンテナ …………… 232
リチウムイオン電池 …… 276
リチウムポリマー電池 … 276
利得 ……………………… 228
リピータハブ …………… 251
量子化 …………………… 123
輪荷重 …………………… 180

レ

冷却効果 ………………… 283
冷媒 ……………………… 288
レイリー散乱 …………… 241
レースウェイ ……………… 49
レーダ …………………… 262
レーダアンテナ ………… 263
列車集中制御装置 ……… 268
レビュー …………………… 76

ロ

労働契約 ………………… 168
労働時間 ………………… 174
漏話減衰量 ………………… 44
ローミング ……………… 222
論理回路 ………………… 102

ワ

ワーム …………………… 258

■ 著者略歴

高橋 英樹（たかはしひでき）

昭和 47 年 神奈川県生まれ　産業能率大学大学院 修士課程修了　主に電気、電気通信工事における設計、設計監理、施工管理。土木工事の設計、設計監理。鉄道向け列車運行保安装置のソフト開発。
現在、技術スクール「のぞみテクノロジー」にて、技術者の資格取得支援に邁進。
（のぞみテクノロジー　神奈川県川崎市中原区木月 1-32-3 内田ビル 2 階　https://www.nozomi.pw/）

〈保有資格〉

経営管理修士 MBA
施工管理技士
（1 級電気通信工事、1 級電気工事、2 級土木）
情報処理安全確保支援士
情報セキュリティスペシャリスト
教育職員免許（高等学校、中学校）
職業訓練指導員免許（電子科）
無線従事者免許（一陸技、一海通、航空通、一アマ）
電気通信主任技術者（伝送交換、線路）
電気通信設備工事担任者（AI・DD 総合種）
第三種電気主任技術者
第二種電気工事士
第一種衛生管理者
ネオン工事技術者
建設業経理士 2 級
動力車操縦者運転免許
航空従事者航空通信士
防災士
他多数

■ 制作スタッフ

● 装　丁：田中　望
● 編　集：大野　彰
● 作図＆ DTP：株式会社オリーブグリーン

2024 年版 電気通信工事施工管理技士 突破攻略　2級第 1 次検定

2024 年 4 月 9 日　初版　第 1 刷発行

著　者　高橋 英樹
発行者　片岡　巌
発行所　株式会社技術評論社
　　　　東京都新宿区市谷左内町 21-13
　　　　電話　03-3513-6150　販売促進部
　　　　　　　03-3267-2270　書籍編集部
印刷／製本　株式会社加藤文明社

定価はカバーに表示してあります。

ISBN 978-4-297-14113-4　C3054
Printed in Japan

本書の内容に関するご質問は、下記の宛先まで書面にてお送りください。お電話によるご質問および本書に記載されている内容以外のご質問には、お答えできません。あらかじめご了承ください。
〒 162-0846
新宿区市谷左内町 21-13
株式会社技術評論社 書籍編集部
「電気通信工事施工管理技士
　突破攻略　2 級第 1 次検定」係
FAX：03-3267-2271